北京高校"优质本科教材"（重点）

网络空间安全专业规划教材

总主编　杨义先　　执行主编　李小勇

大数据安全与隐私保护

主　编　石瑞生

副主编　吴　旭

U0282534

北京邮电大学出版社

www.buptpress.com

内 容 简 介

大数据服务已经深入我们工作与生活的各个角落,大数据安全成为大家日益关心的一个问题。

本书从大数据服务的系统架构、算法、协议、应用等多个角度,深入浅出地为读者介绍了大数据安全的原理与技术,引领读者步入大数据安全的世界。

本书可作为高等院校网络空间安全专业本科生的专业课教材,也可作为其他专业学生的选修课教材,同时可作为对大数据安全感兴趣的各类读者的参考书。

图书在版编目(CIP)数据

大数据安全与隐私保护 / 石瑞生主编. -- 北京:北京邮电大学出版社,2019.5(2025.1重印)
ISBN 978-7-5635-5718-9

Ⅰ.①大… Ⅱ.①石… Ⅲ.①数据处理－安全技术－高等学校－教材 Ⅳ.①TP274

中国版本图书馆 CIP 数据核字(2019)第 082321 号

书　　名:大数据安全与隐私保护
主　　编:石瑞生
责任编辑:马晓仟
出版发行:北京邮电大学出版社
社　　址:北京市海淀区西土城路 10 号(邮编:100876)
发 行 部:电话:010-62282185　传真:010-62283578
E-mail:publish@bupt.edu.cn
经　　销:各地新华书店
印　　刷:保定市中画美凯印刷有限公司
开　　本:787 mm×1 092 mm　1/16
印　　张:15.75
字　　数:406 千字
版　　次:2019 年 5 月第 1 版　2025 年 1 月第 10 次印刷

ISBN 978-7-5635-5718-9　　　　　　　　　　　　　　　　　　　定价:39.00 元

　　作为最新的国家一级学科,由于其罕见的特殊性,网络空间安全真可谓是典型的"在游泳中学游泳"。一方面,蜂拥而至的现实人才需求和紧迫的技术挑战,促使我们必须以超常规手段来启动并建设好该一级学科;另一方面,由于缺乏国内外可资借鉴的经验,也没有足够的时间纠结于众多细节,所以,作为当初"教育部网络空间安全一级学科研究论证工作组"的八位专家之一,我有义务借此机会,向大家介绍一下 2014 年规划该学科的相关情况,并结合现状,坦诚一些不足,以及改进和完善计划,以使大家有一个宏观了解。

　　我们所指的网络空间,也就是媒体常说的赛博空间,意指通过全球互联网和计算系统进行通信、控制和信息共享的动态虚拟空间。它已成为继陆、海、空、太空之后的第五空间。网络空间里不仅包括通过网络互联而成的各种计算系统(各种智能终端)、连接端系统的网络、连接网络的互联网和受控系统,也包括其中的硬件、软件乃至产生、处理、传输、存储的各种数据或信息。与其他四个空间不同,网络空间没有明确的、固定的边界,也没有集中的控制权威。

　　网络空间安全,研究网络空间中的安全威胁和防护问题,即在有敌手对抗的环境下,研究信息在产生、传输、存储、处理的各个环节中所面临的威胁和防御措施,以及网络和系统本身的威胁和防护机制。网络空间安全不仅包括传统信息安全所涉及的信息保密性、完整性和可用性,同时还包括构成网络空间基础设施的安全和可信。

　　网络空间安全一级学科,下设五个研究方向:网络空间安全基础、密码学及应用、系统安全、网络安全、应用安全。

　　方向 1,网络空间安全基础,为其他方向的研究提供理论、架构和方法学指导;它主要研究网络空间安全数学理论、网络空间安全体系结构、网络空间安全数据分析、网络空间博弈理论、网络空间安全治理与策略、网络空间安全标准与评测等内容。

方向2,密码学及应用,为后三个方向(系统安全、网络安全和应用安全)提供密码机制;它主要研究对称密码设计与分析、公钥密码设计与分析、安全协议设计与分析、侧信道分析与防护、量子密码与新型密码等内容。

方向3,系统安全,保证网络空间中单元计算系统的安全;它主要研究芯片安全、系统软件安全、可信计算、虚拟化计算平台安全、恶意代码分析与防护、系统硬件和物理环境安全等内容。

方向4,网络安全,保证连接计算机的中间网络自身的安全以及在网络上所传输的信息的安全;它主要研究通信基础设施及物理环境安全、互联网基础设施安全、网络安全管理、网络安全防护与主动防御(攻防与对抗)、端到端的安全通信等内容。

方向5,应用安全,保证网络空间中大型应用系统的安全,也是安全机制在互联网应用或服务领域中的综合应用;它主要研究关键应用系统安全、社会网络安全(包括内容安全)、隐私保护、工控系统与物联网安全、先进计算安全等内容。

从基础知识体系角度看,网络空间安全一级学科主要由五个模块组成:网络空间安全基础、密码学基础、系统安全技术、网络安全技术和应用安全技术。

模块1,网络空间安全基础知识模块,包括:数论、信息论、计算复杂性、操作系统、数据库、计算机组成、计算机网络、程序设计语言、网络空间安全导论、网络空间安全法律法规、网络空间安全管理基础。

模块2,密码学基础理论知识模块,包括:对称密码、公钥密码、量子密码、密码分析技术、安全协议。

模块3,系统安全理论与技术知识模块,包括:芯片安全、物理安全、可靠性技术、访问控制技术、操作系统安全、数据库安全、代码安全与软件漏洞挖掘、恶意代码分析与防御。

模块4,网络安全理论与技术知识模块,包括:通信网络安全、无线通信安全、IPv6安全、防火墙技术、入侵检测与防御、VPN、网络安全协议、网络漏洞检测与防护、网络攻击与防护。

模块5,应用安全理论与技术知识模块,包括:Web安全、数据存储与恢复、垃圾信息识别与过滤、舆情分析及预警、计算机数字取证、信息隐藏、电子政务安全、电子商务安全、云计算安全、物联网安全、大数据安全、隐私保护技术、数字版权保护技术。

其实,从纯学术角度看,网络空间安全一级学科的支撑专业,至少应该平等地包含信息安全专业、信息对抗专业、保密管理专业、网络空间安全专业、网络安全与执法专业等本科专业。但是，由于管理渠道等诸多原因，我们当初只重点考虑了信息安全专业，所以，就留下了一些遗憾，甚至空白，比如，信息安全心理学、安全控制论、安全系统论等。不过值得庆幸的是，学界现在已经开始着手，填补这些空白。

北京邮电大学在网络空间安全相关学科和专业等方面，在全国高校中一直处于领先水平，从20世纪80年代初至今，已有30余年的全方位积累，而且，一直就特别重视教学规范、课程建设、教材出版、实验培训等基本功。本套系列教材主要是由北京邮电大学的骨干教师们，结合自身特长和教学科研方面的成果，撰写而成。本系列教材暂由《信息安全数学基础》《网络安全》《汇编语言与逆向工程》《软件安全》《网络空间安全导论》《可信计算理论与技术》《网络空间安全治理》《大数据安全与隐私保护》《数字内容安全》《量子计算与后量子密码》《移动终端安全》《漏洞分析技术实验教程》《网络安全实验》《网络空间安全基础》《信息安全管理（第3版）》《网络安全法学》《信息隐藏与数字水印》等20余本本科生教材组成。这些教材主要涵盖信息安全专业和网络空间安全专业，今后，一旦时机成熟，我们将组织国内外更多的专家，针对信息对抗专业、保密管理专业、网络安全与执法专业等，出版更多、更好的教材，为网络空间安全一级学科提供更有力的支撑。

杨义先

教授、长江学者
国家杰出青年科学基金获得者
北京邮电大学信息安全中心主任
灾备技术国家工程实验室主任
公共大数据国家重点实验室主任
2017年4月，于花溪

Foreword 前言

Foreword

随着大数据服务的广泛部署,大数据安全日益成为网络空间安全的一个重要主题。2015年网络空间安全成为国家一级学科,"大数据安全"作为核心课程之一进入各相关院校网络空间安全专业本科生培养方案。为适应"大数据安全"课程的教学需要,满足广大学生、教师及工程技术人员的学习、教学和工作需求,编者结合近年来教学与科研的成果编写了此书。

大数据领域方兴未艾,人们对大数据安全的理解也未见统一。由于每个人的视角不同,所以会形成不同组织形式的知识。教材编写是对该领域知识进行系统化总结的过程,是对该领域知识按照编者的视角进行重新梳理、形成体系的过程。通过把零散的知识归入一个完整的知识框架,帮助学生建立起一个系统的知识体系。愿读者能够从阅读中得到启发与感悟。

本书由石瑞生博士主编,其中第1~9章由石瑞生博士负责撰写,第10章由吴旭教授负责撰写;全书由石瑞生博士统稿和校稿。

本书从大数据服务的系统架构、算法、协议、应用等多个角度,深入浅出地为读者介绍了大数据安全的原理与技术,引领读者步入大数据安全的世界。全书共分10章,编者从数据的采集、存储、分析、处理、共享整个生命周期中大数据安全的视角,对相关的书籍、文献及网络资料进行了系统的归纳和整理,希望能够为广大教师的教学工作提供方便,也希望能够为学生的自学提供便利。

由于没有类似的教科书和固定的范式可供参考,在撰写的过程中,编者参考了相关专著、学术论文、综述文章、维基百科以及一些散落在互联网上的信息,在此对资源的分享者和其他著作者一并表示感谢。编者尽可能对引用的内容进行标注,如有疏忽或遗漏,望相关文献作者指出,编者将在再版时进行修订。

由于没有一本关于大数据安全的类似教材供参考与借鉴,在本书编写过程中,编者只能"摸着石头过河",多思考多讨论,尽力把本书写好。如果把编写教材的工作当成一个软件项目来做,本书可以算作一个alpha版本。有朋友鼓励我说:"从0到1是很关键的一步。先有一个版本,再不断改进,美国人做软件就是这样。日本人做硬件很好,做软件却不太成功,其中一个重要的原因是日本人总是希望把软件做到尽善尽美时才发布。没有漏洞的软件几乎是不存在的,关键是软件要有价值。"互联网产品都是在快速迭代中不断进步的。限于时间和篇幅,还有不少内容没能在本书里体现，本书再版时会添加这些内容。由于大数据安全是个蓬勃发展的领域，故编者需要不断完善本书的内容，与时俱进。

编写本书和其他的工作一样，最重要也是最根本的使命，就是服务于大众。如果本书能够对广大师生的教与学提供一些切实的帮助，编者就十分欣慰了。

编者在整理材料的过程中，得到了研究生冯庆玲、姜宁、敖迪等同学的大力支持，还有为本书搜集整理材料做出贡献的付东奇、温俏琨、孙枭翔等同学，在此也一并感谢。

本书可作为高等院校网络空间安全专业本科生的专业课教材，也可作为其他专业学生的选修课教材，同时可作为对大数据安全感兴趣的各类读者的参考书。

本书获评北京市教育委员会 2023 年度北京高校"优质本科教材"（重点项目）；本书作者石瑞生获评北京市教育委员会 2024 年度"北京高等学校优秀专业课（公共课）主讲教师"，其主讲课程"大数据安全"获评北京市教育委员会 2024 年度"北京高等学校优质本科课程"。

由于编者水平有限，加之时间仓促，书中不妥之处在所难免，恳请读者批评指正。编者建立了读者交流群（QQ 群号：330302460），以方便与读者进行沟通，并为读者提供后续的服务与支持。

最后，编者希望本书能够服务于教授此门课程的广大教师，服务于学习此门课程的广大学生，为"大数据安全"的课程建设工作尽一份绵薄之力。

石瑞生

目录
Contents

第 1 章

大数据安全的概念

20 世纪 60 年代随着 IBM 360 系列计算机的推出,人类开启了计算机的商业化进程。从此,信息技术开始逐步渗透到人类社会生活的方方面面。经过五十多年的发展,人类已经进入了"互联网+"时代,人类社会生活中的大部分活动都开始与数据的创造、采集、传输、使用发生关系,大数据时代伴随着互联网的浪潮悄然而至。

数据在改变世界。安全技术是一切新兴技术的伴生技术,那么大数据安全作为大数据技术的伴生技术,是我们在大数据时代保障安全的必不可少的技术。

本章介绍大数据服务的概念及随之而来的伴生问题:大数据安全。

1.1 大数据的概念和内涵

什么是大数据? 这是所有大数据学习者首先要思考的一个问题。

本书从五个特征来定义大数据,这五个特征可以总结为五个 V,即 Volume、Velocity、Variety、Veracity 和 Value。

大多数人说起大数据,最先想到的是数据量大。这就是第一个 V,Volume。

麦肯锡公司是研究大数据的先驱,该公司对大数据的定义是:大数据是指大小超出常规的数据库工具获取、存储、管理和分析能力的数据集。最早的大数据服务系统就是搜索引擎系统,它需要采集互联网上所有的网页并为其建立索引,对全球几十亿用户提供实时的网页搜索服务。面对这么大规模的数据集,传统的信息技术无能为力。谷歌公司为了应对大数据的挑战,设计了 MapReduce 计算模式、GFS 分布式文件系统、BigTable 数据管理系统,成为云计算技术的先驱。

大数据不仅仅是数据量大,而且数据产生的速度快,对数据的实时处理能力提出了非常高的要求。这是第二个 V,Velocity。

例如,微博数据,不仅数量大,而且时效性高。如果按照传统的搜索引擎的模式去处理,花上几天甚至几周时间去做数据采集、建立索引,有悖于这些数据的高时效性要求(如新闻事件、应急事件等),因此传统的数据处理方法在这种场景下不再有效。

大数据的第三个特征是数据类型复杂,即 Variety。大数据不仅有传统数据库管理的结构化数据,还有各种非结构化、半结构化数据,例如,网页、图片、视频,等等。对于非结构化、半结构化数据的处理,需要引入传统关系型数据库技术之外的新的数据处理技术。

这是大数据技术发展初期人们总结出来的三个大数据的主要特征,如图 1-1 所示。大数据技术经过一段时间的应用和发展,人们对大数据有了更深刻的认识,继而提出了大数据的第四个和第五个特征：Veracity 和 Value。

大数据的第四个特征是 Veracity，即数据质量的参差不齐。例如，互联网上的大量无标注数据，还有人为的错误数据（网络水军、恶意攻击等）；物联网设备采集的正常数据中混杂着由于设备故障、环境原因（湿度传感器上滴了一滴水、温度传感器上扔了一个烟头等偶然事件）、精度原因导致的错误数据。

Volume 和 Velocity 对信息处理的性能在容量和速度方面提出了挑战，这些问题主要靠系统构建技术来解决，云计算技术应运而生。Hadoop、Storm、Spark 这些开源系统在各种大数据服务系统中都得到了广泛的应用。

Variety 和 Veracity 对计算机系统的数据理解能力提出了挑战，它们要求计算机系统不仅能够理解规范的结构化数据，还要能够理解不规范的半结构化和非结构化数据，甚至需要像人类一样能够识别错误数据、恶意数据、不准确的数据。应对这个挑战，需要人工智能技术取得突破性的进展。

最后一个 V 是 Value，可以说是大数据的目标，从数据中发现价值，在应用中创造价值。大数据，数量虽然大，然而价值密度不见得高。类似于长尾效应，需要有效的技术才能从价值密度低的大量数据中，以可以接受的成本，创造出价值。而且，判断一个数据集是否有价值也是很困难的事情：今天也许认为没有价值的数据，将来也许会被发现有很大的价值。

图 1-1　大数据的特征

1.2　大数据的应用

大数据技术在很多领域得到了广泛的应用，对人类的生活、健康、经济、政治等方方面面产生了重要的影响。本节介绍几个广为人知的大数据应用的成功案例，来帮助读者建立起对大数据的感性认识。

1.2.1　从一个小故事讲起

先讲一个发生在美国的真实故事：几年前，一个美国家庭收到了一家商场投送的关于孕妇用品的促销券，很明显促销券是冲着这个家庭中的那位 16 岁女孩来的，女孩的父亲觉得受到了侮辱，于是怒气冲冲地找到了这家商场讨说法。为了平息这位父亲的怒气，商场做出了诚恳的道歉。但数天后,这位父亲赫然发现,他的女儿真的怀孕了。

那家商场之所以能对该女孩怀孕未卜先知,是因为该商场通过若干种商品的消费数据建立了一个怀孕预测指数,以此来预知其顾客的怀孕情况。可以说,这是一个典型的大数据应用案例。

1.2.2　谷歌流感趋势

谷歌流感趋势(GFT,Google Flu Trends)常被看作大数据分析优势的明证。

2008 年 11 月谷歌公司启动 GFT 项目,目标是预测美国疾控中心(CDC,Centers for Disease Control)报告的流感发病率。刚一登场,GFT 就亮出了十分惊艳的成绩单。GFT 只需分析数十亿个搜索中 45 个与流感相关的关键词,就能比 CDC 提前两周预报 2007—2008 流感的发病率。也就是说,人们不需要等 CDC 公布根据就诊人数计算出的发病率,就可以提前两周知道未来医院因流感就诊的人数了。有了这两周,人们就可以有充足的时间提前预备,避免中招。多少人可以因为大数据避免不必要的痛苦、麻烦和经济损失啊!

2009 年 2 月 19 日,*Nature* 杂志上发表一篇文章,名为"Detecting Influenza Epidemics Using Search Engine Query Data",论述了谷歌基于用户的搜索日志(其中包括搜索关键词、用户搜索频率以及用户 IP 地址等信息)的汇总信息,成功"预测"了流感病人的就诊人数。

1.2.3　华尔街利用微博数据预测股票

2011 年,美国印第安纳大学和英国曼彻斯特大学的三位学者合作发表了一篇题为《"推特"情绪预测股市》的论文,指出基于大量推文而分析出的公众情绪与道琼斯工业指数的关联性,甚至具有预测性。

他们选取 2008 年 2 月 28 日至 2008 年 12 月 19 日近 1 000 万条推文作为样本,采用两种情绪追踪工具将其分类。一种是开源工具 OpinionFinder,将推文二分为积极情绪和消极情绪;另一种是以临床医学使用的情绪状态量表(POMS,Profile of Mood States)为基础而新开发的情绪测试工具 GPOMS,能将公众的情绪分为冷静、警惕、确信、活力、友善和幸福六个类别。研究者发现,将"冷静"情绪指数后移 3 天,竟然与道琼斯工业平均指数呈现出惊人的一致性,也就是说,社交媒体"推特"(Twitter)反映出的情绪能在一定程度上预测 3～4 天后的股市变化。另外,研究者还测试了一个称为 SOFNN 的股市预测模型。当仅输入股市数据时,模型已经有 73.3% 的预测准确率;加入"冷静"的情感信息后,准确率更升至 86.7%。

全球最大的社交数据提供商 GNIP 在 2014 年发布的白皮书中指出,社交网络股市情绪分析始于 2010 年,用途还只限于企业分析客户感受。2013 年,在美国证监会(SEC)允许上市公司在社交网络披露公司信息后,包括汤森路透、彭博社在内的全球著名数据提供商也开始提供社交网络数据分析服务。

2013 年 3 月 8 日,纽约数据分析公司 Dataminr(数据矿工)的客户收到一条紧急推送,称一艘皇家加勒比海游轮抵达佛罗里达的埃弗格莱兹港,船上的 105 名乘客和 3 名船员全部感染诺如病毒(常见伴随症状是呕吐和腹泻)。这则经确认的新闻刚公布,皇家加勒比海游轮公司的股价旋即急跌 2.9%。Dataminr 的客户在新闻公布前 48 分钟即得知此事件。引起 Dataminr 员工警觉的,是南佛罗里达新闻电台 WSVN 于当天下午 1 点发布的一条推文。"我们心中警铃一震",Dataminr 公司创始人彼得·贝利说,后台语义算法系统发现这条推文与曾经产生过类似价值的信息行文类同。当天下午 1 点 02 分,即该推文发布两分钟后,Dataminr

公司的相关客户就收到这条紧急推送。Dataminr 提供的上述服务,不过是美国近几年社交网络股市情绪分析浪潮中的一例。

Dataminr 创始人彼得·贝利透露,他们的客户包括华尔街前 5 大超级投资银行中的 3 家,和一家估值 150 亿美元的股权避险基金公司。

面向机构和个人的相关应用如雨后春笋般涌现。诸如 Social Market Analytics(社交市场分析公司 SMA)和 HedgeChatter 等公司都以"推特"、"脸书"(Facebook)等社交网络大数据为基础,收集并分析网络上对上市公司或某一事件的看法评论,并做出与股价有关的预测分析。SMA 与全球领先的数据分析商 Markit 合作,向超 3 000 家机构投资者提供信息,其中包括中央银行、华尔街投行、对冲基金、政府机构和保险公司等。值得注意的是,SMA 甚至打入了交易所内部,向美国纽约交易所用户订阅栏目提供实时数据分析结果。

1.2.4 利用大数据预测美国大选

说起美国大选,不少新闻和舆论总是提到一个"数据大神"——内特·希尔(Nate Silver)。

内特·希尔早年是搞统计的,对数据非常感兴趣。他对美国职业棒球大联盟的球员数据进行了细致独到的分析,对棒球比赛结果预测非常准确,做的网站也成功地被人买走。然而,真正让内特·希尔名声大噪的,是他对 2008 年和 2012 年美国大选的成功预测。2007 年内特·希尔建立了"538"博客(后来变成 fivethirtyeight. com,因美国大选有 538 张选举人票),独树一帜地靠数据分析进行时政预测。2008 年美国大选,内特·希尔预测对了 50 个州选举结果中的 49 个。2012 年,他预测奥巴马胜出概率高达 9 成,和一般专家说的奥巴马与罗姆尼五五开的预测大相径庭,最后结果出来他全部 50 个州都预测对了。大选后第二天他接受专访,被脱口秀主持人称为"算法之神"。这让内特·希尔彻底火了,他解释预测技术的书《信号与噪声》销量增长 800%,成为美国畅销书榜第 2 名。

内特·希尔进行预测并不是靠所谓的"直觉",而是纯粹地靠数据,对众多的数据用算法进行处理。在美国大选这个事件上,算法依靠的主要基础数据就是各种各样的"poll",即大选民意调查(以下简称"民调")。美国大选历时数月之久,全国以及每个州都有各种机构主办的不同规模的民调,一个州对一次大选可能有多达上百次的民调。如对佛罗里达州,538 网站共收集了 68 次民调数据。这就是内特·希尔需要的"信号"。但是由于各种民调的机构背景、立场倾向、覆盖人群、举办时间差异极大,参考意义肯定各有不同,如何处理就是真正的技术了。这相当于要从一堆"信号"中,排除"噪声",得到真正有效的信息。当然,对于每一个民调数据,如何影响计算出来的概率,这是需要仔细考虑的,是预测算法真正的细节。这些民调差异极大,有时甚至给出完全相反的结果,如何解读确实不容易。538 网站进行了细致的解释,如根据过去 12 次大选的历史记录,对发布民调机构的权威性进行分级,计算时分配不同的权重。

除了民调数据,经济数据也可能被考虑进来,因为经济数据好,会对在任党派有利,是重要的影响因素。

如果没有足够的有效数据,那么内特·希尔就不能进行精准预测了,可以想象,这时某些直觉良好的专家可能就有用武之地了。也许专家通过梳理逻辑,抓住了事情的关键,给出了方向性的预测并最终成功。这种情况肯定还会有,依靠数据预测并不能包打天下。但是在数据足够的情况下,需要对内特·希尔引入的这种方法足够重视。从方法论来说,对数据进行越来越精确的建模,将各种因素尽可能多地考虑进来,是更科学更先进的。

1.3　理解大数据安全

怎么理解大数据安全呢？

大数据安全即针对大数据服务系统，从系统架构与认证授权、计算与存储、算法设计与数据采集等多个角度来分析其安全问题及解决方案。

同时，大数据技术也可以作为解决安全问题的技术手段，加强系统安全防护能力。但技术都是双刃剑，攻击者基于大数据技术，也会具备更强的攻击能力，创造出新的攻击模式。

随着大数据和人工智能（AI，Artificial Intelligence）技术的发展，毫无疑问，信息系统越来越智能，那么，我们肯定会越来越关心一个问题：未来的信息服务是越智能越危险，还是越智能越安全？

媒体系统推送的新闻与消息，是否可信、可靠？评论信息是否被水军控制？评级数据是否被恶意扭曲？

汽车的自动驾驶与导航，是否会被黑客恶意攻击？攻击方式不仅仅是系统漏洞，还可能是基于恶意数据的针对智能算法的欺骗式攻击。

家里的机器人、智能家居系统是否会遭受攻击？我们是否会被远程监控？

送药的无人机，是否会被攻击者控制？

我们无意发送的一条朋友圈信息，是否会泄露我们的隐私，甚至被诈骗分子所利用？

因政府或者某个互联网服务商的疏忽导致的个人隐私数据泄露，是否会给我们带来意想不到的麻烦甚至灾难？我们如何及时采取措施，以避免或者缓解这种问题？

大数据时代的到来，给我们带来了很多便利与舒适，但是同时，也带来了新的问题与挑战。例如，基于机器学习的系统，利用采集的大数据构建起智能服务系统，包括基于用户画像的推荐系统、协同过滤算法、基于人脸识别的身份认证、WIFI 万能钥匙等。

但随之而来的是新的安全问题。①可以利用机器学习算法的内部机制，欺骗智能管理系统。例如，斯坦福大学针对人脸识别系统的攻击方法；加州大学伯克利分校的 Dawn Song 教授针对深度学习算法的攻击方法。②针对推荐算法的错误引导：通过伪造共同访问对推荐系统进行攻击。③大数据服务系统带来的隐私泄露问题：通过对数据集的关联分析，能够推断出个人隐私。④共享计算资源带来的数据泄露风险：例如，基于云存储的云盘服务，针对 POW 问题的攻击方法。⑤数据共享是开发大数据价值的必经之路，那么，如何共享数据才能够有效保护用户的隐私。如何提高数据共享的效率（例如，实现数据的大规模实时共享），并同时提供可信的安全保障（访问控制机制）（例如，数据分发系统采用密文处理模式，以实现在不泄露数据订阅者与数据发布者的敏感信息的前提下完成数据的处理和分发）。

综上所述，大数据安全有以下两重含义。

（1）大数据服务中的安全问题

大数据服务中的安全问题，主要包括以下几个方面的内容：

- 大数据服务系统架构与认证授权问题；
- 利用大数据服务的系统漏洞，攻击大数据服务系统；
- 利用大数据服务的算法缺陷或者训练数据管理的漏洞，注入攻击数据；
- 利用大数据服务的合法功能，发起攻击；

- 利用大数据服务系统的合法功能,获取隐私信息。

(2) 大数据技术在安全领域的应用

一方面可以利用大数据技术解决安全问题。例如,利用流量特征,识别攻击流量;利用大数据技术,分析微博、微信等社交数据,预测突发事件的走向,及时制定并动态调整;利用大数据技术,引导网络舆情的走向,防止事态恶化。这些技术已经被深入研究并广泛使用。

另一方面,攻击者也会基于大数据技术开发新的攻击技术。例如,利用AI对验证码进行破译;利用关联分析,获取隐私信息。这些案例在现实中已经发生。

1.4 大数据隐私与安全

大数据隐私与安全问题要求我们能够在大数据时代兼顾安全与自由,个性化服务与商业利益,在保护国家安全与个人隐私的基础上,从数据中挖掘潜在的巨大商业价值和学术价值,使得数据资源能够被充分利用,服务社会,造福人类。

首先介绍隐私的定义及起源。

1.4.1 隐私的定义

1890年,布兰代斯与他的同学沃伦在《哈佛法律评论》上共同发表了关于隐私权的奠基之作:《隐私权》(*Right to Privacy*)。布兰代斯将"隐私权"定义为"不受别人干扰的权利"。他认为,这项权利是个人自由的起点,只有通过界定这项"人类最广泛、文明人最珍视"的权利,个人的"信仰、思想、情感和感受"才能得到保障。这种保障不仅仅意味着个人可以对抗他人对其自由的侵扰,也意味着个人享有不受新闻媒体、政府权力干扰和侵犯的自由。美国最早意义上的隐私权,也正是集中在以住宅为代表的物理空间之上的。隐私权意味着一个人可以在自己的城堡中不受监督、不受干涉地发展自己的个性,决定自己的生活方式。

但随着技术的发展,美国社会对于隐私权的保护也在发生深刻的变化,其重心不断转移,经历了从住宅到人,再到信息的转变。

1876年,贝尔发明了电话,这项新的技术极大地方便了人们的交流,推动了社会的发展,但也给隐私权投下了阴影。

1928年,美国发生了在隐私权历史上著名的奥姆斯泰德诉美国政府一案。一位名叫奥姆斯泰德的普通公民涉嫌贩卖私酒,联邦调查局(FBI)的官员在没有获得"搜查证"的情况下,通过对其住宅电话、办公室电话搭线监听,掌握了其犯罪证据。奥姆斯泰德因此被定罪。但奥姆斯泰德认为,联邦政府的窃听行为违反了宪法第四修正案对个人隐私权的保护,FBI利用这种手段获得的证据不正当,应当予以撤销,于是他上诉到最高法院。布兰代斯(《哈佛法律评论》的创办者)当时担任美国最高法院大法官,他支持奥姆斯泰德的上诉。但最高法院的其他9名大法官最后以5∶4的比例驳回了奥姆斯泰德的上诉,认为FBI的秘密窃听没有物理侵入奥姆斯泰德的住宅,因此不构成对其隐私权的侵犯。

这场官司之所以著名,是因为布兰代斯大法官作为合审团的少数派,发表了他著名的"异见":"由于新技术的产生和发展,对隐私权的侵犯已经不需要物理的、强制性的侵入,这种新的侵犯正在以微妙的方式广泛地衍生。这种侵犯即使是国家行为,如果没有合法的审批,也应该被视为违宪。"奥姆斯泰德虽然败诉,但布兰代斯的"异见"却引起了广泛的讨论,对美国社会产生了深远的影响。

1967 年，又发生了轰动一时的凯兹诉美国政府一案。和奥姆斯泰德一案类似，FBI 故技重演，在公用电话亭搭线窃听了当事人凯兹的谈话，获取了其参与组织赌博活动的关键证据，凯兹随后被定罪。

凯兹以相同的理由上诉到最高法院，最高法院最后宣布：FBI 经窃听获得的证据侵犯了公民隐私权，为无效证据，予以撤销。最高法院还在判决中明确：人类的隐私权，不仅仅限于住宅，无论何时何地，即使在公共场所，个人也享有隐私权，对其谈话、通信的侵犯，就是对其个人隐私领域的侵犯。凯兹案成了美国隐私权保护从以住宅为重心到以人为重心的分水岭。

过去几十年以来，由于信息社会的兴起，美国社会对隐私权保护的重心再一次发生了重大的转移。促成这种变化的原因在于政府和商业组织者收集了很多关于个人身份的信息。当个人身份数据（Personal Identity Information）广泛存在于政府、银行、医院、学校、酒店、商场、公司等众多组织中时，每个人的活动其实无时无刻不在被不同组织的数据库记录和监视。这些数据如果被别有用心的人利用和整合，个人的隐私和尊严将不可避免地受到侵害。为了应对信息时代的这种冲击，美国对于隐私权的保护，又逐渐从以人为重心调整到以数据为重心的思路上。

哥伦比亚大学的教授阿伦·韦斯廷（Alan Westin）成了这个新领域的理论先驱和领跑者，他将信息社会的隐私权定义为："个人控制、编辑、管理和删除关于他们自己的信息，并决定何时何地、以何种方式公开这种信息的权利。"

1.4.2　安全隐私与技术进步的关系

各种安全技术作为一个伴生技术，一直是随着技术的进步与发展在不断演进的。例如，核电站技术是人类获取能源的新手段，与之相伴而来的是核电站的安全防护技术。由于安全防护技术的缺陷，1986 年 4 月 26 日苏联最大的核电站切尔诺贝利核电站发生的核泄漏事件，给人类带来了巨大的灾难。此后，2011 年 3 月 12 日，当时全世界最大的核电站日本福岛核电站受地震影响发生核泄漏，至今其负面影响仍然在继续。

信息技术极大地提高了人类工作、交流的效率，改变了人类的工作和生活方式。同时，信息技术的发展进步也在不断地刷新人们对于安全隐私的定义。

1964 年 IBM 推出 IBM System/360，开启了计算机的商业化进程。计算机的大规模应用，使得计算机安全（系统安全）问题开始引起人们的重视，如病毒、非法入侵计算机系统等。20 世纪 60 年代初，美国贝尔实验室里，三个年轻的程序员编写了一个名为"磁芯大战"的游戏，游戏中通过复制自身来摆脱对方的控制，这就是所谓"病毒"的雏形。1983 年 11 月，在国际计算机安全学术研讨会上，美国计算机专家首次将病毒程序在 vax/750 计算机上进行实验，世界上第一个计算机病毒就这样出生在实验室中。20 世纪 80 年代后期，巴基斯坦的一对以编软件为生的兄弟为了打击那些盗版软件的使用者，设计出了一个名为"巴基斯坦智囊"的病毒，该病毒只传染给软盘中的引导程序。这就是最早在世界上流行的一个真正的病毒。针对系统漏洞设计的病毒、木马乃至高级持续性威胁（APT，Advanced Persistent Threat）攻击软件层出不穷，系统安全在整个安全防御系统中一直扮演着重要的角色。

20 世纪 70 年代，随着数据通信技术的发展，结合计算机系统在商业活动中的日益广泛使用，网络安全成为一个不可忽视的问题，从而推动了现代密码学的发展：对称加密算法被标准化；针对大规模应用信息加密技术的需求，非对称加密的思想被提出，并设计出至今仍然被广泛使用的 RSA 算法。

20 世纪 90 年代,万维网的出现,带来了内容安全的萌芽,各种内容安全问题开始涌现,如垃圾邮件、网页搜索作弊、网络评论水军、网络舆情问题,等等。

随着搜索引擎的发展,开始出现网页搜索作弊和网络虚假信息问题。在商业利益的驱动下,不守规矩的营销企业会运用黑帽搜索引擎优化技术,如垃圾链接、隐藏网页、刷 IP 流量、桥页、关键词堆砌等来提升搜索引擎排名,获取流量。为此,搜索引擎发展了网页反作弊算法。

电子商务的发展,对商品评论中的水军如何有效识别和过滤成为一个令人困扰的问题。在电商领域雇佣水军恶意攻击竞争对手,在苹果应用商店用水军来刷榜,在社交网站上利用微博上的僵尸粉对他人进行恶意攻击,等等,这些行为给人们正常的电子商务活动和网站社交活动带来了不可忽视的负面影响。

垃圾邮件的发展催生了验证码(CAPTCHA)技术,该技术曾经有效地抑制了垃圾邮件的发展。近年来,随着 AI 的发展,自动打码(Captcha Human Bypass)技术突破了验证码的防护,很多问题卷土重来。

在 21 世纪这个大数据时代,隐私保护问题变得日益突出。

随着"互联网+"时代的到来,各个行业都在接受着互联网的洗礼。随着网络空间与物理空间、人类社会活动的融合,网络空间的安全必将与人们的物理安全、金融安全、生产安全等社会方方面面的安全深度融为一体。网络空间安全包含了网络安全、系统安全、内容安全、隐私保护等多层次多方面的内容。

1.4.3　隐私与法律

先回顾一下关于隐私权的重大历史事件。

1965 年,美国中央数据银行计划。

1974 年,尼克松的水门事件。美国《隐私法案》(*Privacy Act of 1974*)的诞生。

2002 年,美国在《2002 国土安全法》中重新提出中央数据银行计划,还赋予该计划一个更响亮的名字:万维信息触角计划(Total Information Awareness)。

2013 年,斯诺登事件导致美国的"棱镜计划"被曝光。

2018 年,欧洲联盟(简称欧盟)的《通用数据保护条例》于 2018 年 5 月 25 日开始实施。

2018 年,中国的《信息安全技术 个人信息安全规范》于 2018 年 5 月 1 日起正式实施。

1. 中央数据银行

1965 年,人类的计算模式还仅处在第一个阶段——主机时代,对于侵犯人们隐私的危险和担心就开始初现端倪。那个时候,现在美国白宫的行政管理和预算局(OMB)还叫预算局。预算局提出了一个简单、大胆、在当时堪称革命性的创新计划。

该局建议,联邦政府应该成立一个统一的"数据中心",把政府部门所有的数据库连接、集中、整合起来,建立一个大型的数据库。预算局相信,这不仅能节约硬件成本,还能提高数据管理、查询和统计的效率;此外,通过部门之间的数据对接和整合,还可以提高数据的准确性和一致性,减少数据的错误。

预算局甚至为这个计划提出了具体的实施方案:人口普查局、劳工统计局、税务局以及社保局这 4 个数据密集型部门先行一步,首先将数据库连接起来,其他各个部门的数据库逐步纳入,最终的目标是,以公民为单位,为全国每一个人建立一个数据档案,这个档案将包括每一个人教育、医疗、福利、犯罪和纳税等一切从摇篮到坟墓的数据记录。预算局将这个大型数据库称为"中央数据银行"。

普林斯顿大学的高等研究院(IAS)是全世界最顶尖的研究机构之一,它的特点是可以不屈从任何行政的任务和资金的压力,自主开展纯粹的科学研究。时任该研究院主任的凯森教授(Carl Kaysen)盛赞这是一个划时代的计划。凯森发表了专门的可行性报告,指出统一管理不仅能节省运营成本、提高数据的准确性和查询的效率,还将更好地保障数据安全。

听起来有百利而无一弊,中央数据银行计划得到了行政圈、学术界的一致响应。经过一年的论证,1966 年,联邦政府正式向国会提交了"中央数据银行"的方案,请求拨款、开工,开创新的数据管理篇章。

新闻界也开始报道联邦政府的这一创举。但没想到,新闻界的报道引起了强烈的社会反感。这种反感,最后导致了这个计划的流产。

1967 年 1 月,《纽约时报》发表了著名记者、隐私权专家帕卡德(Vance Packard)的文章《不能告诉计算机》,他写道:"当政府把我们每一个人的信息和日常生活的细节都装进一个中央级的数据银行时,我们将受控于坐在计算机前面的那个人和他的按钮。这令人不安,这是一种危险。"

美国公民自由联盟(ACLU,American Civil Liberties Union)是一个成立于 1920 年的公益组织,总部位于纽约,它的目标是利用法律的手段维护公民的权利,隐私权正是 ACLU 关注的重点。对于中央数据银行计划,ACLU 强烈反对,并发表了一系列的声明和调查。哈佛大学也对这个计划开展了专门的民意调查,其调查结果表明,56% 的美国人担心自己的隐私会受到侵害,明确反对这个计划。一时间,曾经赢得了各方赞誉的数据银行计划在国会的讨论中陷入了泥沼。此后,美国国会对此召开了一系列的听证会。1968 年,众议院隐私委员会发布了一份报告,结论是该计划无法保证公民的隐私不会受到侵害,不予批准。

2. 水门事件与《隐私法案》的诞生

1974 年,尼克松的水门丑闻全面爆发,行政权力对个人隐私的恶劣入侵,引起了全美朝野上下的反思。此后,美国社会对政府的信任降到了一个历史低点,增加政府的透明度、保护公民的隐私成了全民的共识。在这种情况下,1974 年 12 月,美国国会通过了已经讨论很久的《隐私法案》(*Privacy Act of 1974*)。

1974 年的《隐私法案》是一部真正属于信息时代的隐私法。它的保护主体就是存储在政府机关内部的个人信息记录,如个人的教育经历、工作履历、经济活动、犯罪历史等记录,它通篇规定的都是美国政府应该如何使用、保护公民的个人信息。

该法规定:行政机关收集保存的公民个人信息,只能用于信息收集时的既定目的;未经本人许可,不得用于其他目的;个人有权知道其信息的使用情况,还可以查询、核对、修改自己被行政机关收集记录的个人信息。

针对如何管理与个人身份隐私相关的数据,美国国会后来还通过了 1986 年的《电子通信隐私法案》(ECPA)、1988 年的《计算机查对和隐私保护法案》(CMPPA)、2002 年的《联邦信息安全管理法案》(FISMA) 等法律。除了国家层面的立法,美国联邦政府又制定了多个部门规章和实施细则,其中最重要的是 1985 年行政管理和预算局(OMB)颁布并多次修订的《联邦政府信息资源管理政策》,简称为 A-130 号通报(OMB Circular A-130)。

当然,并非所有与个人相关的数据都是隐私。对于何种数据才算隐私,要分得一清二楚并不容易,美国的大法官们也没少为这件事纠结,其中最著名的是 1972 年的联邦政府诉米勒案。通过这场官司,最高法院规定,个人的消费记录不算隐私。

1976 年,最高法院宣判,银行的交易记录不属于个人隐私的范围,因为个人的消费记录必须在各个银行、商家之间流动、交换,就像电话号码一样,无法保密,所以不能算是隐私。

3. 元数据

2013 年,爱德华·斯诺登曝出美国政府收集所有美国公民的手机电话拨打记录。注意,只是拨打记录。据此,美国政府就一直以"拨打记录"为辩护说辞,说是他们收集的"只是元数据"。也就是说,美国国家安全局(NSA)并没有收集电话的谈话内容,只是收集了接打双方的电话号码,以及拨打电话的日期、时间和时长。

元数据(Metadata)是描述数据属性的集合,是对数据的说明,如数据的类型、名称、字段等。尽管大多数人并不确切地知道元数据意味着什么,但听上去似乎能给人带来一定的"安抚"作用。实际上,收集元数据一样属于监视。

比如,国外电影中经常有雇佣私人侦探窃听某人的情节。请注意,这里的用词是"窃听"。私人侦探接受委托后,会在被监视人的家中、办公室和汽车中装上窃听器,偷听电话内容、查看计算机。然后,委托人会收到一份被监听者的详细谈话内容报告。

如果把委托任务从"窃听"变为"监视"呢?最后委托人收到的报告内容肯定有所变化,但范围却更广了。监视包括,被监视人的行踪去向,干了什么事,与谁谈话并谈了多长时间,与谁通信,阅读什么,购买什么,等等。这些信息就是"元数据"。简而言之,窃听可以得到谈话内容,监视则包含所有其他的背景或相关信息。

电话元数据还可以透露更多的信息。比如,根据谈话的时间、长度和频率,能推算出谈话人彼此之间的关系,是密友、商业伙伴,还是其他什么人。电话元数据显示被监视人对谁感兴趣,什么对他是重要的,不管这些信息有多么私密。它是窥探人们个性的窗口,它能够在任何时间点绘制出被监视人的事件报告。

4. 大数据时代的个人隐私

之所以说搜索数据是私密的隐私数据,是因为人们不会对搜索引擎撒谎,这些数据甚至比朋友或家人与自身的联系紧密,因为我们总是尽可能准确地告诉搜索引擎,我们在想什么。

谷歌知道每一个人搜索的网站,知道人们内心深处的担心和秘密。如果谷歌想知道某一个网民心里面正在想什么,它就能知道,不管他是在想逃税还是计划抗议政府的某项方针政策。曾经有人说,谷歌比自己的妻子还了解自己。但实际上还可以更进一步,应该说谷歌比你自己还了解自己,因为它能毫无改变地永远记住你曾经在那个长条框里输进去的东西,不管它是什么。

私密数据和元数据的来源还有许多其他渠道。你的网上购物记录会透露你大量的习惯,你的微博会告诉全世界你何时起床吃早餐,何时道晚安睡觉;你的朋友圈和联系人会暴露你的政治倾向,甚至是性取向;你的电子邮件或你的短信息可以显露谁是你职业、社交和个人感情生活的中心;你手机上的 App 可以定位你的位置,去过哪里……

数据与元数据可以这样来区别,前者是内容,后者是背景。背景常常比内容显示更多的信息,尤其是把元数据集合起来的时候。当你监视一个人的某次具体行动时,他的谈话内容、手机短信和电子邮件的确比元数据重要。但当你监视一个人的生活,或是大面积区域人口的时候,元数据的作用就无可比拟了。无论是在重要性、实用性,还是对问题的判断和预示上,元数据都极有意义。

1.4.4　欧盟《通用数据保护条例》

2018 年 5 月 25 日,《通用数据保护条例》(GDPR)在欧盟全面实施。

GDPR 是 20 年来数据隐私条例的最重要变化,它取代了欧盟的《个人资料隐私保护指令》95/46/EC,并协调了全欧洲的有关数据隐私的法律,为所有欧盟民众保护和授权数据隐私,并重塑整个地区的数据隐私保护形式。

1. GDPR 要点概述

针对从欧盟公民处收集数据的企业:该规定不限于总部在欧盟地区的企业,而是覆盖到从欧盟公民处收集数据的所有组织。GDPR 要求此类企业反思其条款和条件(解释该公司如何使用个人数据来销售广告)中的内容,强制企业遵循"Privacy by Design"原则。

数据转移权:该规定声明,用户可要求自己的个人数据畅通无阻地直接迁移至新的提供商,数据以机器可读的格式迁移。这类似于在不丢失任何数据的情况下更改移动运营商或社交网络。对于谷歌、Facebook 等名副其实的数据挖掘公司和较小的数据科学创业公司而言,这仿佛敲响了丧钟,当用户不再使用该公司产品时,它们将会丢失大量数据。

被遗忘权:GDPR 第 17 条强调,每个数据主体有权要求数据控制者删除个人数据,并且不能过分延长数据留存时间,控制者有义务遵循该规定。这对以 cookie 形式收集数据、从定向投放广告中获取收益的技术巨头而言是一项巨大损失。

算法公平性:自动决策的可解释权(The Right to Explanation of Automated Decision)指出数据主体有权要求对算法自动决策给出解释,有权在对算法决策不满意时选择退出。例如,如果贷款申请人被自动决策拒绝时,有权寻求解释。对于技术公司而言,这是对 AI 的严重限制,将大幅减缓 AI 技术的发展。

目前被广泛应用的 AI 技术所面临的最大批评是深度学习及其不可解释性(即黑箱状态)。这可能会导致任何 AI 公司无法开展已有业务,甚至某些业务会被认为非法,因为无人能够对算法的自动决策给出合理的解释。

对于欧盟公民来说,GDPR 统一数据保护法规,增加技术公司在收集用户数据时的责任,从而保护了公民权利。

2. 数据泄露不是儿戏

2016 年,乐购银行承认,该银行约 4 万个账户被黑客攻击,其中 2 万个账户资金被盗。

GDPR 的实施,将会撬动整个欧盟的数据保护监管体制。其重要特征之一,就是对安全事件中被定义为"数据控制者"的公司会处以高达营业额 4%的罚款。而且律师们普遍认为,对像乐购这样的多元化企业,GDPR 的目的就是将整个集团的营业额作为决定罚款数额的基数。

乐购银行到 2016 年 9 月底的年营业额是 9.55 亿英镑,但有着银行及连锁超市的乐购集团的营业额却是 484 亿英镑。如果此次数据泄露发生在 GDPR 实施之后,4%的数据隐私侵权集体诉讼罚单,将令该公司承受高达 19.36 亿英镑的罚款。

2018 年 5 月 28 日的报道称,Facebook 和谷歌等美国企业成为 GDPR 法案下的第一批被告。在 GDPR 生效后几个小时内,Facebook、谷歌、Instagram 和 WhatsApp 都收到了投诉,投诉是由四名欧盟公民向奥地利、比利时、法国和德国的地方监管机构提出的。这些公司被指控强迫用户同意使用定向广告服务。如果投诉得到支持,这些网站可能被迫改变运作方式,并可能被罚款。

这些公司违反了 GDPR,因为它们采取了"要么接受,要么放弃"的做法,即客户必须同意收集、共享他们的数据并将其用于定向广告,或者删除他们的账户。这种做法违反了新规定,因为 GDPR 禁止强迫人们接受广泛的数据收集以换取使用服务的行为。

一些设在欧盟以外的公司暂时封锁了它们在欧洲各地的服务,以避免与新法规相抵触。其他如 Twitter 等公司也引入了精细控制(granular controls),让人们选择不做定向广告。Facebook 在一份声明中表示,它已经花了 18 个月的时间来准备以确保自己符合 GDPR 的要求。谷歌告诉英国广播公司(BBC):"我们从最初阶段就将隐私和安全纳入我们的产品,并承诺遵守 GDPR。"

1.4.5　我国的《信息安全技术 个人信息安全规范》

2018 年 1 月,由全国信息安全标准化技术委员会组织制定的国家标准《信息安全技术 个人信息安全规范》(以下简称《规范》)获批发布全文。尽管这是一部推荐性的国家标准,不具有强制力,但仍引起学界与实务界的广泛关注。

《规范》于 2018 年 5 月 1 日起正式实施。该安全规范作为《中华人民共和国网络安全法》(以下简称《网络安全法》)中对个人信息安全要求的重要配套标准,填补了我国针对个人数据保护具体实践标准上的空白。其中若干要点与 GDPR 完全对应。例如,《规范》要求,除目的所必需外,使用个人信息时应消除明确身份指向性,避免精确定位到特定个人;对用户授权的应用范围不应超过协议中声称目的,如果有超出需要用户重新授权;个人信息原则上不得共享、转让。与之相对应的是,GDPR 明确指出,个人数据的收集应当具有具体的、清晰的和正当的目的,对个人数据的处理不应当违反初始目的;个人数据的处理应当符合"数据最小化"原则,即为了实现目的而进行适当的、相关的和必要的数据处理,这一条也对应了《规范》中的实施功能区分,取消"一揽子"授权。

相较于《规范》的内容,企业更关心的是《规范》的效力问题。

首先,《规范》的确是推荐性标准,但即便是推荐性标准,也可作为行政机关的执法依据以及法院的裁判依据。一方面,对于行政机关,《规范》虽然没有直接规定法律责任,但完全可以作为评判企业是否履行了《网络安全法》中个人信息保护义务的依据,如果需要进行处罚,适用《网络安全法》中的罚则即可。另一方面,在司法裁判过程中,国家标准也有重要的参考意义。

其次,《规范》对个人数据的收集、存储、使用都提出了明确具体甚至是比较严格的要求。

《规范》主要有两方面的亮点,一是在《网络安全法》和"两高司法解释"的基础上,明确了个人信息处理活动中各项术语的定义,例如"个人信息控制者""收集""明示同意""用户画像""个人信息安全影响评估""删除""去标识化"等。二是对个人信息收集、保存、使用、转让和披露、通用安全各个环节提出了非常明确具体的要求。

(1) 收集阶段

① 最小化收集原则;

② 用户同意。

(2) 保存阶段

① 最短时间保存;

② 去标识化处理。

(3) 使用阶段

① 制定内部管理措施(审批流程、访问权限等);

② 限制使用范围(明确告知用户用途);

③ 保证用户访问、更正、删除个人信息的权利。

（4）个人信息的委托处理、共享、转让、公开披露

① 委托处理：不得超授权范围进行委托；

② 共享、转让：原则上不允许，如需，应取得用户（明示）同意；

③ 公开披露：原则上不允许，如需，应开展安全评估，并取得用户明确的同意；

④ 共同控制信息的情形：当对两方主体共同控制个人信息时（如电商平台与平台上的卖家），应当通过合同等形式明确双方各自承担的责任和义务。

1.5　本章小结

本章首先介绍了大数据的概念与内涵，并结合大数据在生活、医疗、经济、政治等领域的典型案例，展示了大数据服务在现代社会生活中的重要作用。

大数据安全有两重含义：①大数据服务中的安全问题；②大数据技术在安全领域的应用。

最后，介绍了隐私的概念，隐私与技术进步的关系，以及隐私的法律问题。

本章参考文献

[1]　Ginsberg J，Mohebbi M H，Patel R S，et al. Detecting influenza epidemics using search engine query data[J]. Nature，2009，457(7232)：1012.

[2]　Bollen J，Mao H，Zeng X. Twitter mood predicts the stock market[J]. Journal of Computational Science，2011，2(1)：1-8.

[3]　Twitter can predict the stock market[EB/OL]. (2010-10-19)[2018-09-14]. https://www. wired. com/2010/10/twitter-crystal-ball/.

[4]　Fielding R T. Architectural Styles and the Design of Network-based Software Architectures[D]. Irvine：University of California，2000.

[5]　程渤，陈俊亮，章洋，等. 网络信息服务的演进[J]. 中国计算机学会通讯，2010，6(9)：12-15.

[6]　朱达. 基于事件的服务协同及通信服务提供技术研究[D]. 北京：北京邮电大学，2011.

[7]　石瑞生. 物联网服务平台发布订阅关键技术研究[D]. 北京：北京邮电大学，2013.

[8]　石瑞生，章洋，陈俊亮，等. EDSOA 服务平台中发布订阅网络基础服务的设计[J]. 计算机集成制造系统，2012，18(8)：1659-1666.

[9]　Dean J，Barroso L A. The tail at scale[J]. Communications of the ACM，2013，56(2)：74-80.

[10]　Barroso L A，Dean J，Holzle U. Web search for a planet：the Google cluster architecture[J]. IEEE Micro，2003，23(2)：22-28.

[11]　DeCandia G，Hastorun D，Jampani M，et al. Dynamo：amazon's highly available key-value store[C]//SOSP. New York：ACM，2007：205-220.

[12]　Vogels W. Eventually consistent[J]. Communications of the ACM，2009，52(1)：40-44.

［13］ Kohavi R，Longbotham R. Online experiments：lessons learned[J]. IEEE Computer，2007，40(9)：103-105.

［14］ Eugster P T，Felber P A，Guerraoui R，et al. The many faces of publish/subscribe [J]. ACM Computing Surveys，2003，35(2)：114-131.

［15］ 涂子沛. 大数据[M]. 广西：广西师范大学出版社，2013.

［16］ 城田真琴. 大数据的冲击[M]. 周自恒，译. 北京：人民邮电出版社，2013.

［17］ 维克托·迈尔-舍恩伯格，肯尼思·库克耶. 大数据时代[M]. 盛杨燕，周涛，译. 浙江：浙江人民出版社，2013.

第 2 章

基 础 知 识

2.1 本 章 引 言

在开始学习大数据安全与隐私保护之前,需要对相关的基础知识进行简要的总结与回顾。本章将介绍密码算法、网络协议、身份认证与访问控制。其中在密码算法中,主要会介绍密码学中流密码、分组密码和公钥密码这三类常用的加密算法。在网络协议部分,会介绍 IPsec、TLS/SSL 和 DTLS 协议。最后会介绍单点登录与访问控制等实际应用场景。本章的介绍能够为后面的学习打下基础。

2.2 密 码 算 法

本节简要介绍密码学的发展与演进,并介绍三类常用的加密算法:流密码,分组密码,公钥密码。

2.2.1 密码学的历史

密码的使用最早可以追溯到古罗马时期,《高卢战记》曾描述恺撒使用密码来传递信息,即所谓的"恺撒密码",它是一种替代密码,通过将字母按顺序推后 3 位起到加密作用,如将字母 A 换作字母 D,将字母 B 换作字母 E。据记载恺撒是率先使用加密函的古代将领之一,因此这种加密方法被称为恺撒密码(Caesar Cipher)。

恺撒密码实际上是密钥 $K=3$ 的移位密码。

最初的加密算法的安全性,依赖于对算法保密。其最明显的问题是算法一旦泄露,其安全性就没有了保障;而更新算法是非常麻烦的。

如图 2-1 所示,最初的密码体制包括明文(Plaintext)、密文(Ciphertext)、加密算法(Encryption)、解密算法(Decryption)四个要素,其安全性依赖于算法的保密,故称为受限制的(restricted)算法。

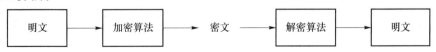

图 2-1 加解密过程示意图

15

2.2.2 基于密钥的加密算法

现代密码算法都引入了密钥的概念,加解密过程都是在一组秘密信息的控制下完成的,这里的秘密信息就是密钥。

密钥的引入,使得加密体制从四元组(P,C,E,D)演变为五元组(P,C,K,E,D),算法的保密性不再基于保持算法的秘密,而是基于对密钥的保密。

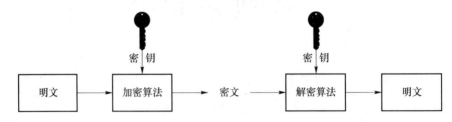

图 2-2　引入密钥的加解密过程示意图

密码体制(P,C,K,E,D)满足以下条件:

① P 是可能明文的有限集合,称为明文空间;

② C 是可能密文的有限集合,称为密文空间;

③ K 是一切可能密钥构成的有限集合,称为密钥空间;

④ 对任意$k\in K$,存在加密算法$e_k\in E$和相应的解密算法$d_k\in D$,使得$e_k:P\rightarrow C$和$d_k:C\rightarrow P$分别为加密函数和解密函数,满足$d_k(e_k(x))=x,\forall\,x\in P$。

"一切秘密寓于密钥之中"已经是现代密码系统设计的基本原则。也就是说,密码系统的设计应该是公开的。

密钥不仅容易管理,而且替换更为廉价。这条原则在工作生活中具有非常大的经济价值和现实意义。例如,某个掌握公司加密系统秘密的员工离开了公司,公司只需要更换密钥即可保证系统的安全,而无须修改加密算法和系统,显著提高了工作效率,降低了系统维护的成本。

仅仅依赖密钥,对安全分析更为容易。在密码分析技术中,一般都假设敌手知道所使用的密码体制,这个假设通常称为 Kerckhoffs 假设。当然,如果敌手不知道我们所使用的密码体制,那么完成密码分析工作将更加困难;但是,我们不应该把密码体制的安全性建立在敌手不知道我们所使用的密码体制这样一种不确定的假设上。

2.2.3 香农(Shannon)的密码设计思想

在密码设计中,最常用的两种技巧是代换(Substitution)和置换(Permutation)。代换是指系统地将一组字母换成其他字母或符号;置换是指将字母顺序重新排列。

移位密码就使用了替换的加密技巧。

移位密码的加解密算法分别为

$$c=E_k(m)\equiv m+k(\bmod 26)$$
$$m=D_k(c)\equiv c-k(\bmod 26)$$

$k=3$ 时的移位密码,就是著名的恺撒密码。

仿射密码的加解密算法分别为

$$c=E_{a,b}(m)\equiv am+b(\bmod 26)$$
$$m=D_{a,b}(m)\equiv a^{-1}(c-b)(\bmod 26)$$

$a=1$ 时的仿射密码所对应的正是移位密码。

恺撒密码、移位密码、仿射密码,都属于代换密码。代换密码(Substitution Cipher)即建立一个代换表,加密时将需要加密的明文依次通过查表,替换为相应的字符,明文字符被逐个替换后,生成无任何意义的字符,即密文。这样的代换表,通常称为密钥。

置换密码(Permutation Cipher),又称换位密码(Transposition Cipher),其特点是保持明文的所有字母不变,只是利用置换打乱了明文字母的位置和次序。

Shannon 在其 1949 年的论文中介绍了一个新思想,即通过"乘积"组合密码体制。这种思想在现代密码体制的设计中非常重要。

乘积密码体制的密钥形式是 $k=(k_1,k_2)$。加密和解密的规则定义如下:对于任意一个 $k=(k_1,k_2)$,加密 e_k 定义为

$$e_{(k_1,k_2)}(m)=e_{k_2}(e_{k_1}(m))$$

解密 d_k 定义为

$$d_{(k_1,k_2)}(c)=d_{k_2}(d_{k_1}(c))$$

如果将(内包的)密码体制和自己做乘积,得到密码体制 $S\times S$,记为 S^2。如果做 n 重乘积,得到的密码体制记为 S^n。

如果 $S^2=S$,称这个密码体制是幂等的。例如,移位密码、仿射密码、代换密码、置换密码都是幂等的。如果一个密码体制是幂等的,那么使用乘积系统就毫无意义:使用了多余的密钥,但并没有提供更多的安全性。如果密码体制不是幂等的,那么多次迭代有可能提高安全性。

一种构造简单的非幂等密码体制的方法是对两个不同的简单的密码体制做乘积。有许多简单的密码体制适合这种类型的构造。通常将代换密码和置换密码做乘积,数据加密标准(DES,Data Encryption Standard)密码体制就采用这个思路。

2.2.4　流密码

1. 理论背景

1917 年,Vernam 发明了一种完善保密加密的加密算法,现在被称为"一次一密"(One-Time Pad),然而当时并没有证明其是能够完善保密加密的,因为那个时候还没有完善保密加密的概念。大约 25 年后,Shannon 提出了完善保密加密的概念,并且证明了"一次一密"能够达到这一安全水平。Shannon 的理论证明,要达到这一安全水平,密钥空间至少要和明文空间一样大。如果密钥空间由固定长度的密钥组成,明文空间由固定长度的明文组成,那么这就意味着密钥至少要和明文一样长。

在大多数情况下,尤其是商业环境下,这种长密钥的局限性使得"一次一密"以及其他完善保密加密的方案无法使用。

伪随机性的概念在密码学中扮演着一个很重要的角色,特别是在对称密钥加密中。简单地讲,一个伪随机的比特字符串看起来很像均匀分布的字符串,只要这个"看"的实体是在多项式时间内运行。如同不可区分性可以视为完善保密在计算上的松弛,伪随机性是真正的随机性在计算上的松弛。

如果一个密文看起来随机,那么就没有敌手能够从密文中推测出任何关于明文的信息。"一次一密"是计算一个随机字符串(密钥)和明文的异或。如果一个伪随机字符串被使用,在一个多项式时间敌手看来,应该无法察觉到任何区别。

使用一个伪随机字符串的优势在于,一个长的伪随机字符串能够通过一个相对短的随机种子(或者密钥)来生成。因此,用一个短密钥来加密一个长消息,现在就可以办到了。

一个伪随机发生器的种子必须是被均匀地随机选取,且对区分器来说是完全保密的。从蛮力攻击的角度来看,种子 s 必须足够长,以至于没有"有效的算法"在多项式时间内遍历所有可能的种子。

遗憾的是,目前不知道如何证明伪随机发生器的存在性。但是,有充分的理由说:存在某个已经研究了很久的问题,该问题还没有已知的有效算法,并且该问题被广泛地认为在多项式时间内是无法解决的。从而,伪随机发生器能够在这些难题真的很"困难"的假设下被构造出来。

2. 设计方案

密钥作为一个种子,用到一个伪随机发生器来获得一个长的随机字符串;然后,和明文消息做异或处理,如图 2-3 所示。

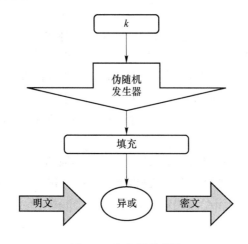

图 2-3　流密码示意图

这种类型的加密方案被称为流密码。这是因为加密的执行是通过首先生成一个伪随机比特流,然后将该比特流和明文做异或运算来实现的。

在二元加法流密码中,若密钥流序列完全随机,就是一个完善的保密系统(一次一密)。实际使用的密钥流序列(以下简称密钥)都是按一定算法生成的,因而不可能是完全随机的,所以也就不可能是完善的保密系统。

为了尽可能提高系统的安全程度,就必须要求所产生的密钥流序列尽可能具有随机序列的特征。一般地,序列密码中对密钥流有如下要求(接近随机序列)。①极大的周期:按任何算法产生的序列都是周期的。②良好的统计特性:均匀的游程分布,更好地掩盖明文。③高线性复杂度:不能从一小段密钥推知整个密钥序列。④用统计方法由密钥序列提取密钥生成器结构或密钥源的足够信息在计算上是不可能的。

线性反馈移位寄存器(LFSR)在历史上曾经是很流行的流密码。但是,它们被证明是非常不安全的。在某种程度上,给定足够多字节的输出,密钥就能够完全被恢复出来。

目前使用的密钥流生成器大都是基于移位寄存器的。这种密钥流序列称为移位寄存器序列。

通常的构建方法为线性移位寄存器＋非线性组合函数,如图 2-4 所示。其中,非线性组合

函数 F 的选择非常重要,直接关系到流密码的安全程度。

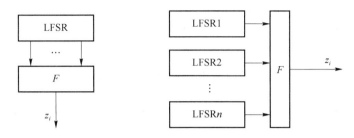

图 2-4 密钥流产生器的构造方法

对密钥流产生器的安全性要求越高,密钥流产生器的设计就越复杂。并且,在考虑安全性要求的前提下,还需要考虑:①密钥要易于分配、保管,更换简单;②易于实现,生成速度快。

流密码加密效率高,能够满足在资源受限环境下的加密需求。

2.2.5 分组密码算法

1. 代换-置换网络

分组密码一般采用 Shannon 提出的利用乘积密码实现混淆(Confusion)和扩散(Diffusion)思想进行设计。

在分组密码的设计中,针对安全性的一般原则有两个:混淆(Confusion)和扩散(Diffusion)。混淆使所得密文与明文以及密钥的关系变得十分复杂,无法从数学上直观描述,或从统计上难以分析;扩散的目的是让明文中的任一位及密钥中的任一位能影响尽可能多的密文位,以便隐藏明文的统计特性,加强密码安全。

混淆使用代换技术,保证密文中不会反映出明文线索,防止密码分析员从密文中找到模式,从而求出相应明文。扩散使用置换技术,增加明文的冗余度,使其分布在行和列中。

在代换-置换网络(SP,Substitution-Permutation)中,S 盒(Substitution Box)是唯一的非线性部件,S 盒的密码强度决定了整个算法的安全强度,提供了密码算法所必需的混乱作用;P 置换的目的是提供雪崩效应,使得明文或密钥的一点小的变动都会引起密文的较大变化。

增大 SP 网络的密钥长度和分组长度,选用更大的 S 盒,增加轮数,这些措施都能够显著提升 SP 网络的安全性。

三重 DES(3DES)的基础是使用两个或者三个密钥对 DES 进行三重调用,它被广泛地认为是高度安全的,并在 1999 年作为一个官方标准取代了 DES。三重 DES 唯一的缺点是其相对较小的分块长度,以及因其需要三个完整的分组密码运算而非常慢。这些缺点导致 DES/3DES 被高级加密标准(AES,Advanced Encryption Standard)所取代。

在 AES 密码算法中,最小密钥长度是 128 比特,分组长度是 128 比特,最小轮数是 10 轮,并且 AES 的 S 盒将 8 比特映射到 8 比特。

2. 常用的分组密码算法

常用的分组密码算法有 DES、IDEA、RC5、Blowfish、AES 等。目前最常用是 AES 算法。

(1) DES

数据加密标准(DES)是由 IBM 公司在 1970 年发展出的一个加密算法,1976 年 11 月 23 日 DES 被美国联邦政府的国家标准局确定为联邦信息处理标准(FIPS)。DES 的出现是现代密码学发展史上的一个非常重要的事件,它是密码学历史上第一个广泛用于商业数据保密的密码算法,并开创了公开密码算法的先例。

DES 是一个对称密码体制,加密和解密使用同一密钥,有效密钥长度是 56 位。DES 的分组长度为 64 位,即对数据进行加密的单位是 64 位,明文和密文的长度相同。另外,由于 DES 使用 Feistel 结构,具有加解密相似特性,因此在硬件和软件实现上,有利于加密单元的重用。

尽管在今天看来,DES 已经不足以保障数据安全,但是它曾成功地抵抗了几十年的分析攻击,且截至目前,其安全威胁主要来源于穷举攻击,因为它的密钥长度太短。换言之,如果使用诸如 3DES 等方式来加长 DES 的密钥长度,它仍不失为一个安全的密码系统。

(2) IDEA

国际数据加密算法(IDEA,International Data Encryption Algorithm)是著名的加密算法之一,最初的版本由来学嘉(Xuejia Lai)和 James Massey 于 1990 年公布,称为推荐加密标准(PES,Proposed Encryption Standard)。1991 年,为抗击差分密码攻击,他们对算法进行了改进,增加了算法的强度,称为改进推荐加密标准(IPES,Improved PES),并于 1992 年改名为国际数据加密标准。

IDEA 并不像 DES 那么普及的原因有两个:第一,IDEA 受专利保护,故 IDEA 要先获得许可证之后才能在商业应用程序中使用;第二,DES 比 IDEA 具有更长的历史和跟踪记录。但是,著名的电子邮件隐私保护技术优良保密协议(PGP,Pretty Good Privacy)就是基于 IDEA 的。

IDEA 的明文分组是 64 位,IDEA 使用 128 位密钥,对于穷举攻击来说,目前已经无法攻破。

(3) Blowfish

Blowfish 算法是 1993 年由布鲁斯·施奈尔(Bruce Schneier)开发的对称密钥密码分组加密算法,符合 Feistel 加密模型,分组长度为 64 位,密钥长度从 1 位至 448 位可变。与 DES 等算法相比,Blowfish 算法具有非常紧凑、易于实现、处理速度快、无须授权即可使用等特点,广泛用于 SSH、文件加密软件等应用。

(4) AES

随着计算机技术的突飞猛进发展,已经超期"服役"若干年的 DES 算法终于显得力不从心了。1999 年,美国国家标准与技术研究院(NIST,National Institute of Standards and Technology)对 DES 的安全强度进行重新评估并指出,DES 已经不足以保证信息安全,因此决定撤销相关标准。此后,DES 仅用于遗留的系统或多重 DES 系统。事实上,1997 年 NIST 就已经发起了公开征集高级加密标准(AES)的活动,目的是确定一个安全性能更好的分组密码算法用于取代 DES。AES 的基本要求是安全性能不低于 3DES,执行性能比 3DES 快。除此之外,NIST 特别提出了高级加密标准必须是分组长度为 128 位的对称分组密码,并能支持长度为 128 位、192 位、256 位的密钥。此外,如果算法被选中,在世界范围内它必须是可以免费获得的。经过一轮海选之后,1998 年 8 月 20 日,NIST 公布了满足要求的 15 个参选草案。1999 年 3 月 22 日,NIST 公布了第一阶段的分析和测试结果,并从 15 个算法中选出了 5 个作为候选算法。2000 年 10 月 2 日,NIST 宣布了 AES 的最终评选结果,比利时密码学家 Joan Daemen 和 Vincent Rijmen 提出的"Rijndael 数据加密算法"最终获胜,修改的 Rijndael 算法最终成为 AES。2001 年 11 月 26 日,NIST 正式公布 AES,并于 2002 年 5 月 26 日正式生效。

AES 加密的第 1 轮到第 $N-1$ 轮的轮函数一样,包括四个操作:字节代替、行移位、列混淆和轮密钥加。最后一轮迭代不执行列混淆。另外,在第 1 轮迭代之前,先将明文和原始密钥进行一次异或加密操作。同 DES 不同的是,AES 的解密过程与加密过程并不一致。这是因为 AES 并未使用 Feistel 结构,AES 在每一轮操作时,对整个分组进行处理,而不是只对一半分组进行处理。解密过程中每一轮的操作都是加密操作的逆操作。由于 AES 的 4 个轮操作(字节代替、行移位、列混淆和轮密钥加)都是可逆的,因而,解密操作的一轮就是顺序执行逆向行移位、逆向字节代替、轮密钥加和逆向列混淆。同加密操作类似,最后一轮不执行逆向列混淆,在第 1 轮解密之前,要执行一次密钥加操作。

3. 操作模式

操作模式是使用分组密码(即伪随机置换)来加密任意长度消息的基本方法。

分组密码的特征是每次处理一个固定长度的数据块。当加密一条消息时,首先要将消息分拆为一些固定长度的分组,不够时还要进行数据填充。为了将分组密码应用于各种各样的实际应用中,人们定义了分组密码的几种"工作模式"。

从本质上讲,选择工作模式是一种手段,它可以使密码算法应用到具体实践中。这些模式包括电码本模式(ECB,Electronic Code Book)、密码分组链接模式(CBC,Cipher Block Chaining)、密文反馈模式(CFB,Ciphertext Feedback)、输出反馈模式(OFB,Output Feedback)、计数器模式(CTR,Counter)等。

下面对几种常用的操作模式做一个简单的介绍。

(1) 电码本模式(ECB)

最简单的模式是电码本模式,它一次处理一组明文分组,每次使用相同的密钥加密。ECB 模式是分组密码的基本工作模式。在 ECB 模式下,每一个加密分组依次独立加密,产生独立的密文分组,每一个加密分组的加密结果均不受其他分组的影响,使用此种方式时,可以利用平行处理来加速加、解密运算,且在网络传输时,任一分组有任何错误发生,也不会影响其他分组传输的结果,这是 ECB 的优点。

ECB 模式的缺点是容易暴露明文的数据模式。在计算机系统中,许多数据都具有固有的模式,这主要是由数据结构和数据冗余引起的。如果不采取措施,对于在要加密的文件中出现多次的明文,此部分明文恰好是加密分组的大小,可能会产生相同的密文。

(2) 密码分组链接模式(CBC)

该模式在加密当前的一个分组之前,先将上一次加密的结果与当前的明文组进行异或,然后再加密。这样就形成了一个密文链。在处理第一个分组时,先将明文组与一个初始向量(IV,Initialization Vector)进行异或运算。

首先,第一个加密分组与初始向量做异或运算,再进行加密。其他每个加密分组加密之前,必须与前一个加密分组的密文做一次异或运算,再进行加密。每一个分组的加密结果均会受到前面所有分组内容的影响,所以即使在明文中出现多次相同的明文,也会产生不同的密文。

其次,密文内容若遭剪贴、替换,或在网络传输过程中发生错误,则其后续的密文将被破坏,无法顺利解密还原,这是该模式的优点,也是缺点。

最后,必须选择一个初始向量,用以加密第一个分组。在加密作业时,无法利用平行处理来加速加密运算,但其解密运算因做异或的加密分组结果已存在,仍可以利用平行处理来加速。

(3) 密文反馈模式(CFB)

该模式先将明文数据分成若干 s 位的分组,$1 \leqslant s \leqslant n$。其中,$n$ 表示所用的分组密码的分组长度。每个字符所对应的明文,可以通过将该分组和一个密钥字符相异或得到,该密钥字符是通过加密密文的前 n 位获得的。在处理开始阶段,将一个 n 位的初始向量放在密文的地方。

可以将分组加密算法当作流密码加密器(Stream Cipher)使用,流密码加密器可以按照实际的需要,每次加密分组大小可以自定(如每次 8 位),每一个分组的明文与之前分组加密后的密文做异或后,成为新的密文。因此,每一个分组的加密结果也受之前所有分组内容的影响,也会使明文中出现多次相同的明文均产生不相同的密文。在此模式下,与 CBC 模式一样,为了加密第一个分组,必须选择一个初始向量,且此初始向量必须唯一,每次加密时必须不一样,也难以利用平行处理来加快加密作业。

(4)输出反馈模式(OFB)

该模式用分组密码(如 EDS)产生一个密钥流,将此密钥流的明文流进行异或可得密文流。它也需要一个初始向量。

与 CFB 大致相同,唯一的差异是每一个分组的明文与之前分组加密后的密文做异或后产生密文,不同的是之前分组加密后的密文为独立产生,每一个分组的加密结果不受之前所有分组内容的影响,如果有分组在传输过程中遗失或发生错误,将不至于无法完全解密,但也会使明文中出现多次相同的明文,均产生相同的密文,容易遭受间接攻击。在此模式下,为了加密第一个分组,必须设置一个初始向量,否则难以利用平行处理来加快加密作业。

(5)计数器模式(CTR)

计数器使用与明文分组规模相同的长度。一般地,计数器首先被初始化为某一值,然后随着消息块的增加,计数器的值增加 1。计数器的值加密后,与明文分组异或得到密文分组。解密时,使用具有相同值的计数器序列,用加密后的计数器的值与密文分组异或来恢复明文分组。

2.2.6 消息的完整性

对传送的消息进行加密,能够保证消息的机密性。窃听是一种被动的攻击方式;但是,攻击者有时候会采取主动的攻击方式,例如,篡改信息。如果消息在传送的过程中被攻击者篡改了,能否察觉呢?

假设传送的消息是 M,我们可以基于前述的加密技术,设计一种消息验证码(MAC,Message Authentication Code)机制,来检测消息的完整性。例如,采用分组密码的 CBC 操作模式,最后一个分组的密文就可以作为一种消息验证码:MAC=CBC(IV, M, K)。

由于对消息 M 的任何一个分组的修改,都会传递到最后一个分组,从而影响 MAC 值。攻击者如果想篡改消息为 M' 而不被发现,就需要同时篡改消息验证码为 MAC',使得 MAC' = CBC(IV, M', K)。但是,由于攻击者没有 K,所以没有办法计算出与 M' 对应的 MAC 值。

2.2.7 公钥加密体制

在传统加密算法中,加密密钥和解密密钥是相同的,或者说是实质上等同的,即从一个易于推出另一个。这种密码系统称为对称密码。

公钥密码学的概念是为了解决传统密码中最困难的两个问题。这两个问题是密钥分配问题和数字签名问题。

密钥分配问题:很多密钥分配协议引入了密钥分配中心。一些密码学家认为,用户在保密通信的过程中,应该具有完全的保密能力。引入密钥分配中心,违背了密码学的精髓。

数字签名问题:能否设计出一种方案,就像手写签名一样,确保数字签名出自某一特定的人,并且各方对此没有异议。

公钥密码体制的思想于 1976 年由 Diffie 和 Hellman 提出。然后,在 1977 年由 Rivest、Shamir 和 Adleman 发明了著名的 RSA 密码体制。RSA 密码算法是最著名的非对称加密算法,到目前为止仍然是被广泛使用的非对称加密算法之一。

一个重要的事实就是公钥密码体制无法提供无条件安全性。这是因为一个敌手可以通过观察密文 c,使用公钥规则 E_k 来加密每一条可能的明文,直到发现唯一的 m 使得 $c = E_k(m)$ 为止,这个 m 就是密文 c 的解密。因此,公钥密码体制是基于计算安全性的。RSA 密码体制的安全性是基于分解大整数的困难性。此后的几个公钥密码体制,其安全性依赖于不同的计算问题。例如,ElGamal 密码体制及其变种(如椭圆曲线密码体制)的安全性基于离散对数问题。

公钥算法依赖于一个加密密钥和一个与之相关但不同的解密密钥。利用公钥算法实现保密通信的步骤如下。

① 每一个用户产生一对密钥,用来加密、解密消息。

② 每一个用户将其中一个密钥公开,该密钥称为公钥,另一个密钥称为私钥。每一个用户可以获得其他用户的公钥,称之为该用户的公钥环。

③ 若 Bob 打算发消息给 Alice,则 Bob 使用 Alice 的公钥对消息加密。

④ Alice 收到消息后,使用其私钥对消息解密。由于只有 Alice 知道自己的私钥,因此其他接收者均不能对该消息解密。

一个公钥密码体制是这样的一个五元组 $\{M, C, K, E, D\}$,满足如下的条件:

① M 是可能消息的集合;

② C 是可能密文的集合;

③ 密钥空间 K 是一个可能密钥的有限集;

④ 对每一个 $k = \{k_1, k_2\} \in K$,都对应一个加密算法 $E_{k_1} \in E, E_{k_1}: M \rightarrow C$ 和解密算法 $D_{k_2} \in D$, $D_{k_2}: C \rightarrow M$,满足对于任意的 $m \in M, c = E_{k_1}(m)$,都有 $m = D_{k_2}(c) = D_{k_2}[E_{k_1}(m)]$;

⑤ 对于所有的 $k \in K$,在已知 E_{k_1} 的情况下推出 D_{k_2} 在计算上不可行。

对每一个 $k \in K$,函数 E_{k_1} 和 D_{k_2} 都是多项式时间可计算的函数。E_{k_1} 是一个公开函数,k_1 称作公钥;而 D_{k_2} 是一个秘密函数,k_2 称作私钥,由用户秘密地保存。

公钥密码体制的核心问题是 E_{k_1}, D_{k_2} 的设计,它必须满足条件④和⑤。而条件⑤正是从计算复杂性理论的角度去考虑的。

公钥体制的基本方法是:每个用户有两个密钥,一个用于加密,称为加密密钥;另一个用于解密,称为解密密钥。密码体制的发布由信源实施,它将加密密钥公开,使得任何需要和其通信的人都可以取得,从而可以向其发送加密消息。相反,它将解密密钥保密,用于解密收到的密文。攻击者虽然可以得到加密密钥,但由于不能由此推导出解密密钥而无法解密密文。可见,公钥密码体制将密钥的秘密传送变成了公开发布,成功地解决了密钥分配问题。

公开钥匙算法大多基于计算复杂度上的难题,通常来自数论。例如,RSA 源于整数因子分解问题;DSA 源于离散对数问题;椭圆曲线密码学(ECC,Elliptic Curve Cryptography)则基于和椭圆曲线相关的数学难题。为了保证 RSA 的安全性,近年来密钥的位数一直在增加。这对使用 RSA 的应用是很重的负担,特别是对于进行大量安全交易的电子商务。ECC 对 RSA 提出了挑战;与 RSA 相比,ECC 的优势是能够使用比 RSA 短得多的密钥得到相同的安全性。

由于这些底层问题多涉及模数乘法或指数运算,相对于分组密码需要更多计算资源。公钥加密算法加密速度慢;而对称加密算法的特点是计算量小、加密速度快、加密效率高,但存在密钥安全分配的问题。因此,公钥加密系统通常是复合式的,内含一个高效率的对称钥匙算法

（K），用于加密信息（M），再用公开钥匙加密对称钥匙系统所使用的钥匙，以增强效率。其工作原理如图 2-5 所示。

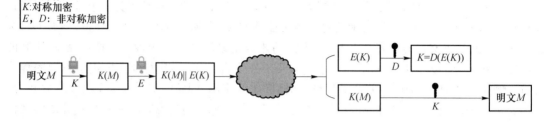

图 2-5　用公钥密码传递会话（对称）密钥

加密消息的语法标准（PKCS）♯7 中将数字信封（Digital Envelope）作为术语进行定义：数字信封包含被加密的内容和被加密的用于加密该内容的密钥。

公钥密码体制还为数字签名提供了有效方法。公开钥匙密码学最显著的成就便是实现了数字签名。

数字签名，顾名思义，就是使普通签章数字化，数字签名的特性是用户可以轻易制造数字化的签章，但他人却难以仿冒。数字签名可以永久地与被签署信息结合，无法从信息上移除。

数字签名包含两个算法：一个是签名算法，使用私密钥匙处理信息或信息的哈希值而产生签章，如图 2-6 所示；另一个是验证算法，使用公开钥匙验证签章的真实性，如图 2-7 所示。

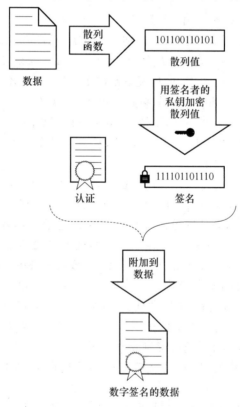

图 2-6　签名算法

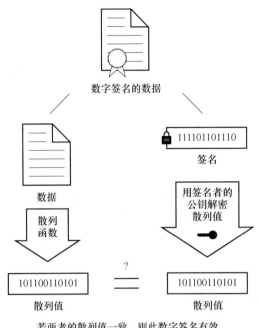

数字签名的数据

111101101110

签名

数据

散列
函数

用签名者的
公钥解密
散列值

?
=

101100110101
散列值

101100110101
散列值

若两者的散列值一致,则此数字签名有效

图 2-7　验证算法

公钥密码体制的产生是密码学革命性的发展,奠定了密码学的一个新的里程碑。

2.2.8　小结

在密码设计中,最常用的两种技巧是代换(Substitution)和置换(Permutation)。Shannon 提出了通过"乘积"组合密码体制的设计思想;通常使用的技术是将代换密码和置换密码做乘积。

Shannon 提出了完善保密加密的概念,并且证明了"一次一密"能够达到这一安全水平。Shannon 的理论证明,要达到这一安全水平,密钥空间至少要和明文空间一样大。如果密钥空间由固定长度的密钥组成,明文空间由固定长度的明文组成,那么这就意味着密钥至少要和明文一样长。

流密码通过设计伪随机发生器,构造伪随机密钥流序列,实现了用一个短密钥来加密一个长消息。流密码只使用了混淆,分组密码使用混淆与扩散。

一般建议使用分组密码来构造安全加密方案。除了资源受限的计算环境之外,分组密码都是足够高效的,而且比现有的流密码要安全很多。流密码的优势是效率高。但是,流密码看起来更容易经常被攻破,大家对其信心也比较低;更经常发生的是,流密码以某种方式被乱用,如相同的伪随机流被使用两次。因此,通常推荐使用分组密码,除非某些原因导致分组密码不可被使用。

流密码可以从分组密码简单地构造出来。但是,和一个专门的流密码相比,其效率较低。

一个流密码能够被建模成为一个伪随机发生器。一个分组密码实际上被认为是一个强伪随机置换。明确地使用这种方法来建模分组密码,使得依赖于分组密码的许多实际构造方案的形式化分析成为可能。

相对于流密码,分组密码自身是不安全的加密方案。但是,分组密码能够被用于构造安全的加密方案。分组密码作为构造模块的加密方案和使用分组密码本身进行加密的加密方案之间的区别非常重要。

操作模式是使用分组密码(即伪随机置换)来加密任意长度消息的基本方法。

公钥密码学的提出，解决了困扰传统密码学的两个问题：密钥分配问题和数字签名问题。

2.3 网 络 协 议

2.3.1 IPSec

IPSec(Internet 协议安全)是一个工业标准网络安全协议，为 IP 网络通信提供透明的安全服务，可使 TCP/IP 通信免遭窃听和篡改，可以有效抵御网络攻击，同时保持易用性。IPSec 有两个基本目标：

① 保护 IP 数据包安全；

② 为抵御网络攻击提供防护措施。

IPSec 基于一种端到端的安全模式。这种模式有一个基本前提假设，就是假定数据通信的传输媒介是不安全的，因此通信数据必须经过加密。而掌握加解密方法的只有数据流的发送端和接收端，两者各自负责相应的数据加解密处理，而网络中其他只负责转发数据的路由器或主机无须支持 IPSec。

IPSec 协议产生的初衷是解决 Internet 上 IP 传输的安全性问题，它包括从 RFC2401 到 RFC2412 的一系列 RFC，定义了一套默认的、强制实施的算法，以保证不同的实施方案可以互通。

IPSec 协议不是一个单独的协议，它给出了应用于 IP 层上网络数据安全的一整套体系结构，包括网络认证协议（AH，Authentication Header）、封装安全载荷（ESP，Encapsulating Security Payload）协议、密钥交换（IKE，Internet Key Exchange）协议和用于网络认证及加密的一些算法等。IPSec 规定了如何在对等层之间选择安全协议、确定安全算法和密钥交换，向上提供访问控制、数据源认证、数据加密等网络安全服务。

IPSec 标准包括 IP 安全体系结构、IP 认证 AH 头、IP 封装安全载荷和 Internet 密钥交换四个核心的基本规范，组成了一个完整的安全体系结构，主要包括以下几点。

① 安全体系结构。包含一般的概念、安全需求和定义 IPSec 的技术机制。

② ESP 协议。加密 IP 数据包的默认值、头部格式以及与加密封装相关的其他条款。

③ AH 协议。验证 IP 数据包的默认值、头部格式以及与认证相关的其他条款。

④ 加密算法。描述各种加密算法如何用于 ESP 中。

⑤ 验证算法。描述各种身份验证算法如何用于 AH 和 ESP 身份验证选项。

⑥ 密钥管理。描述国际互联网工程任务组（IETF，The Internet Engineering Task Force）标准密钥管理方案。其中 IKE 是默认的密钥自动交换协议。

⑦ 解释域 DOI。是互联网名称与数字地址分配机构（IANA，Internet Assigned Number Authority）中数字分配机制的一部分，它描述的值是预知的。这些值包括彼此相关各部分的标志符及运作参数：加密和鉴别算法的标识以及操作参数，如密钥的生存期。

⑧ 策略。决定两个实体之间能否通信，以及如何进行通信。策略由三部分组成：安全关联（SA，Security Association）、安全关联数据库（SAD，Security Association Database）、安全策

略数据库(SPD,Security Policy Database)。SA 表示了策略实施的具体细节,包括源/目的地址、应用协议、SPI(安全策略索引)等;SAD 为进入和外出包处理维持一个活动的 SA 列表;SPD 决定了整个虚拟专用网络(VPN,Virtual Private Network)的安全需求。策略部分是唯一尚未成为标准的部件。

IPSec 提供了两种机制:认证和加密。认证机制使 IP 通信的数据接收方能够确认数据发送方的真实身份以及数据在传输过程中是否遭到篡改。加密机制通过对数据进行编码来保证数据的机密性,以防数据在传输过程中被窃听。其中,AH 协议定义了认证的应用方法,提供数据源认证和完整性保证;ESP 协议定义了加密和可选认证的应用方法,提供可靠性保证。在实际进行 IP 通信时,可以根据实际需求同时使用这两种协议或选择使用其中的一种。AH 和 ESP 都可以提供认证服务,不过,AH 提供的认证服务要强于 ESP。

2.3.2　TLS/SSL

安全套接层(SSL,Secure Socket Layer)协议是 Web 浏览器和 Web 服务器之间安全交换信息的网络协议。SSL 提供了两个基本安全服务:认证与保密。SSL 提供了 Web 浏览器与 Web 服务器之间的逻辑安全管道。

互联网加密通信协议的历史,几乎与互联网一样长。SSL 最早在 1994 年由网景通信公司推出,自 20 世纪 90 年代以来已经被所有主流浏览器采纳。1996 年,SSL 3.0 问世并得到大规模应用。很多大型网络服务都已经默认利用这项技术加密数据。

传输层安全(TLS,Transport Layer Security)协议是 IETF 的标准,其目的是提出一种 SSL 版本的 Internet 标准。网景通信公司希望标准化 SSL,因此提交了该协议给 IETF。TLS 和 SSL 的核心思想和实现非常相似。

1999 年,互联网标准化组织发布了 SSL 的升级版 TLS 1.0 版。2006 年和 2008 年,TLS 进行了两次升级,分别为 TLS 1.1 版和 TLS 1.2 版。截止到 2018 年 1 月,TLS 1.3 版还在草案阶段。

SSL 是为了保证传输层安全性而提出的,主要是保证互联网上任意两个主机进程之间数据交换的安全性,包括建立连接时的用户身份合法性、数据交换过程中的数据机密性、数据完整性以及不可否认性等方面。

SSL 协议是一个独立于平台和应用的协议,用于保护基于传输控制协议(TCP,Transmission Control Protocol)的应用,SSL 在 TCP 层之上、应用层之下,就像 TCP 连接的套接字一样工作。

SSL 协议是一个分层协议,由两层组成:SSL 记录协议和 SSL 握手协议,如图 2-8 所示。SSL 记录协议用于封装不同的高层协议,它建立于可靠的传输协议之上,SSL 握手协议用于数据交换前服务器和客户端双方相互认证以及密码算法和密钥的协商。SSL 握手协议还可细分为握手协议、密钥更改协议和告警协议。

SSL 协议独立于应用层协议,高层协议可以在 SSL 协议之上透明传输。SSL 协议有以下三个基本性质。

① 保障连接的私密性。初次握手协商好密钥后,即可通过对称加密方法(如 DES、RC4 等)进行数据加密,保障通信连接的私密性。

② 通信实体间的身份鉴别。通信实体能够通过非对称加密方法(如 RSA、DSS 等)进行身份鉴别。

③ 保障连接的可靠性。协议通过 MAC 算法保证传输消息的完整性。SHA、MD5 等安

全哈希算法可用于 MAC 计算。

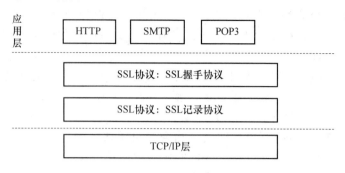

图 2-8　SSL 协议

SSL 握手协议工作在 SSL 记录协议之上,用于协商产生会话状态的加密参数。当 SSL 客户端和服务器首次开始通信时,它们就协议版本、加密算法的选择、是否互相认证进行协商,并使用公钥加密技术产生共享秘密。所有这些工作都是由握手协议完成的,大致可以分为以下两个阶段。

① 第一阶段——密钥等信息交换阶段。通信双方通过相互发送 Hello 消息进行初始化。通过 Hello 消息,双方就能确定是否需要为本次会话产生一个新密钥。如果本次会话是一个新会话,则需要产生新的密钥,双方需要进入密钥交换过程;如果本次会话建立在一个已有的连接上,则不需要产生新的密钥,双方立即进入握手协议的第二阶段。

② 第二阶段——用户身份认证阶段。对用户身份进行认证,通常服务器方要求客户方提供经过签名的客户证书,并将证书结果返回给用户。

具体流程如图 2-9 所示。

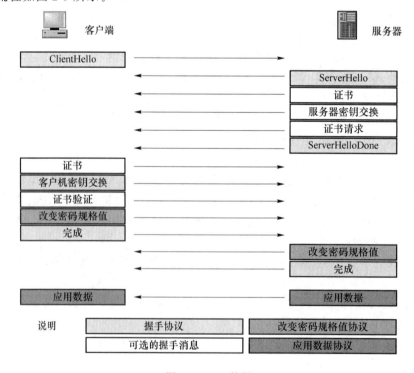

图 2-9　SSL 协议

SSL 是层次化协议。在每一层,消息均可以包含描述长度、消息及消息内容的域。SSL 在传输消息时,首先将消息分为可处理的数据块,可以进行压缩,封装为带消息验证(MAC)的包,加密后进行传输。收到消息时,首先解密,然后进行验证、解压缩并重新组合,从而得到原有的消息,将此消息发向高层协议。SSL 记录协议从更高层接收未加解释的任意长度的非空块数据块。

SSL 密钥更改协议用于通知参与各方加密策略的改变。该消息可以由客户端或者服务器发出,通知对方随后的记录将由刚协商好的加密方法和密钥来保护。SSL 密钥更改协议只包含一个使用当前加密方法加密并压缩过的消息。此消息包含一个字节,其值为 1。

由 SSL 记录层所支持的一种内容类型为报警类型,报警消息包含报警级别和对报警的描述。最严重一级的报警消息将立即终止连接,在这种情况下,本次会话的其他连接还可以继续进行,但会话标识符失效,以防止此失败的会话重新建立新的连接。与其他消息一样,报警消息是利用由当前连接状态所指定的算法加密和压缩的。

SSL 协议通过握手过程和记录协议操作过程实现了如下的安全机制。

① 保密性。SSL 协议利用对称密钥算法对传输的数据进行加密,以防止数据在传输过程中被窃取。

② 身份认证性。SSL 协议基于证书对服务器和客户端进行身份认证,确保数据发送到正确的客户端和服务器,其中客户端的身份认证是可选的。

③ 完整性。SSL 协议的数据传输过程中使用 MAC 算法来检验数据的完整性,确保数据在传输过程中不被改变。

SSL 协议使用了非对称加密体制,通过建立一个安全的会话密钥来实现客户端和服务器的会话加密,从而避免中间人攻击和重放攻击。为了增大加密强度,一旦会话完成,会话密钥就会被丢弃。在建立起新的通信过程时,需要生成新的会话密钥。SSL 协议由客户端 c 发起,与服务器 s 进行安全通信。在协议使用之前,服务器 s 被假定为已经从证书认证中心(CA,Certificate Authority)获得了证书,称为 $cert_s$。证书包含以下内容:

① 该服务器的各种属性(attrs),如其唯一的可分辨名称和公共(DNS)名称;

② 该服务器的公钥 k_e;

③ 该证书的有效期限(interval);

④ 一个来自 CA 的关于以上信息的数字签名 $a(a=S_{k_{CA}}(<attrs, E_{k_e}, interval>))$。

另外,在使用 SSL 协议前,假定用户已经获得了 CA 的公开验证算法 $V_{k_{CA}}$。就 Web 而言,浏览器的供应商已经为用户准备好了某些认证机构的验证算法和公钥,用户可以随意添加或删除这些内容。

当客户端 c 连接服务器 s 时,它向服务器发送一个 28 字节的随机值 n_c。服务器接收后会回应客户端一个随机值 n_s 和服务器的证书 $cert_s$,客户端验证 $V_{k_{CA}}(<attrs, E_{k_e}, interval>, a)=$ true,以及当前的时间是否在证书的有效期内。如果这两个测试通过了,则说明该服务器的身份信息是可信的。随后客户端随机生成一个 46 字节的预主密钥 pms(premaster secret),并将其加密为 cpms(cpms$=E_{k_e}$(pms))发送给服务器,服务器通过解密算法恢复预主密钥(pms$=D_{k_d}$(cpms))。此时客户端和服务器都拥有的信息为 n_c、n_s 和 pms,因此可以各自计算出 48 字节的主密钥 ms(master secret)(ms$=H(n_c, n_s, pms)$)。在这个过程中,只有参与通信的客户端和服务器能够计算出主密钥,因为只有它们知道预主密钥。而且,主密钥对于 n_c、n_s 的依赖

性确保了主密钥是在以往通信中没有使用过的一个新数值。此时,客户端和服务器根据主密钥计算以下密钥:

① 当客户端向服务器发送消息时,用于加密的对称加密密钥 k_{cs}^{crypt};

② 当服务器向客户端发送消息时,用于加密的对称加密密钥 k_{sc}^{crypt};

③ 当客户端向服务器发送消息时,用于产生消息认证码 MAC 的密钥 k_{cs}^{mac};

④ 当服务器向客户端发送消息时,用于产生消息认证码 MAC 的密钥 k_{sc}^{mac}。

当客户端需要向服务器发送一个消息 m 时,首先计算此消息的密文 $c = E_{k_{cs}^{\text{crypt}}}(<m, S_{k_{cs}^{\text{mac}}}(m)>)$。服务器收到密文 c 后,恢复出明文消息和签名 $<m,a> = D_{k_{cs}^{\text{crypt}}}(c)$,并且验证 $V_{k_{cs}^{\text{mac}}}(m,a) = \text{true}$ 时,接收消息 m。类似地,当服务器需要向客户端发送一个消息 m 时,首先计算此消息的密文 $c = E_{k_{sc}^{\text{crypt}}}(<m, S_{k_{sc}^{\text{mac}}}(m)>)$。客户端收到密文 c 后,恢复出明文消息和签名 $<m,a> = D_{k_{sc}^{\text{crypt}}}(c)$,并且验证 $V_{k_{sc}^{\text{mac}}}(m,a) = \text{true}$ 时,接收消息 m。

此协议使服务器能够限制其发送消息的接收者是生成本次会话预主密钥的客户端;收到消息时,发送者是同一客户端。类似地,客户端也可以限制它发送消息时的接收者和它接收消息时的发送者是知道 k_d 的一方(即可以解密 cpms 的一方)。

在许多应用中,如网络交易,客户端需要验证知道 k_d 的一方的身份,这是证书的一个目的。尤其是,attrs 字段包含客户端可以用来确定身份的信息,例如,与之通信的服务器的域名。在有些应用程序中,服务器也需要有关客户端的信息,SSL 支持客户端可以向服务器发送身份认证信息,这是一个可选项。

2.3.3 DTLS

像 SSL 这样的加密协议传统上都基于面向连接的 TCP 协议来实现,这样比较方便维持一条可靠的隧道。但是有大量云服务对时延有较高的要求,如 VoIP 等业务一般都是用更加简洁的用户数据报协议(UDP,User Datagram Protocol)以降低时延。但 UDP 本身是一个无连接服务,因此,为了使这类服务也能被安全地加密,IETF 推出了 UDP 版本的传输层加密协议——数据报传输层加密协议(DTLS,Datagram Transport Layer Security)。DTLS 1.0 基于 TLS 1.1,DTLS 1.2 基于 TLS 1.2。

DTLS 提供了与 SSL 近似的加密保障,但保留了底层高效的 UDP 传输机制。同时,DTLS 还封装了 UDP 向上层提供服务的方式,上层业务无须再处理 UDP 可能出现的丢包、重排序等问题,集 UDP 的便捷性和 TCP 的可靠性于一身。DTLS 协议完成了更加复杂的工作,其在建立隧道的过程中需要更大的运算量,对硬件设备也提出了更高的要求。

(1) DTLS 记录层

在缺乏可靠传输层的情况下提供类似 SSL 服务的主要挑战在于数据报可能丢失、重新排序或重复。为了处理这些问题,DTLS 为记录层承载的每一条记录添加了一个明确的序列号(它们在普通 SSL 中是隐式的),并且借助(不同于)握手协议所使用的序列号制定出一个基于超时的重传方案。

DTLS 支持记录重放检测。重复的消息会被简单地丢弃,或者被视为一个潜在的重放攻击。其实现方式同 IPsec AH/ESP 类似,在接收端设置一个当前序列号窗口。如果达到记录的序列号小于窗口左边沿对应的数值,那么会将它视为旧的或重复的记录而默默丢弃。那些在窗口之内的记录也会被检查是否出现重复。

（2）DTLS 握手协议

握手协议的消息最大为 $2^{24}-1$ 字节,但实际上大约为几千字节。这样就会超过典型的最大 UDP 数据报大小(1.5 KB)。为了处理这一问题,握手协议的消息可能会通过分片过程跨越多个 DTLS 记录。每一个分片都包含在一条记录中,这些记录会包含在底层的数据报中。为了实现分片,每一个握手消息都包含一个 16 位的序列号字段、一个 24 位的分片偏移字段以及一个 24 位的分片长度字段。

为了实现分片,原始消息的内容被分为多个连续的数据范围。每一个范围都要小于最大分片大小,而且都包含在一个消息分片中。每一个分片都包含了与原始消息相同的序列号。分片偏移与分片长度字段都以字节表示。发送者会避免重叠数据范围,但接收者应具备处理这一潜在问题的能力。因为发送者可能需要随时间推移而不断调整自己的记录大小,并且在必要时进行重传。

2.4　身份认证与访问控制

2.4.1　身份认证的概念和常用方法

1. 概念

身份认证即身份识别与鉴定,确认实体为其声明的实体,用来鉴定用户身份的真伪。

认证就是在让用户用系统进行实际业务操作之前,确定用户身份。认证是任何加密方案的第一步,只有知道对方是谁,通信加密才有意义,进而保护双方或多方之间的通信。在现实生活中,我们每天可能要遇到多次认证检查,上班时,我们要佩戴身份卡通过打卡进入公司;进入大学图书馆或者宿舍时通过刷校园卡识别身份后才会解除门禁;使用银行卡时,要使用卡和 PIN 进行身份验证后才能进行下一步的业务,还有很多这样的实例。

2. 常用方法

可以用许多方法进行身份认证,传统上使用用户名和口令,但这种机制存在不少安全问题。口令以明文形式传递以明文形式存放在服务器中,这是很危险的,不过现在的基于口令认证技术都采用了加密或用口令派生出的数据保护口令的技术。认证令牌在基于口令认证技术中增加了随机性,使口令更加安全,它要求用户拥有令牌,这种认证方式在需要高度安全的应用中非常普及。基于证书的认证是一种现代认证机制,它归功于公钥基础设施(PKI,Public Key Infrastructure)技术,可以将智能卡与这个技术结合起来,智能卡在卡中进行加密运算,使整个过程更安全可靠。生物认证方法目前也已经广泛应用,其主要将用户的图像、指纹、声音等作为认证数据,免于用户记忆口令或者携带令牌的麻烦,使用方便,提升了用户体验。

口令认证是最常见的认证形式,口令是由字母、数字、特殊字符构成的字符串,只有被认证者知道,可以通过明文口令和口令推导形式实现。对于明文口令,通常系统中每个用户指定一个用户名和初始口令,用户定期改变口令保证安全,并且口令以明文形式在服务器中存放,和用户名一起放在用户数据库中。明文口令认证机制工作如下:认证时,应用程序向用户发送一个屏幕,提示用户输入用户名和口令;用户接着输入用户名和口令,并按"OK"之类的按钮使用户名和口令以明文形式传递到服务器上;服务器通过用户数据库检查这个用户名和口令组合是否存在,通常这是由用户认证程序完成的,这个程序取得用户名和口令,通过用户数据库检查,然后向服务器返回认证结果(成功或失败),如果认证成功,服务器接着发给用户一个选项菜单,列出用户可以进行的操作,若用户认证不成功,服务器向用户发送一个错误屏幕。可以看出,这个方法存在两大安全问题:首先以明文形式将用户名和口令存放在用户数据库中,如果攻击者成功获取访问数据库的权限,就可以得到整个用户名和口令表,因此口令一定不要以明文形式存放,可以将口令加密后再存放在数据库中;其次,口令以明文形式传递到服务器,因此如果攻击者破解用户计算机与服务器之间的通信链路,则很容易取得明文口令。

认证令牌是代替口令的好办法。认证令牌是个小设备,每次使用时生成一个新的随机数,这个随机数是认证的基础,作为一次性口令使用。每个认证令牌预置了一个唯一数字,称为随机种子。种子是保证认证令牌产生唯一输出的关键。

如果用户丢失了认证令牌,获得认证令牌的人能否冒用呢?为了处理这种情况,认证令牌一般都需要 PIN 来保护:只有输入正确的 PIN,才能够用令牌生成一次性口令。我们可以发现,认证令牌是双因子认证,需要拥有令牌,而且知道 PIN 码。

数字证书又称数字标识或公钥证书,是标识网络用户身份的一系列数据,是个人或单位在互联网上的身份证。数字证书是将证书持有者的身份信息和其所拥有的公钥进行绑定的文件,证书文件还包含签发该证书的 CA 的数字签名,证书包含的持有者公钥和相关信息的真实性和完整性也是通过 CA 的签名保障的,也就是说,证书提供了基本的信任机制。证书可以提供诸如身份认证、完整性、机密性和不可否认性等安全服务,证书中的公钥可用于加密数据或者验证对应私钥的签名。

如 AB 双方的认证,A 首先要验证 B 的证书的真伪,当 B 将自己的证书传送给 A 时,A 要用权威机构 CA 的公钥解密证书上 CA 的数字签名,若签名通过验证,则证明 B 持有的证书是真的;接着 A 还要验证 B 身份的真伪,B 可以将自己的口令用自己的私钥进行数字签名传送给 A,A 已经从 B 的证书中或从证书库中查得 B 的公钥,此时 A 可以用 B 的公钥来验证 B 用自己独有的私钥进行的数字签名。如果签名通过认证,B 在网上的身份就确凿无疑。

证书在通信时用来出示给对方证明自己的身份,证书本身是公开的,谁都可以拿到,但私钥只有持证人自己掌握,永远也不会在网络上传播。目前定义和使用的证书有很多种,如 X.509 证书、WTLS 证书和 PGP 证书等,其中大多数证书是 X.509 证书。

生物认证(Biometric Authentication)即通过计算与光学、声学、生物传感器和生物统计学原理等高科技手段密切结合,利用人体固有的生理特征(如指纹、脸像、虹膜等)和行为特征(如笔迹、声音、步态等)来进行个人身份的鉴定。认证时,用户要提供生物特征的另一个样本,与数据库中的样本匹配,如果两者相同,则证明其为有效用户。

生物认证的重要思想是每次认证产生的样本可能稍有不同,因为用户的物理特征可能因为几个原因而改变。例如,假设获取用户的指纹,每次用于认证,每次所取的样本可能不同,因为手指可能变脏,割破,出现其他标记,或者手指放在阅读器上的位置不同等,因此不能要求样本准确匹配,而只要近似匹配即可。所以在用户注册过程中,会生成用户生物数据的多个样本,将它们的组合和平均存放在用户数据库中,使实际认证期间的各种用户样本能够映射这个平均样本。利用这个思路,任何生物认证系统都要定义两个可配置参数:假接受率和假拒绝率。前者的测量系统接收了该拒绝的用户的机会,后者的测量系统拒绝了该接收的用户的机会,两者正好相反。

生物认证的工作原理如下:首先生成用户样本并将其存放在用户数据库中,实际认证时,要求用户向服务器提供同一性质的样本(如指纹、瞳孔),通常通过加密会话(如 SSL)发送到服务器,在服务器端,首先解密用户当前的样本,并将其与数据库中存储的样本进行比较,如果两个样本在特定假接受率和假拒绝率条件下足够匹配,则认为用户认证成功,否则认为用户无效认证。

实际的安全认证方案需要权衡安全性和用户体验,根据不同的应用场景,选择合适的认证技术组合。

2.4.2　单点登录

本节介绍单点登录(SSO,Single Sign On)的基本概念、工作原理和技术方案。

1. 概念

单点登录是指在多系统应用群中登录一个系统,便可在其他所有系统中得到授权而无须再次登录,即用户只需登录一次即可访问相互信任的子系统的一种技术。

2. 原理

现有的密钥分发协议很多都源自 1978 年的 Needham-Schroeder 协议。

"Needham-Schroeder"协议有两种形式:Needham-Schroeder 对称密钥协议和 Needham-Schroeder 公钥协议。基于对称加密算法的 Needham-Schroeder 对称密钥协议是 Kerberos 协议的基础,其目的是为在网络上通信的双方建立一个会话密钥,通常是为了保护双方进一步的通信;而对基于公钥加密的 Needham-Schroeder 公钥协议,其目的是为在网络上的两个通信方之间提供相互身份验证,但其提出的形式是不安全的。

这里着重介绍基于对称加密算法的 Needham-Schroeder 对称密钥协议。

假设 Alice (A)向 Bob (B)发起通信,S 是双方信任的服务器,这里,A 和 B 分别是 Alice 和 Bob 的身份,KAS 对称密钥只有 A 和 S 知道,KBS 对称密钥只有 B 和 S 知道,NA 和 NB 分别是由 A 和 B 生成的随机数,生成的 KAB 对称密钥将是 A 和 B 之间通信的会话密钥。

该协议实现过程描述如下。

(1) A→S:IDA,IDB,NA

Alice 向服务器 S 发送自己和 Bob 的身份标识以及 Alice 产生的随机数 NA,告诉服务器她想与 Bob 通信。

(2) S→A:{NA,KAB,IDB,{KAB,IDA}KBS}KAS

服务器 S 返回用 Alice 和 S 共同会话密钥加密后的数据,要加密的内容为:Alice 产生的随机数 NA,生成的会话密钥 KAB,接收方 Bob 的标识以及用 Bob 和 S 的会话密钥 KBS 加密的 KAB 和 A 的标识,如果 Alice 能成功解密,便能得到上述数据。

(3) A→B:{KAB,IDA}KBS

Alice 向 Bob 发送从(2)解密出来的{KAB,IDA}KBS,由于 KBS 只有 Bob 和 S 知道,如果 Bob 能成功解密,便能得到 KAB 和发送方 Alice 的数据。

(4) B→A:{NB}KAB

Bob 向 Alice 发送了一个用 KAB 加密的随机数 NB 来证明自己持有会话密钥,以此向 Alice 证明自己的身份。

(5) A→B:{NB+1}KAB

Alice 在随机数 NB 上执行一个简单的操作,对它进行重新加密,并发回,以此验证她一直都是 Alice 本人,因为她持有会话密钥。

Alice 在第(2)步安全地得到了一个新的会话密钥,第(3)步只能由 B 解密并理解,第(4)

步表明 B 已知道 KAB,第(5)步表明 B 相信 A 知道 KAB 并且消息不是伪造的,第(4)(5)步是为了防止某种类型的重放攻击,特别是如果敌方能够在第(3)步捕获该消息并重放,如假设攻击方 C 已经掌握 A 和 B 之间通信的一个老的会话密钥,就可以在第(3)步冒充 A 利用老的会话密钥欺骗 B,除非 B 记住所有以前使用的与 A 通信的会话密钥,否则 B 无法判断这是一个重放攻击,如果 C 可以中途阻止第(4)步的握手信息,则可以冒充 A 在第(5)步响应,即 C 就可以向 B 发送伪造的消息,对 B 来说则认为是用认证的会话密钥与 A 进行的正常通信。

一种提出的改进方法如下。

通过加入一随机数的形式区分每次不同的会话,在协议开始时做相关处理:

(1) $A \rightarrow B : A$

(2) $B \rightarrow A : \{A, NB'\}KBS$

(3) $A \rightarrow S : A, B, NA, \{A, NB'\}KBS$

(4) $S \rightarrow A : \{NA, KAB, B, \{KAB, A, NB'\}KBS\}KAS$

接着按照上面的原始协议中描述的最后三个步骤继续描述该协议,这里 NB' 是由 NB 变化而来的不同的随机数,这样就可在某种程度上阻止重放攻击,因为攻击者不知道此时的 KBS 不好伪造了。

3. 方法

实现 SSO 最经典的设计方案就是 Kerberos 协议。1988 年,麻省理工学院的研究者设计了 Kerberos 协议。该协议的基础是 Needham-Schroeder 协议,该协议引入了密钥分发中心(KDC,Key Distribution Center)的概念,通信各方与 KDC 共享一个称为主密钥的密钥,KDC 产生通信中需要的密钥,同时识别身份认证问题。

在这个协议中,身份识别的思想是:通信中的一方向另一方证明自己知道某一个秘密。此时的秘密就是 A、B 事先与 KDC 共享的密钥 KA、KB。

Kerberos 协议主要用于计算机网络的身份鉴别(Authentication),其特点是用户只需输入一次身份验证信息就可以凭借此验证获得的票据(Ticket-granting Ticket)访问多个服务,即 SSO。Kerberos 是基于对称加密的身份认证的一种,不需要公私钥,但是需要 KDC 的存在,它类似于 Kerberos 中的认证服务器(AS)和票据授权服务器(TGS),在整个 Kerberos 身份认证中作为客户端和服务器共同信任的第三方,维护着领域中所有安全主体账户信息数据库,与每一个安全主体的其他信息一起,KDC 中存储了仅安全主体和 KDC 知道的加密密钥,用于在安全主体和 KDC 之间进行安全通信,而在大多数执行协议中,该加密密钥是从用户登录密码中重新生成的。另外,用于客户端和服务器相互认证的会话密钥也是由 KDC 分发的,如果 KDC 不知道某客户端所请求的目标服务器,则会求助于另一个 KDC 来完成认证。该协议允许在网络上通信的实体互相证明彼此的身份,并且能够阻止窃听和重放等攻击手段。不仅如此,它还能够提供对通信数据保密性和完整性的保护。

Kerberos 协议的基本应用是在一个分布式的 Client/Server 体系结构中,采用一个或多个 Kerberos 服务器提供鉴别服务。当客户端想请求应用服务器上的资源时,首先由客户端向 KDC 请求一张身份证明,然后将身份证明交给应用服务器进行验证,在通过服务器的验证后,服务器就会为客户端分配所请求的资源。

2.4.3 访问控制

本节首先介绍访问控制的概念和实现方法:什么是访问控制?怎么实现访问控制?然后,

通过一个实例分析访问控制的实现机制。

1. 概念

访问控制技术是信息系统安全的核心技术之一,它通过对用户访问资源的活动进行有效监控,使合法的用户在合法的时间内获得有效的系统访问权限,防止非授权用户访问系统资源。该技术兴起于 20 世纪 70 年代,最初是为了解决大型主机上共享数据授权访问的管理问题。

访问控制可以定义为主体(Subject)依据某些控制策略或权限对客体(Object)本身或是其资源进行授权访问。

主体是提出请求访问的实体,客体是接受主体访问的实体,访问控制策略(Access Control Policies)是主体对客体的访问规则集,也就是主体能对哪些客体执行什么操作,授权是指资源的所有者或控制者准许他人访问资源。

由此可以看出访问控制与两大领域相关:角色控制和规则管理。角色控制考虑用户方,即授权哪些主体可以访问客体;规则管理考虑资源方,即授权主体在什么条件下访问哪些客体或资源。

2. 设计方案

根据所采用的策略,可以借助目录表(Directory List)和访问控制矩阵(ACM,Access Control Matrix)来实现访问控制机制。

目录表是为每一个欲实施访问操作的主体,建立一个能被其访问的"客体目录表"。例如某个主体的客体目录表为客体 1:权限,客体 2:权限,…,客体 n:权限。

访问控制矩阵是通过矩阵形式表示访问控制规则和授权用户权限的方法。不仅描述了每个主体(Subject)拥有哪些客体(Object)的哪些访问权限(Operation),还描述了可以对每个客体实施不同访问类型的所有主体。每行代表一个主体,每列代表一个客体,表中纵横对应的项是该用户对该存取客体的访问权集合,如表 2-1 所示。访问控制表(ACL)是访问控制矩阵的子集,每个客体有一个访问控制表,用来说明有权访问该客体的所有主体及其访问权限。

表 2-1　访问控制矩阵

	客体 1	客体 2	客体 3
用户 1	读	读	写
用户 2		写	
用户 3	执行		读

3. 实例分析

这里以 Unix 文件系统的访问控制设计为例,Unix 起初就被设计成多用户操作系统,需要保证许多用户同时访问操作系统服务,这就要求系统具有高度安全性和隐私性。Unix 对每个用户分配一个唯一用户号(UID,它是 0～65 535 的整数),此外,Unix 使用拥有者的 UID 标识文件、进程和其他资源。多个用户组成用户组(Group),每个 Group 分配一个组号(GID,它是一个 16 位数)。系统管理员可以将用户分到组中,用户也可以属于多个组,Unix 中的每个进程具有拥有者的 UID 和 GID。

生成新文件时,指定生成进程的 UID 和 GID,还可以指定文件权限(即谁能对文件进行什么操作)。权限有三类:读(r)、写(w)和执行(x),此外每个权限可以对拥有者、组和其他用户进行指定,每个权限和用户类型用一位(0 或 1)表示,表 2-2 所示为用几个示例说明 Unix 文件权限。

表 2-2 Unix 文件权限

位模式	符号表示	意义
111000000	rwx------	仅拥有者可以读、写、执行
111101101	rwxr-xr-x	拥有者可以读、写、执行,其他用户可以读和执行
101000101	r-x--r-x	拥有者和非同组用户可以读和执行,同组其他用户没有权限
110100000	rw-r-----	拥有者可以读和写,同组其他用户可以读

可以看出,前三位表示拥有者权限,中间位表示组权限,后四位表示其他用户权限,连字符(-)表示无权限。

2.4.4 等级保护

等级保护原本是美军的文件保密制度,即著名的"多级安全"(MLS,Multilevel Security)体系,即人员授权和文件都分为绝密、机密、秘密和公开四个从高到低的安全等级,低安全等级的操作人员不应获取高安全等级的文件,各个密级的信息仅仅能够让那些具有高于或等于该级权限的人访问。例如,一个有秘密许可的对象可以被分类为秘密或更高等级(如机密或绝密)的主体访问,而不允许被列为公开的主体访问。在 MLS 中,主体是用户(通常是人),客体即对象是要受保护的数据(如文档)。此外,分类适用于对象,而等级适用于主体。多级安全机制支持不同权限的用户和资源同时访问系统,同时确保用户和资源都只能访问其有权访问的部分,该机制要求一种能够为主体和客体分配特定访问权限的计算机安全策略模型。

在 MLS 中,个人必须获得适当的许可才能看到机密信息,那些拥有机密文件的人只被授权查看机密文件,而不允许去看绝密级别的信息。安全等级水平如图 2-10 所示。

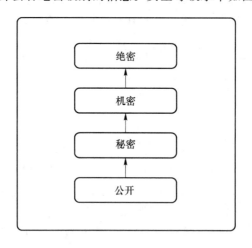

图 2-10 安全等级水平图

当不同级别的对象使用相同的系统资源时,需要多级安全性。MLS 系统的目的是通过限制主体来强制执行一种访问控制形式,以保证一个对象只能被具有相同或者更高安全等级的主体访问。在企业中,大多数企业的重要信息仅限于高级管理人员获得,而公司内部的每个人都可以获得其他专有信息,普通用户也会获得部分信息,如果这些信息都存储在一个系统中,那么该系统必须处理 MLS 问题。另外,在网络防火墙等应用程序中也有对 MLS 的研究。在这种情况下其目标是让入侵者处于一个低水平等级,以限制入侵者攻击所造成的破坏。

当前,有 Bell-LaPadula(BLP)、Clark-Wilson、Biba 等不同的多级安全策略模型,其中经典 BLP 模型是基本安全模型,同时也是众多信息系统安全评测标准的制定基础和理论基石,而且它已经在众多计算机安全系统中得到了应用。下面主要以 BLP 和 Biba 两种不同的多级安全模型为例进行说明。

1. BLP 模型

BLP 模型是典型的信息保密性多级安全模型,主要应用于军事系统,其出发点是维护系统的保密性,能够有效地防止信息被泄露。它通常是处理多级安全信息系统的设计基础,客体在处理绝密级和秘密级数据时要防止处理绝密级数据的程序把信息泄露给处理秘密级数据的程序。

BLP 模型具有如下特点:安全属性的集合满足偏序关系,安全属性用二元组表示(密级,类别集合),并为每个用户和每个客体都分配一个安全属性,密级集合为{绝密,机密,秘密,公开},且绝密>机密>秘密>公开,类别集合是系统中非分层元素集合中的一个子集,具体的元素依赖于所考虑的环境和应用领域。

Bell 和 LaPadula 在 1976 年完成的研究报告给出了 BLP 模型的完整表述。

BLP 模型提出了类别的概念,在各安全级别基础上又进行了垂直细分,一个用户需要被明确指定能够访问哪一类别的文件。这种策略保证了信息不会因为无心的或者恶意的行为而被降低级别访问。

BLP 模型的基本安全原则为仅当主体的敏感级不低于客体的敏感级且主体的类别集合包含客体时,才允许该主体读该客体,即主体只能读密级等于或低于它的客体。简单地说,可以总结为两点:①无下写,对给定安全级别上的主体,仅被允许向相同安全级别或较高安全级别上的客体进行"写";②无上读,强制访问控制中的安全特性要求对给定安全级别的主体,仅被允许对同一安全级别和较低安全级别上的客体进行"读"。用偏序关系表示为

当且仅当 $L(O) \leqslant L(S)$,主体 S 能对客体 O 进行读操作;

当且仅当 $L(S) \leqslant L(O)$,主体 S 能对客体 O 进行写操作。

具体安全模型解析如图 2-11 和图 2-12 所示。

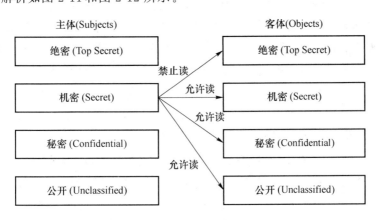

图 2-11 BLP"下读"模型解析图

BLP模型提供了一个多级安全策略形式化的数学模型,使人们能够深入分析模型的性能。BLP模型解决了访问控制的密集划分问题,它作为第一个相对比较完整地运用形式化方法对系统安全问题进行了严格证明的数学模型,被广泛应用于描述计算机系统的安全问题。

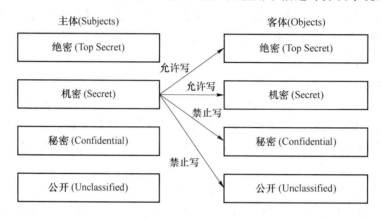

图 2-12　BLP"上写"模型解析图

但是,BLP模型这种"只能从下读、向上写"的规则忽略了完整性的重要安全指标,使非法、越权篡改成为可能。"上写",不允许高敏感度的信息写入低敏感度区,只能写入更高敏感度区域;"下读",低信任级别的用户不能读高敏感度的信息,只能读比它信任级别更低的低敏感度信息,从而能实现数据的保密性。然而强调信息向高安全级的方向流动,使得此种模型对高安全级信息的完整性保护不够;另外,BLP模型应用领域较窄,使用不灵活,一般只用于具有明显等级观念的领域。对于大多数商业应用而言,信息资源的完整性意义更加重要。

2. Biba 模型

Biba 模型主要是针对信息完整性保护方面的,与 BLP 模型类似,Biba 模型用完整性等级取代了 BLP 模型中的敏感等级,对访问控制的限制正好与 BLP 模型相反,Biba 模型主要包括两个规则:①完整性制约规则,仅当主体的完整级不高于客体的完整级且客体的类别集合包含主体的类别集合时,才允许该主体读客体,即主体只能从上读不能从下读;②简单完整规则,仅当主体的完整级大于等于客体的完整级且主体的类别集合包含客体的类别集合时,才允许该主体写该客体,即主体只能向下写而不能向上写,主体只能写完整级等于或低于它的客体。

Biba 模型的两个主要特征是:禁止向上"写",这样使得完整性级别高的文件一定是由完整性高的进程所产生的,保证了完整性级别高的文件不会被完整性级别低的文件或完整性级别低的进程中的信息所覆盖,Biba 模型没有下"读"。用偏序关系表示为

当且仅当 $I(O) \leqslant I(S)$,主体 S 能对客体 O 进行写操作;

当且仅当 $I(S) \leqslant I(O)$,主体 S 能对客体 O 进行读操作。

具体安全模型解析如图 2-13 所示。

虽然 Biba 模型改正了被 BLP 模型所忽略的信息完整性问题,但其"上读"特征允许完整性级别低的对象获取完整性级别高的对象信息使得系统的保密性遭到了破坏。

到目前为止,在所有的 Biba 模型的策略中,使用最广的是严格的完整性策略,该策略的缺点是不能分配适当的完整性标志。BLP 模型能很好地满足政府和军事机构关于信息分级的需求,Biba 模型却没有决定完整性级别和类别的相应标准。

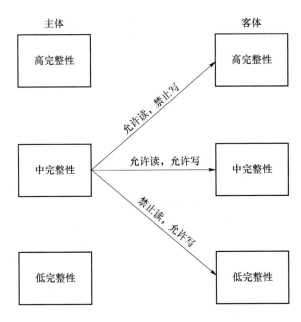

图 2-13　Biba 安全模型解析图

2.4.5　开放授权协议

本节将介绍开放授权协议的概念,OAuth 协议解决的问题及 OAuth 协议的设计方案与应用情况。

1. 概念与原理

开放授权(OAuth,Open Authorization)是指第三方无须知道用户的账号及密码,就可获取用户的授权信息,并且这种行为是安全的。即允许第三方网站在用户授权的前提下访问用户在服务商那里存储的各种信息,并且这种授权无须用户将认证信息提供给该第三方网站。OAuth 协议允许用户提供一个令牌给第三方网站,一个令牌对应一个特定的第三方网站,同时该令牌只能在特定的时间内访问特定的资源。目前,OAuth 协议的最新版本为 2.0。

OAuth 协议不仅能够实现单点登录资源开放,而且能够让资源所有者细粒度地控制对资源的授权,能够知道是谁访问了哪些资源以及访问量。

2. 设计方案

OAuth 2.0 主要涉及四种角色,分别是:①用户,即资源所有者;②资源服务器,即服务提供商用来存放受保护的用户资源,它与认证服务器可以是同一台也可以是不同台;③客户端,向资源服务器进行资源请求的第三方应用程序,一般是网站;④认证服务器,在验证资源所有者并获得授权成功后,将发放访问令牌给客户端。

用户授权有四种模式:授权码(Authorization Code)模式、简化模式、密码模式和客户端模式。下面重点介绍授权码模式的工作流程,授权码类型的开放授权协议流程如图 2-14 所示,具体描述如下。

① 客户端初始化协议的执行流程。首先通过 HTTP 302 来重定向资源拥有者(RO)用户代理到认证服务器(AS)。客户端在 redirect_uri 中应包含如下参数:client_id、scope(描述被访问的资源)、redirect_uri(即客户端的 URI)、state(用于抵制 CSRF 攻击)。此外,请求中还可以包含 access_type 和 approval_prompt 参数。当 approval_prompt=force 时,AS 将提供交

互页面,要求 RO 必须显式地批准(或拒绝)客户端的此次请求。如果没有 approval_prompt 参数,则默认为 RO 批准此次请求。当 access_type＝offline 时,AS 将在颁发 access_token 时,同时还会颁发一个 refresh_token。因为 access_token 的有效期较短(如 3 600 s),为了优化协议执行流程,offline 方式将允许客户端直接持 refresh_token 来换取一个新的 access_token。

② AS 认证 RO 身份,并提供页面供 RO 决定是否批准或拒绝客户端的此次请求(当 approval_prompt＝force 时)。

③ 若请求被批准,AS 使用步骤①中客户端提供的 redirect_uri 重定向 RO 用户代理到客户端。redirect_uri 须包含 authorization_code,以及步骤①中客户端提供的 state。若请求被拒绝,AS 将通过 redirect_uri 返回相应的错误信息。

④ 客户端拿 authorization_code 去访问 AS 以交换所需的 access_token。客户端请求信息中应包含用于认证客户端身份所需的认证数据,以及上一步请求 authorization_code 时所用的 redirect_uri。

⑤ AS 在收到 authorization_code 时需要验证客户端的身份,并验证收到的 redirect_uri 与步骤③请求 authorization_code 时所使用的 redirect_uri 是否相匹配。如果验证通过,AS 将返回 access_token 以及 refresh_token(若 access_type＝offline)。

授权码模式是功能最完整、流程最严密的授权模式。它的特点是通过客户端的后台服务器,与"服务提供商"的认证服务器进行互动。

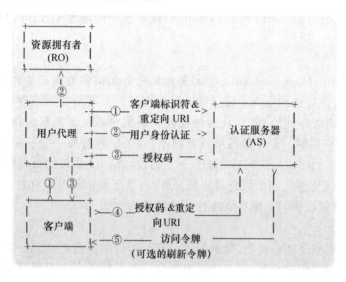

图 2-14 授权码模式

简化模式(Implicit Grant Type)即不通过第三方应用程序的服务器,直接在浏览器中向认证服务器申请令牌,跳过了"授权码"这个步骤。所有步骤在浏览器中完成,令牌对访问者是可见的,且客户端不需要认证。

在密码模式(Resource Owner Password Credentials Grant Type)中,用户向客户端提供自己的用户名和密码。客户端使用这些信息,向"服务提供商"索要授权。在这种模式中,用户必须把自己的密码给客户端,但是客户端不得储存密码。这通常用在用户对客户端高度信任的情况下,比如客户端是操作系统的一部分,或者由一个著名公司出品。而认证服务器只有在其他授权模式无法执行的情况下，才能考虑使用这种模式。

客户端模式(Client Credentials Grant Type)指客户端以自己的名义，而不是以用户的名义，向"服务提供商"进行认证。严格地说，客户端模式并不属于 OAuth 框架所要解决的问题。在这种模式中，用户直接向客户端注册，客户端以自己的名义要求"服务提供商"提供服务，其实不存在授权问题。

3. 应用情况

OAuth 协议主要适用于针对个人用户对资源的开放授权。OAuth 的特点是"现场授权"或"在线授权"：客户端主要通过浏览器去访问资源，授权时需要认证用户的资源所有者身份，并且需要用户现场审批。OAuth 一般在社交网络服务(SNS, Social Networking Services)中广泛使用，如微博、微信、QQ。

OAuth 2.0 协议率先被谷歌、雅虎、微软、Facebook 等公司使用，且目前得到较为广泛的普及。之所以标注为 2.0，是因为最初有一个 1.0 协议，但这个 1.0 协议太复杂，易用性差，所以没有得到普及。2.0 是一个新的设计，协议简单清晰，但它并不兼容 1.0，可以说与 1.0 没什么关系。

2.5　本　章　小　结

本章首先回顾了密码学的发展历史与基础知识，包括 Kerckhoffs 假设，Shannon 的密码算法设计思想，常用密码算法(包括流密码、分组密码、公钥加密体制)的设计思想与工作原理。

接下来介绍了网络安全协议，包括网络层的 IPSec 协议和传输层的 TLS/SSL、DTLS 协议。IPSec 协议产生的初衷是解决互联网上 IP 传输的安全性问题。SSL 保护基于 TCP 的应用，是一种流行的加密技术，可以保护用户通过互联网传输的隐私信息。TLS 是 SSL 进行标准化后的版本。DTLS 用来保证 UDP 的安全。

最后介绍了身份认证和访问控制技术的基本概念与常用方法，重点介绍了单点登录技术和开放授权协议。

对于密码学的进一步了解，可以参考阅读文献[1]～文献[5]；对于网络安全协议的进一步了解，可以参考阅读文献[3]和文献[10]；对于身份认证与访问控制的进一步了解，可以参考阅读文献[3]和文献[6]。

本章参考文献

[1]　道格拉斯·斯廷森. 密码学原理与实践[M]. 北京：电子工业出版社，2016.

[2]　乔纳森·卡茨，耶胡达·林德尔. 现代密码学——原理与协议[M]. 任伟，译. 北京：国防工业出版社，2011.

[3]　卡哈特. 密码学与网络安全[M]. 2 版. 北京：清华大学出版社，2009.

[4]　罗守山，陈萍，邹永忠，等. 密码学与信息安全技术[M]. 北京：北京邮电大学出版社，2009.

[5]　杨波. 现代密码学[M]. 3 版. 北京：清华大学出版社，2015.

［6］ 王凤英. 访问控制原理与实践［M］. 北京：北京邮电大学出版社，2010.

［7］ 谷利泽，郑世慧，杨义先. 现代密码学教程［M］. 2 版. 北京：北京邮电大学出版社，2016.

［8］ 凌力. 网络协议与网络安全［M］. 2 版. 北京：清华大学出版社，2012.

［9］ 高飞. 现代密码学（讲义）. 北京：北京邮电大学，2017.

［10］ 赖英旭，杨震，刘静. 网络安全协议［M］. 北京：清华大学出版社，2012.

［11］ 康海燕. 网络隐私保护与信息安全［M］. 北京：北京邮电大学出版社，2016.

［12］ 吴英杰. 隐私保护数据发布：模型与算法［M］. 北京：清华大学出版社，2015.

［13］ Feistel cipher［EB/OL］. ［2018-09-14］. https://en. wikipedia. org/wiki/Feistel_cipher.

［14］ Data encryption standard［EB/OL］. ［2018-09-14］. https://en. wikipedia. org/wiki/Data_Encryption_Standard.

［15］ Advanced encryption standard［EB/OL］. ［2018-09-14］. https://en. wikipedia. org/wiki/Advanced_Encryption_Standard.

［16］ Needham-Schroeder protocol［EB/OL］. ［2018-09-14］. https://en. wikipedia. org/wiki/Needham％E2％80％93Schroeder_protocol.

［17］ Datagram transport layer security［EB/OL］. ［2018-09-14］. https://en. wikipedia. org/wiki/Datagram_Transport_Layer_Security.

［18］ DTLS 主要特性概述和实现分析［EB/OL］. （2017-02-10）［2018-09-14］. http://blog. csdn. net/liujianfei526/article/details/54971583.

［19］ Meyer C，Schwenk J. Lessons learned from previous SSL/TLS attacks a brief chronology of attacks and weaknesses［J］. IACR Cryptology ePrint Archive，2013，49.

［20］ 徐立冰. 腾云：云计算和大数据时代网络技术揭秘［M］. 北京：人民邮电出版社，2013.

第 3 章

大数据服务架构及其安全

3.1 本章引言

现在的社会是一个高速发展的社会。科技发达，信息流通，人们之间的交流越来越密切，生活也越来越方便，大数据就是这个高科技时代的产物。大数据的世界不仅是一个单一的、巨大的计算机网络，而且是一个由大量活动构件与多元参与者元素所构成的生态系统。而今，这样一套数据生态系统的基本雏形已然形成。

大数据服务系统是过去几十年人类信息系统不断演进的结果。软件架构是信息系统的骨架，决定了一个信息系统可成长的空间。

本章介绍大数据服务架构的演进及其面临的安全问题。

3.2 网络服务系统架构

从 20 世纪 60 年代应用于主机的大型主机系统，到 20 世纪 80 年代应用于个人计算机的客户服务器(C/S)架构，一直到 20 世纪 90 年代互联网的出现，系统越来越朝小型化和分布式发展。信息系统的软件架构经历了从单体程序到客户服务器架构、多层架构的演进；在互联网时代，分布式与去中心化成为信息服务系统的一个重要特征，多数据源多管理域的服务通过服务计算的架构模式能够组合为新的服务，为用户提供更为智能高效的服务和更好的用户体验。多层软件架构如图 3-1 所示。

图 3-1　多层软件架构

在信息系统发展的早期,软件和网络是两个不同的领域,很少有交集;软件开发主要针对单机环境,网络则主要研究系统之间的通信。

Internet 的兴起使得软件和网络这两个领域开始融合,出现了很多基于网络的软件系统架构,例如,客户服务器架构风格(Architectural Styles)。最广为人知的是"三层客户服务器"架构:表示层在客户端,业务逻辑层在服务器端,数据存储在数据库服务器上。例如,搭建互联网网站的 LAMP(Linux-Apache-MySQL-PHP)技术集合就是实现这种三层架构的常见模式。LAMP 网站架构是一种流行的 Web 框架,该框架包括 Linux 操作系统,Apache 网络服务器,MySQL 数据库,Perl、PHP 或 Python 编程语言。这些产品均是开源软件,很多流行的商业应用都是采取这个架构,和 Java/J2EE 架构相比,LAMP 具有 Web 资源丰富、轻量、快速开发等特点。和微软的 .NET 架构相比,LAMP 具有通用、跨平台、高性能、低价格的优势。因此,LAMP 无论是性能、质量还是价格都是搭建网站的首选平台。

直到 20 世纪 90 年代末,这种架构风格在信息服务系统中毋庸置疑地占据着统治地位。然而,随着 Web 与网络服务的兴起,这种"三层客户服务器"架构在信息服务系统中的主导地位开始被面向服务的架构(SOA,Service-Oriented Architecture)所代替。

SOA 的概念自 1996 年由加特纳集团(Gartner Group)提出后,得到了广泛的支持和响应。SOA 架构是一种分布式计算模式,它能够组织、利用分布在不同所有域(Different Ownership Domains)的计算能力来完成新的任务。

随着信息化技术的普及,各种信息系统如雨后春笋般地涌现。数据和计算资源分布在不同管理域,为人们的工作和生活提供着各种服务。

服务是 SOA 中的核心概念。服务是指自治的、松耦合的、平台独立的实体(Entity),这些实体是能够被描述(如用网络服务描述语言来描述一个服务)、发布、发现、使用、组合的软件组件。服务计算是以服务及其价值提供为核心来构造、部署和运维,能求解实际问题的计算机应用。服务计算利用服务作为基本元素来开发互操作的分布式应用程序。

如图 3-2 所示,SOA 是一个组件模型,能够把不同服务通过服务之间定义良好的接口和契约联系起来,创建新的服务。接口是采用中立的方式进行定义的,它应该独立于实现服务的硬件平台、操作系统和编程语言。这使得构建在各种各样的系统中的服务可以以一种统一和通用的方式进行交互。

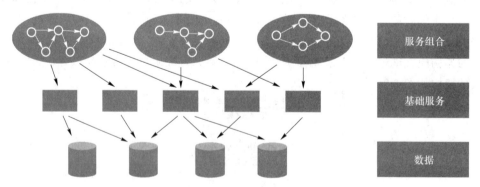

图 3-2　SOA 系统架构

SOA 可以根据需求通过网络对松散耦合的粗粒度应用组件进行分布式部署、组合和使用。SOA 是一种粗粒度、松耦合服务架构,服务之间通过简单、精确定义接口进行通信,不涉及底层编程接口和通信模型。

实现 SOA 架构的两个主流模式是 Web Services 和 RESTful 风格的网络服务。

Web Services 是指基于简单对象访问协议(SOAP,Simple Object Access Protocol)的网络服务,这种模式在互联网服务和企业级应用中都得到了广泛的应用。过去十多年,Web Services 技术体系是 SOA 概念技术实现的最具有代表性的技术成果。

表述性状态转移(REST,REpresentational State Transfer)是 SOA 概念的另一种技术实现,源自 2000 年 Roy Fielding 的博士论文。在这种架构风格中,软件组件被封装成网络服务。REST 从资源的角度来观察网络服务。客户端使用 URL 从服务端或者代理服务器那里请求资源。所有的交互都采用基于 HTTP 协议的同步请求响应消息模式。

相对于 Web Services 这种重量级的 SOA 架构,RESTful 风格作为一种轻量级的 SOA 实现模式在互联网服务中得到广泛采用。RESTful 风格的网络服务不需要 SOAP 或者其他应用层协议,仅仅需要 HTTP。研究案例表明,RESTful 风格的网络服务能够比基于 SOAP 的 Web Services 架构提供更好的性能。

3.3 Web Services

Web Services 技术体系由一系列开放的协议和规范组成。

核心技术规范包括传输规范、消息规范(SOAP)、描述规范(WSDL)、发布和发现规范(UDDI),如下所示的其他规范是在核心规范的基础上扩展形成的。

- 消息扩展规范:主要作用是提供服务实例寻址以及在消息级别提供可靠、安全、事务等质量保障。
- 服务组合规范(BPEL4WS,BPML):提供了一种服务编程语言,用该语言可以组合基本服务形成支持业务过程的复合服务。这种语言通过定义 Web Services 之间的逻辑关系和数据依赖关系形成符合业务过程的复合服务。
- 服务协作规范(WS-CDL):提供了定义服务之间协作协议的语言。WS-CDL(Web Services Choreography Description Language)是 W3C 提出的一种 Web Services 协作语言,目的是描述 Web Services 之间在进行协作时需要遵从的消息通信规则。例如,规定某个服务必须按照一定的顺序来接收和发送消息。

这里重点介绍核心规范,其他扩展规范及技术细节可以参考章后文献[1]。

3.3.1 传输规范

传输协议提供基本的数据传输服务。Web Services 可以利用多种网络协议实现 XML 消息的传送,HTTP 作为一种应用最为广泛的应用层协议成为 Web Services 的首选。Web Services 技术可以通过基本的 HTTP 操作(GET、POST、PUT、DELETE)发送 XML 消息。

其他可用的协议包括简单邮件传输协议(SMTP,Simple Mail Transfer Protocol)、文件传输协议(FTP,File Transfer Protocol)、Java 消息服务(JMS,Java Message Service)等。

3.3.2 消息规范

Web Services 之间的通信是通过互相传递符合 SOAP 协议的 XML 消息实现的。SOAP 的主要目的是支持 Web Services 之间松耦合、单向异步的消息交互,SOAP 为 Web Services 之间交换基于 XML 的结构化信息提供了一个可扩展的消息交互协议和消息处理框架。

SOAP 消息包括两部分:①真正的 XML 数据负载;②额外的头消息,在头消息中可以任意附加各种控制信息,这些控制信息也可以由一定的规范来约束以完成特定的功能。

SOAP 消息结构的基本模型如图 3-3 所示,整条 SOAP 消息包含在一个信封(Envelope)中。

消息头是可选元素,可以包含多个任意格式的 Header 项,如描述安全性、事务处理、会话状态信息的项。

消息体是必需元素,代表实际的消息负载。消息体可以包含出错信息(Fault)。

故障(Fault)是可选元素,用于携带出错信息。

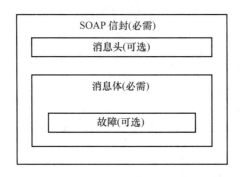

图 3-3 SOAP 消息结构基本模型

SOAP 消息需要通过传输层来传输,SOAP 1.2 定义了 SOAP 消息如何与传输层的 HTTP 和 SMTP 协议绑定。

3.3.3 描述规范

网络服务描述语言(WSDL,Web Services Description Language)用来描述 Web Services,包括两个方面的内容:抽象接口和抽象接口的绑定。

Web Services 的抽象接口描述了该服务提供的功能。抽象接口包括一系列操作的名称及其输入、输出参数和出错返回信息。

Web Services 的抽象接口的绑定描述了如何访问该服务提供的功能。一个抽象接口可以同时拥有多个绑定。抽象接口的绑定指定了访问抽象接口采用的通信协议以及抽象接口的互联网访问地址。

3.3.4 发布和发现规范

统一描述、发现和集成(UDDI,Universal Description,Discovery and Integration)是 Web Services 注册中心规范。通过该规范可以为 Web Services 定义以下元信息。①白页信息:Web Services 所属的商业实体的信息。②黄页信息:服务的标准分类信息。③绿页信息:服务的技术细节信息,比如 Web Services 的 WSDL 描述就属于绿页信息。

UDDI 是一个开放的通用信息描述框架,服务发布者可以任意定义各种被称为技术模型的信息描述规范,进而可以定义属于该技术模型的具体服务信息。

UDDI 同时也提供了发布、发现、更新服务元信息的标准 SOAP 编程接口。

3.3.5 Web Services 安全

如果使用 SOAP 来传送有价值的信息,那么,安全就是最重要的问题。由结构化信息标准促进组织（OASIS）发起，计算机行业的领导者们已经联合开发了一套标准，称为 WS-Security。这个标准对基本的 SOAP 通信做了改善，以便能够处理以下几个问题。

（1）消息机密性

由于拦截 HTTP 消息的方式非常多，因此，在请求和响应过程中，必须能够对所有重要信息加密。很幸运，现在的加密技术非常先进，我们能够对消息内容进行加密，以保证消息不被修改。

（2）客户和服务身份

即必须能够核实 SOAP 请求来源的身份。

SOAP 在安全方面是通过使用 XML-Security 和 XML-Signature 两个规范组成了 WS-Security 来实现安全控制的，这已经得到了各个厂商的广泛支持。

3.3.6　应用与挑战

Web Services 是通过 Web 接口提供的某个功能程序段，是通过标准的互联网协议来编程访问的 Web 组件。Web Services 使用标准的互联网协议，超文本传输协议（HTTP）和 XML；可将 Web Services 视作 Web 上的组件编程。开发人员可通过调用 Web 应用程序编程接口（API，Application Programming Interface），就像调用本地服务一样，将 Web Services 集成到应用程序中，不同的是 Web API 调用可通过互联网发送给位于远程系统中的某一服务。

Web Services 是为应用程序的使用而准备的，而不是为最终用户准备的。通过将一个系统作为一个 Web，第三方可以将我方的系统功能整合到他方的客户应用程序中。这样便获得了一种开发解决方案的新途径：无须在系统中设计所需的功能，只需简单地访问合适的 Web Services 以执行所需的操作即可。

Web Services 不仅为那些使用第三方 Web Services 的应用程序提供了很多的便利，也为发布客户 Web Services 的应用程序本身带来了很大益处。

（1）平台的无关性

Web Services 使用的 HTTP 和 SOAP 等协议已经是互联网上通用的协议，任何能够访问互联网的平台都可以访问 Web 服务。任何与互联网建立连接的应用程序都可以向互联网上的任何一个 Web 服务发送 XML 格式的 SOAP 消息，同时也可以接收来自 Web 服务的 SOAP 消息。

（2）功能复用

功能复用采用了许多与接口相关的技术，可以使用面向对象的技术和组件对象的技术来创建系统。功能复用的应用程序设计具有在自己的程序中使用其他的系统执行特殊功能的特性，通过使用外部厂商提供的 Web Services，开发人员能够利用外部厂商已经实现的功能。这意味着可以使用较少的时间开发与具体的业务问题无关的组件，使用第三方的技能和经验，可以集中精力处理业务问题。以前，为寻求某一功能，开发人员不得不在某些技术中做出选择，Web Services 则支持开发人员选择正确的功能，而不是选择正确的技术。其原因就在于，接口是已经定义好的，执行实际功能的应用程序可以用任意的编程语言编写。开发人员选择这项功能的唯一依据是系统需求，而不是技术的约束。

（3）服务器的中立性

Web Services 的接口是基于标准的，而且在 Web Services 和客户机之间传递的消息在 HTTP 之上使用了 XML。因此，开发 Web Services 所使用的程序设计语言和服务器软件是没有关系的。Web Services 所在的服务器可以运行 UNIX、Windows 或其他的操作系统,而 Web Services 幕后执行功能的软件可以是 Java、C♯ 或开发小组习惯使用的任何其他编程语言。有了 Web Services 之后,开发人员就不再被迫基于第三方的功能需求来选择一种程序设计语言了。这给了 Web Services 开发人员很大的灵活性;开发人员可以根据自己使用某个程序设计语言方面的经验来开发解决方案。这显著提高了开发人员的工作效率,降低了软件开发成本。

(4) 拓展业务

通过允许第三方使用 Web Services 访问内部的传统方式,企业允许消费者以更加集成化的方式和以用户为中心的方式访问它们。当允许其他的应用程序使用企业应用程序中的功能时,企业便可以将精力集中在自己的特殊产品上。第三方能够结合开发厂商提供的相关 Web Services 为消费者开发集成的解决方案,给用户带来更好的体验,而且厂商也拓展了自己的业务。

Web Services 也能够被用来拓展贸易伙伴关系。通过将供应链与 Web Services 的供应商集成在一起,可以使业务过程能够动态、灵活地变换需求。当有新的业务伙伴加入时,新伙伴就能够使用公司所提供的 Web Services 顺利地集成到整个系统中。

SOAP 消息通信协议和 WSDL 服务描述规范是 Web Services 的基石。围绕着 SOAP 和 WSDL,Web Services 已经建立了详尽的标准化体系和开源工具集。许多集成开发环境能够在现有代码的基础上,依据接口方法自动生成 SOAP,使用 WSDL 来发布服务。如果需要一些安全功能如消息签名和加密,可以基于 WS-Security 等标准实现 SOAP 消息的加密认证,以确保消息的安全性。

Web Services 架构在商业领域取得了广泛的应用。例如,亚马逊的亚马逊云服务(AWS)就是最成功的基于 Web Services 的商业化服务之一。

在使用过程中,Web Services 的一些问题也逐步暴露出来。

由于各种原因,有些规范与服务在现实商业化推广中并不成功。例如,UDDI 公共注册中心出现已久,但真正使用公共注册中心的项目却很罕见。原因是 UDDI 面临着信任和信息质量的问题。由私有企业运行和维护的 UDDI 注册中心是否值得信任?UDDI 中的信息是否有假?数据是否及时更新?只有这些关键问题得到解决,UDDI 才能真正发挥作用。

同时,在技术方面,Web Services 存在以下几方面的问题。

① XML 相对体积太大,传输效率低。

② SOAP 是通过利用 XML Schema 的不断发展来定义数据类型的,SOAP 消息的开头部分就可以是任何类型的 XML 命名空间声明,其代价是在系统之间增加了更多的复杂性和不兼容性。

③ 基于 SOAP 的应用很难充分发挥 HTTP 本身的缓存能力。所有经过缓存服务器的 SOAP 消息总是调用 HTTP POST 方法,缓存服务器如果不解码 SOAP 消息体,无法知道该 HTTP 请求是否是想从服务器获得数据。SOAP 消息所使用的 URI 总是指向 SOAP 的服务器,这并没有表达真实的资源 URI,其结果是缓存服务器根本不知道哪个资源正在被请求,更不用谈进行缓存处理。

SOAP 协议对于消息体和消息头都有定义,同时消息头的可扩展性为各种互联网的标准提供了扩展的基础,WS-* 系列就是较为成功的规范。但同时 SOAP 为满足各种需求,不断扩充其本身协议的内容,从而导致 SOAP 的处理性能有所下降,易用性降低,以及学习成本的增加。

3.4　REST

基于 SOAP 和 WSDL 的 Web Services 架构属于复杂的、重量级的协议。随着 Web 2.0 的兴起,表述性状态转移(REST)逐步成为一个流行的架构风格。REST 是一种轻量级的 SOA 架构实现风格,可以完全通过 HTTP 协议实现,并且能够利用缓存 Cache 来提高响应速度,在性能、效率和易用性上都优于基于 SOAP 和 WSDL 的 Web Services 架构。

3.4.1　概念

REST 是 2000 年由 Roy Fielding 在他的博士论文中提出的,它是 SOA 概念的另一种技术实现。

在这种架构风格中,软件组件被封装成网络服务。REST 从资源的角度来观察网络服务。客户端使用 URL 从服务端或者代理服务器那里请求资源。所有的交互都采用基于 HTTP 协议的同步请求响应消息模式。Roy Fielding 认为,设计良好的网络应用表现为一系列的网页,这些网页可以看作是虚拟的状态机,用户选择这些链接导致下一个网页传输到用户端展现给使用的人,而这正代表了状态的转变。

3.4.2　特点

REST 架构对资源的操作包括获取、创建、修改和删除,正好对应 HTTP 协议提供的 GET、POST、PUT 和 DELETE 方法,这种针对网络应用的设计和开发方式,可以降低开发的复杂性,提高系统的可伸缩性。REST 架构尤其适用于完全无状态的创建、读取、更新、删除(CRUD,Create、Read、Update、Delete)操作。

基于 REST 的软件体系架构风格(Software Architecture Style)称为面向资源体系架构(ROA,Resource-oriented Architecture)。按照 REST 原则设计的软件体系架构,通常被称为"REST 式的"(RESTful)。

HTTP 的 GET、HEAD 请求本质上应该是安全的调用,即 GET、HEAD 调用不会有任何的副作用,不会造成服务器端状态的改变。对于服务器来说,客户端对某一 URI 做 n 次的 GET、HEAD 调用,其状态与没有做调用是一样的,不会发生任何的改变。

HTTP 的 PUT、DELETE 调用,具有幂指相等特性,即客户端对某一 URI 做 n 次的 PUT、DELETE 调用,其效果与做一次的调用是一样的。HTTP 的 GET、HEAD 方法也具有幂指相等特性。

HTTP 这些标准方法在原则上保证分布式系统具有这些特性,以帮助构建更加健壮的分布式系统。

3.4.3　优势

众所周知,对于基于网络的分布式应用,网络传输是一个影响应用性能的重要因素。如何使用缓存来节省网络传输带来的开销是每一个构建分布式网络应用的开发人员必须考虑的问题。

HTTP 协议带条件的 HTTP GET 请求(Conditional GET)被设计用来节省客户端与服

务器之间网络传输带来的开销,这也给客户端实现 Cache 机制(包括在客户端与服务器之间的任何代理)提供了可能。HTTP 协议通过 HTTP HEADER 域 If-Modified-Since/Last-Modified,If-None-Match/ETag 实现带条件的 GET 请求。

REST 的应用可以充分地挖掘 HTTP 协议对缓存支持的能力。当客户端第一次发送 HTTP GET 请求给服务器获得内容后,该内容可能被缓存服务器(Cache Server)缓存。当下一次客户端请求同样的资源时,缓存可以直接给出响应,而不需要再次请求远程的服务器获得该资源。这一切对客户端来说都是透明的。

REST 对于资源型服务接口来说很合适,同时特别适合对于效率要求很高但对于安全要求不高的场景。而 SOAP 适合需要提供给多开发语言的应用场景,能够给对安全性要求较高的接口设计带来便利。

相对于 Web Services 这种重量级的 SOA 架构,RESTful 风格作为一种轻量级的 SOA 实现模式在互联网服务中得到广泛采用。RESTful 风格的网络服务不需要 SOAP 或者其他应用层协议,仅仅需要 HTTP。RESTful 风格的网络服务能够比基于 SOAP 的 Web Services 架构提供更好的性能。

由于 REST 设计风格简洁,吸引了越来越多的网络服务采用 RESTful 风格来实现 SOA 架构,成为现代 Web 设计的主导架构。

3.5　事件驱动 SOA 与发布订阅技术

随着信息服务领域的拓展和深化,Web 服务正变得越来越复杂。为了能够给用户提供丰富的内容,一个网站的后端往往由复杂的处理系统来支撑。例如,谷歌的搜索界面很简单,但后端的搜索引擎系统很复杂;亚马逊的购物系统界面也很简单,但后端的业务流程更为复杂。

尽管应用的复杂度不断增加,但是网页仍然需要迅速、一致地传送内容,以满足用户的交互性需求。

传统互联网主要基于同步查询模式(Synchronous Polling Model)。一个 Web 用户通常是通过 URL 访问一个网页或者通过搜索引擎找到自己感兴趣的内容。随着互联网内容的爆炸式增长、用户数量和设备数量的激增,事件驱动的异步通知模式作为一种补充,在互联网服务中日益流行。

这种异步发布订阅的事件通知模式,其优势体现在以下两个方面。①从用户体验来看,用户只需要提交自己的需求,具体体现为订阅,类似于对搜索引擎提交的查询,之后就能够收到服务系统主动推送的服务内容。不需要不断地重复提交自己的查询。②从服务提供端来看,该模式可以显著降低系统压力,降低服务提供商的运营成本。

例如,奥运会期间,大量相同的查询(如各国金牌情况)负荷集中在很短时间内,会造成服务器过载,反应缓慢甚至崩溃,用户体验降低。如果能够根据用户定制的查询,采用主动推送机制,不仅能缓解服务器压力,而且还提升了用户体验。

因此,采用基于订阅的主动推送方式,可以显著提高系统服务容量,改善用户体验。如果说内容分发网络(CDN,Content Delivery Network)避免 WWW(World Wide Web)变成"World Wide Wait",那么基于发布订阅模式的异步事件驱动模式,将在数据共享、分发、服务组合与执行等领域,给未来互联网服务架构带来革命性的变化。

事件驱动的异步处理机制是解决主动服务问题的关键技术。发布订阅技术是实现大规模事件驱动网络服务机制的一种有效手段。

在物联网等未来网络服务中,大规模数据在大量服务间的有效分发路由,将是一个至关重要的研究问题。发布订阅系统被认为是一种有效的信息分发方法。发布订阅模式是对数据生产者、数据消费者之间的交互模式的一种抽象,能够自然地提供生产者与消费者之间多对多的事件驱动交互模式。

3.5.1　事件驱动 SOA

在传统互联网中,基于 SOA 架构的服务调用在系统架构中占据着统治地位。在未来网络环境中,感知服务系统(Sensing-based Service System)将扮演更加重要的角色。事件驱动架构将感知与服务衔接起来,与 SOA 融合为事件驱动 SOA(EDSOA,Event Driven SOA)架构,成为未来网络服务的主导架构。EDSOA 架构吸引了工业界和学术界的热切关注。

SOA 主要从系统解构的角度入手,它侧重将整个应用分解为一系列独立的服务,并制定各种标准和基础设施,使得这些服务易于重用,能够很容易地被各种平台上的应用使用。但是在实际业务中出现了一些问题,主要是因为 SOA 更多地关注静态的信息,对动态信息如随机发生的事件没有更好响应,所以不能很好地与动态业务匹配。

分布式系统涉及成千上万的实体,这些实体可能遍布全球不同位置,在系统的整个生命周期中有着不同的行为特性。而单一的点对点和同步通信模式导致应用程序的僵化和静态,而且使得开发动态的大规模应用变得很烦琐。因此,需要更灵活的交互模式和系统,以支持这类应用的动态和解耦特性。

任何系统都可以抽象为服务组件加上通道,也就是计算问题和通信问题。如果说 SOA 关注组件和服务的话,那么事件驱动架构(EDA,Event Driven Architecture)更多地关注通道。EDSOA 将通信与计算分离,使松散耦合的思想真正得以实现。用事件驱动的交互模式代替请求驱动的方法,有助于分离不同系统和域,从而产生更灵活、更敏捷的架构。与面向过程的系统中客户端需要不断地轮询不同,事件驱动架构允许系统和组件在事件发生时实时动态地做出响应。事件驱动架构通过引入长时间运行的处理机制来弥补 SOA 的不足。并且,EDSOA 可以容易地增加事件的消费者和生产者,这样就使得增加系统吞吐量也变得很简单,系统的弹性非常好,非常适合那些业务量持续增长的系统。

信息服务系统有其天然的自然地理边界与社会边界,从而形成不同管理域(Administrative Domains)。不同管理域的组件具有自治权,能够独立演进发展。EDSOA 架构采用了去中心化(Decentralized)的智能服务组合模式,从而能够跨越多个管理域,提供动态业务匹配。EDSOA 架构,综合了 EDA 与 SOA 的优势,适用于动态业务匹配的服务系统。

目前,EDSOA 架构已经在企业级应用、电子政务等领域得到初步应用。随着物联网等新一代网络技术的发展和广泛应用,EDSOA 架构将在未来互联网服务架构中发挥日益重要的作用。

3.5.2　事件驱动的微服务架构

感知服务系统具有区别于传统信息服务系统的特征。①感知反应系统与环境发生交互,支持动态自适应的基于情景的计算。②感知反应系统指挥很多组件的活动,这些组件包括传感器、计算引擎、数据库、反应器(Responders,Actuators)。未来的编程模式,将是代理协作模式,而不再是顺序的流程。③人们通过配置感知反应系统来在很长的时间段内执行操作,而不是传统的服务调用。在传统互联网中,用户输入关键字,Web 搜索引擎返回搜索结果。与之相对应,在感知服务系统中,用户的服务请求是如果产生与关键字匹配的信息,请予以告知;这个服务请求会一直有效,直到用户主动删除它。④基于预测的主动服务(Predictive and Proactive)。

感知的结果是数据,物理实体之间的交互表现为应用服务。事件驱动架构将感知与服务衔接起来,与 SOA 融合为 EDSOA 架构。

在感知服务系统中,大量服务之间存在着动态的业务协作关系,大量数据在这些服务之间进行分发。数据与服务是动态交互的关系:既有服务主动去获取数据,也有数据来驱动服务的执行。

发布订阅交互模式可以为大规模交互应用提供松耦合交互模式。订阅者有能力表达其感兴趣的事件或事件模式,当任何发布者发布了订阅者注册的相关感兴趣的事件后,所有订阅者会被异步通知。这种基于事件的交互能力的优势在于发布者和订阅者之间能够在时间、空间和同步上达到完全解耦。

由于分布式发布订阅系统交互模式符合互联网应用服务的动态、异步的本质特征,所以更适合未来互联网服务的架构。发布订阅模式作为大规模事件驱动机制的实现方式,得到了日益广泛的研究与应用。

这种互联网规模的、公共普及的发布订阅基础设施,对于创建以信息为中心的创新型网络应用服务起到至关重要的作用。

2012 年,微服务的概念开始兴起。随着物联网的普及与大数据共享的深入,这种基于微服务构建的基于事件驱动模式的网络服务架构有望成为大数据时代构建网络服务的有效架构。

3.5.3 发布订阅技术系统架构

1. 集中式架构

发布订阅系统的角色是允许生产者和消费者之间以异步的方式进行事件交互。异步的实现可以通过生产者发送消息到一个特定的实体,该实体存储并转发消息至需要的消费者。因为是中央实体存储和转发消息,所以称这种方式为集中式架构,如图 3-4 所示。

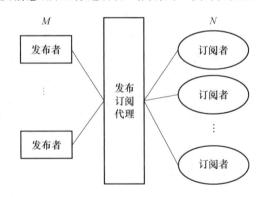

图 3-4　集中式架构的发布订阅系统

在集中式架构下,信息的发布订阅机制非常类似于数据库管理系统中的触发器机制和持续查询技术。

这种集中式架构的实现方式,通常建立在中央数据库之上,如 IBM MQSeries 和 Oracle Advanced Queuing。一般来说,此类系统主要考虑系统可靠性、数据一致性、对事务的支持,但对高数据吞吐量和系统的可伸缩性没有给予足够的考虑。

在此架构下,匹配算法的性能直接决定了事件传送的时延与系统吞吐量。

2. 分布式架构

对于小规模的应用,可以采用集中式的架构。对于大规模应用,系统的可伸缩性(Scalability)和系统吞吐量(Throughput)就成为很多研究工作的关注点。在分布式架构的发布订阅系统中,代理网络由一组代理节点组成,这些代理节点组成了一个覆盖网络(Overlay Network),如图 3-5 所示。这些代理节点通过协作来完成订阅信息的管理与事件路由。

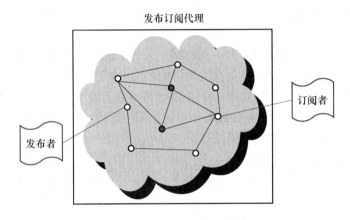

图 3-5　分布式架构的发布订阅系统

代理节点按照角色可以分为接入节点和路由节点(Inner Broker)。接入节点负责客户端的接入,对于客户端而言,该代理节点就代表整个代理节点组成的覆盖网络,也称为客户端的归属代理(Home Broker)节点。路由节点负责消息的路由。一个节点可以同时是接入节点和路由节点。

客户端可以是订阅者,也可以是发布者,也可以同时是发布者和订阅者。

在分布式架构系统中,系统的性能不仅取决于事件匹配算法,而且取决于系统的路由算法、负载均衡等多方面因素。

3. 架构小结

早期的发布订阅系统,由于系统规模较小,多采用集中式架构。但是,对于大规模应用,可能会超出集中式系统的处理能力。对于地域分散且对实时性要求高的网络应用,分布式架构有可能提供更实时的服务与更大的系统容量。

由于分布式发布订阅网络能够根据系统负载量动态地调整系统的规模,因此对于大规模运营的网络服务,有利于降低系统的运营成本。

从技术层面看,集中式系统更多关注于计算,而对于分布式发布订阅系统不仅要考虑计算的性能,还要考虑网络的性能。例如,要保证用户体验,降低服务的时延,不仅需要提高事件匹配算法的速度,还要考虑网络通信时延;在高可用性方面,不仅要考虑节点的高可用性,还要考虑网络故障情况下系统的高可用性。同时,解决问题的思路也会有变化,需要考虑分布式计算环境下的特点;因此,分布式缓存技术、负载均衡的路由算法、数据的优先级判定等技术成为解决问题的重要思路。由此,将会引出很多新的技术、架构和理论问题。

3.5.4 订阅模型与路由算法

在发布订阅系统中,事件是指发布者和订阅者之间所交互的信息,订阅是指订阅者对事件表达兴趣的方式。订阅模型定义系统能够支持的订阅条件,指明订阅者如何表达对事件子集的兴趣。

发布订阅系统的订阅模型分类很多,本节讨论最重要的两种模式:基于主题的发布订阅模式和基于内容的发布订阅模式。

1. 基于主题的发布订阅模式

最早的发布订阅模式是基于主题的,该模式被许多工业级的解决方案所实现(如 TIB/RV、iBus 以及 Vitria 的中间件产品、Talarian 的中间件产品),并形成了一些技术规范,如CORBA 通知服务、OMG DDS 规范、高级消息队列协议、WSN 规范等。

参与者可以发布事件,也可以订阅由关键字表示的主题。主题非常类似于分组的概念,这种相似性并不奇怪,因为最初的一些提供发布订阅的交互系统是基于 Isis 的组通信工具包,订阅模式也就自然地基于组。所以,订阅一个主题 T 可以视为成为 T 组成员,相应地,发布主题T 的事件也就是广播给所有主题 T 的成员。尽管组和主题有着类似的抽象,但它们通常是与不同的应用领域相关联的:分组用于保证在局域网中一个关键组件的复制品之间的强一致性,而主题用于大规模分布式交互模式。

主题模型很容易理解,其只依靠字符串作为关键字划分事件空间,具有平台互操作性。增强的基于主题的各种变体模式已经被各种不同的系统提出。最有效的改进是使用层次结构来组织主题。大多数基于主题的引擎提供了分级寻址,它允许程序员根据包含关系来组织主题。订阅者在订阅上层主题时,即涵盖了下层的各主题。主题的名称,通常表示为类似 URL 的符号。大多数系统允许主题名称包含通配符,提供了订阅和发布多个主题的可能性。

基于主题的发布订阅模式扩展了通道的概念,对事件内容按照主题进行分类;可以把主题看作事件的一个特殊的属性。基于这种粗粒度的划分,可以利用网络层组播技术(在支持 IP组播的网络域中)或者应用层组播技术,把一个主题映射到一个组播树,从而将事件分发给所有的订阅者。

在基于主题的系统中,事件匹配被规约为简单的表查找;当表的规模很大时,可以采用分布式哈希表(DHT)技术,如 Chord、Pastry、Tapestry 等。基于主题的发布订阅系统的路由算法,核心技术是组播树的构建,可以使用 IP 组播技术和应用层组播技术。由于其实现简单高效,吸引很多研究者开发各种原型系统。早期关于发布订阅系统的研究工作,大都关注于实现一个实际的分布式系统,比较知名的原型系统有 Bayeux、SCRIBE、Tera、Corona(Cornell Online News Aggregator)、NICE 等。在该领域的理论研究工作还有待深入开展。

由于基于主题的发布订阅系统实现简单高效,此类系统得到了较为广泛的部署应用。随着该模式的广泛应用,系统应用规模的不断扩大,将一个主题映射到一个组播树的模式也开始暴露出其不足,例如,系统总路由成本过高,且可能会形成系统中某些节点过载的同时某些节点却很空闲。总的说来,对于覆盖网络的构建与事件路由算法的设计,缺乏理论研究成果的指导。自 2007 年开始,IBM 以色列海法大学的 Chockler、美国亚利桑那州立大学的 Onus、多伦多大学的 Chen 等研究人员对基于主题的发布订阅覆盖网络最优构造算法开展了一系列研究工作,开始获得一些理论上的研究成果并能更好地指导工程实践活动。

由于基于主题的发布订阅系统实现简洁高效并天然地支持多播等特性,该技术也吸引了互联网路由技术研究者的兴趣。欧盟 FP7 的 PSIRP 项目组在 2009 年 SIGCOMM 发表了使用发布订阅路由技术来取代 IP 协议从而重新设计互联网架构的方案,并使网络具有缓存能力。近年来,世界各国都有基础研究项目在支持该方向的研究工作,例如,欧盟 FP7 中的 PURSUIT(2010—2013)、PLAY(2010—2013)、Convergence(2010—2013),美国自然科学基金项目 NDN(2010 至今),中国的国家重点基础研究发展计划项目 SOFIA(2012—2016)等。

2. 基于内容的发布订阅模式

基于主题的发布订阅类型代表静态模式,只提供了有限的表达力。基于内容的发布订阅模式通过引入基于事件实际内容的订阅方案,改善了发布订阅系统表达能力。换言之,事件不是以一些预定义的外部标准(如主题名称)进行分类的,而是根据事件本身的属性进行分类的。

订阅条件通常用一个三元组(属性名,谓词,属性值)表示,如"(体温,＞,38.5)"表示"体温高于 38.5 摄氏度"的订阅条件,订阅条件中的谓词通常是一些逻辑运算符,如"＝""!=""＞""＜""＞＝""＜＝"等。简单订阅条件可以形式化地表示为一个布尔谓词。复杂订阅条件可以表示为多个布尔谓词的逻辑运算。如"(体温,＞,38.5)&&(血压,＜,70)"表示"体温高于 38.5 摄氏度,并且血压低于 70 毫米汞柱"(1 毫米汞柱≈133.32 帕)。

基于内容的订阅,可以根据事件的属性从多个维度选择过滤条件,不需要受到预定义的主题的约束,订阅者获得更大的灵活性。但是,丰富的表现力和选择性订阅增加了事件匹配算法的复杂度,带来了路由性能的下降,特别是如果系统中接收到大量的订阅信息,节点的订阅表将会快速增长,可能会超出节点的处理能力。节点的过载将导致系统吞吐量的急剧下降,端到端延时的增加,从而大大限制了其应用规模。

基于内容的发布订阅系统虽然具有很强的表达能力,但也使其复杂度大大增加;复杂而昂贵的过滤和路由算法限制了其大规模应用。基于内容的路由算法的研究工作一直吸引着大量的研究者,例如,IBM 研究院的 Gryphon 项目,美国科罗拉多大学的 SIENA 系统,美国普林斯顿大学的 DADI(Discovery,Analysis and Dissemination of Information)项目,加拿大多伦多大学的 PADRES 项目,美国加州大学圣巴巴拉分校的 Meghdoot,等等。

分布式发布订阅系统最核心的机制是事件路由机制,与其相关的技术主要包括三个部分:订阅信息管理技术、事件匹配技术、事件转发(Event Forwarding)技术。这三种技术在事件路由机制的设计中相互影响、协同工作,发挥着不同的作用。

订阅信息管理技术就是如何用尽量小的订阅表、尽量少的网络流量来完成订阅信息的管理工作的一项技术。

事件匹配是指,给定一条事件数据和一个订阅条件,判定该事件是否符合订阅条件的过程。在实际系统中,事件匹配的概念就是给定一个订阅表,订阅表包含一组订阅条件,当一条事件数据产生时,匹配算法可以计算出与该事件匹配的订阅。发布订阅系统的事件匹配算法需要判定一条事件数据需要发给哪些订阅。现有事件匹配算法可以分为两大类:基于计数的算法(Counting-based Algorithm)和基于树的算法(Tree-based Algorithm)。①基于计数的算法即为每个订阅维护一个计数器,用来记录当前事件满足该订阅的谓词数量。给定一个事件,算法遍历该事件的所有属性。遍历所有属性后,算法返回所有计数器值等于其谓词个数的订阅,即与该事件匹配的订阅。②基于树的算法将订阅组织为一个有根搜索树。树的第 i 层的每个节点代表一个属性 p_i,每个节点最多有三个后继节点,分别代表 $p_i \in \{0,1,*\}$ 中不同的值。给定一个事件 $e \in \{0,1\}^k$,搜索树从根节点开始遍历;在每个节点,根据事件的属性值的条件测试结果,来确定下一步要走的分支。所有在叶子节点获得的订阅,即与该事件匹配的订阅。

事件的传送(Event Delivery)效率依赖于两个方面的因素:①事件匹配算法的效率;②事件转发的路径选择。这两个因素分别代表了计算与通信两个方面。

事件路由的主要问题是算法的可伸缩性(Scalability)。可伸缩性好是指,发布订阅覆盖网络中节点个数、订阅数量、事件发布数量的大规模增加都不会带来严重的性能下降。

研究者提出了各种方案来改进订阅信息管理技术,从而减小订阅表的规模,降低订阅表内存消耗,提高事件匹配的速度。这些方案主要包括订阅的覆盖算法、吸收算法、合并算法。①订阅的覆盖是指当所有匹配订阅 S2 的事件都匹配订阅 S1,则称订阅 S1 覆盖订阅 S2。②订阅吸收(订阅包含)是指一个新的订阅被一组已经存在的订阅所覆盖。③订阅合并是指用一个订阅来获得与一组订阅相同的效果,以减少订阅表的规模。

通过订阅信息管理技术可以减小订阅表规模,同时,也可通过提高事件匹配算法的性能来提高匹配速度。最初,一些经典的规则匹配算法(如 RETE 算法)被用来实现基于内容的事件匹配,但是随着系统规模的增大,传统算法在可伸缩性方面的不足开始暴露出来。研究者开始设计更高效的匹配算法,例如 BE-Tree 算法;甚至考虑用 FPGA 硬件来实现这些算法,以提高事件匹配速度。

在网络通信方面,为了减少端到端的通信时延,一方面可以通过减少事件转发过程中在覆盖网络中的跳数,比如,对于最小最大时延而言,就是减小覆盖网络拓扑图的直径(Diameter);另一方面,可以通过减少每跳的时延,具体而言,就是希望覆盖网络拓扑与底层网络拓扑尽量匹配。

虽然基于内容的发布订阅系统在一定的范围内取得了成功,但是仍然面对很多挑战。目前,仍然缺乏真正能够在互联网上大规模部署的具有可伸缩性的路由算法,也缺乏标准的数据集来评估比较各种算法的可伸缩性。

3. 模式小结

不同模式的发布订阅系统提供了不同程度的表达能力和不同的性能开销。

基于主题的发布订阅模式,虽然具有简单、低时延等优势,但是由于主题的模糊性,订阅者会收到很多实际不需要的消息,从而给网络带来了大量不必要的流量。

基于内容的发布订阅模式具有较强的表达能力,但需要复杂和昂贵的过滤和路由算法,并因此限制了系统的可伸缩性。文献[10]提出的基于大规则集的快速近似匹配算法为解决此类问题提供一些新思路。该方法通过将规则集实例化,将实例化的规则集用布隆滤波器来存储,实现了 $O(1)$ 性能的匹配算法。

另外,近年来随着基于 OpenFlow 的软件定义网络(SDN,Software Defined Networking)技术的发展,也为此提供了新的研究思路。

3.5.5 机遇与挑战

发布订阅是一种适于大规模松耦合分布式系统的交互范式,在信息生产者与信息消费者之间实现了时间、空间、同步三个维度的解耦。这种松耦合的特性允许交互的参与者彼此独立操作,独立演进。

在实现层面,系统架构的可伸缩性仍然是一个关键的问题。因为发布订阅交互可以构建在多种通信机制上,很容易受限于不恰当的架构设计,尤其是没有考虑良好可伸缩性设计的基础架构。可伸缩性也经常与其他需求相冲突,例如,丰富的表现力和选择性订阅需要复杂和昂贵的过滤和路由算法,并因此限制了系统的可伸缩性。

虽然发布订阅模式为大规模分布式网络服务提供了良好的编程抽象,但如何设计高性能的算法来大规模部署此类系统仍然是一个有待研究的问题。

系统的可伸缩性、订阅语言的表达能力和覆盖网络的服务质量(QoS)是发布订阅系统的主要性能指标,但这些指标往往是相互矛盾的,需要根据具体需求权衡利弊,找到合理的均衡点。

3.5.6 应用

随着网络服务中大规模数据分发需求的产生,发布订阅服务得到了网络服务运营者的广泛重视和应用。特别是基于主题的发布订阅系统,由于其简洁高效的特性,近年来被雅虎、谷歌、LinkedIn 等大型互联网公司引入实际系统中。这些公司在工程实践上的大笔投入,使得大规模分布式发布订阅技术更具有实用性和健壮性。

1. 雅虎

YMB(Yahoo! Message Broker)是一个基于主题的消息发布订阅系统,是雅虎公司数据服务平台 PNUTS 的核心基础设施之一。PNUTS 是一个分布式的数据存储平台,是雅虎公司的云计算基础设施的核心组件之一。PNUTS 使用 YMB 的发布订阅机制来实现数据的复制与同步。

截止到 2011 年年初,雅虎已经有超过 100 种应用服务部署在 PNUTS 系统上(大部分都是 2010 年到 2011 年部署的),部署范围从最初的 4 个数据中心到后来的 18 个数据中心,系统规模从几十台服务器扩展到几千台服务器。

2. 谷歌

2011 年,谷歌公司发布了一个名叫 Thialfi 的大规模通知服务系统。Thialfi 是一个互联网规模的基于主题的发布订阅系统,运行在谷歌的多个数据中心,用于互联网应用程序的客户端通知服务。

Thialfi 支持多种编程语言编写的应用程序,可以运行在多种平台上,例如,浏览器、手机和台式计算机。应用程序注册它们感兴趣的一组共享对象,这些对象变化时接收通知。在产品使用方面,该服务已经被部署应用于几种流行的谷歌应用程序中,如 Chrome、Google Plus 和 Contacts 等。

在线部署评估证实 Thialfi 是可伸缩的、高效的、健壮的系统。该服务可以扩展到数亿的用户规模和几十亿规模的数据对象,通常情况提供次秒级的延迟,即使存在各种各样的故障,也能够保证交付。

3. Kafka

Kafka 是由 LinkedIn 设计的一个高吞吐量、分布式、基于发布订阅模式的消息系统,使用 Scala 编写,它因可水平扩展、可靠性、异步通信和高吞吐率等特性而被广泛使用。目前越来越多的开源分布式处理系统都支持与 Kafka 集成,其中 Spark Streaming 作为后端流引擎配合 Kafka 作为前端消息系统正成为当前流处理系统的主流架构之一。

首先,了解有关 Kafka 的几个基本概念。

Topic:Kafka 把接收的消息按种类划分,每个种类都称为 Topic,由唯一的 Topic Name 标识。

Producer：向 Topic 发布消息的进程称为 Producer。

Consumer：从 Topic 订阅消息的进程称为 Consumer。

Broker：Kafka 集群包含一个或多个服务器,这种服务器被称为 Broker。

典型的 Kafka 集群包含一组发布消息的 Producer,一组管理 Topic 的 Broker,和一组订阅消息的 Consumer。Topic 可以有多个分区,每个分区只存储一个 Broker。Producer 可以按照一定的策略将消息划分给指定的分区,如简单的轮询各个分区或者按照特定字段的哈希值指定分区。Broker 需要通过 ZooKeeper 记录集群的所有 Broker、选举分区的 Leader,记录 Consumer 的消费消息的偏移量,以及在 Consumer Group 发生变化时重新进行负载均衡。Broker 接收和发送消息是被动的,即由 Producer 主动发送消息,Consumer 主动拉取消息。

4. MQTT

消息队列遥测传输协议(MQTT,Message Queuing Telemetry Transport)是一种基于发布订阅模式的"轻量级"通信协议,该协议构建于 TCP/IP 协议上,由 IBM 在 1999 年发布。MQTT 最大优点在于可以以极少的代码和有限的带宽,为连接远程设备提供实时可靠的消息服务。作为一种低开销、低带宽占用的即时通信协议,其在物联网、小型设备、移动应用等方面均有较广泛的应用。

MQTT 是一个基于客户端-服务器的消息发布订阅传输协议。MQTT 协议是轻量、简单、开放和易于实现的,这些特点使它适用范围非常广泛。在很多情况下也适用于受限的环境中,如机器与机器(M2M)通信和物联网(IoT)。

MQTT 协议是为工作在低带宽、不可靠的网络中的远程传感器和控制设备之间进行通信而设计的协议,它具有以下主要特性。

(1) 使用发布订阅消息模式,提供一对多的消息发布,解除应用程序耦合

这一点很类似于 XMPP,但是 MQTT 的信息冗余远小于 XMPP,因为 XMPP 使用 XML 格式文本来传递数据。

(2) 对负载内容屏蔽的消息传输

(3) 使用 TCP/IP 提供网络连接

主流的 MQTT 是基于 TCP 连接进行数据推送的,但是同样有基于 UDP 的版本,叫作 MQTT-SN。这两种版本由于基于不同的连接方式,优缺点自然也就各有不同了。

(4) 有三种消息发布服务质量

① "至多一次",消息发布完全依赖底层 TCP/IP 网络。这种发布会造成消息丢失或重复。这一级别可用于如下情况,环境传感器数据,丢失一次读记录无所谓,因为传感器数据是定时发送的,不久后还会有第二次发送。这一种方式主要用于普通 App 的推送,倘若用户的智能设备在消息推送时未联网,推送时没收到,再次联网也就不会收到了。

② "至少一次",确保消息到达,但可能会发生消息重复的情况。

③ "只有一次",确保消息到达一次。在一些要求比较严格的计费系统中,可以使用此级别。在计费系统中,消息重复或丢失会导致不正确的结果。这种最高质量的消息发布服务还可以用于即时通信类的 App 的推送,确保用户收到且只会收到一次消息。

(5) 小型传输,开销很小(固定长度的头部是 2 字节),协议交换最小化,以降低网络流量

这就是 MQTT 非常适合在物联网领域被用来实现传感器与服务器的通信以及信息收集

的原因,嵌入式设备的运算能力和带宽都相对薄弱,使用这种协议来传递消息再适合不过了。

（6）使用 Last Will 和 Testament 特性通知有关各方客户端异常中断的机制

Last Will 即遗言机制,用于通知同一主题下的其他设备发送遗言的设备已经断开了连接。

Testament 即遗嘱机制,功能类似于 Last Will。

3.6　微　服　务

微服务（Microservices）这一概念出现于 2012 年。在现代化企业应用开发中,微服务架构是一个很重要的趋势。相对于大量分散的应用程序以及它们高昂的维护费用和基础设施开销,基于微服务的应用程序把各种功能打散,形成一系列的小型服务,然后通过 API 连接。这一方法使应用的各个元素可以独立地更新和扩展。

传统的 SOA 面向组织创建一个广泛的架构,以确保人们可以重用资源。高度的重用要求创建合适的编排,这可以把不同的孤岛系统联系到一起。微服务正是对传统 SOA 的解读。微服务架构可以与现代化移动优先的应用开发方法融洽地结合,可以轻松地与 DevOps 流程融合。

许多流行的网站和服务都是使用微服务模型构建的,亚马逊就是一个著名的例子。在亚马逊,小型 DevOps 团队负责构建和维护运行在网站上的各种微服务,亚马逊的主页使用了200 个甚至更多的微服务。微服务模型还意味着它可以提升服务性能。

3.6.1　微服务架构

微服务的基本思想在于考虑围绕着业务领域组件来创建应用,这些应用可独立地进行开发、管理和加速。在分散的组件中使用微服务架构,使部署、管理和服务功能交付变得更加简单。

图 3-6 和图 3-7 展示了传统架构和微服务架构中组件之间交互方式的变化。

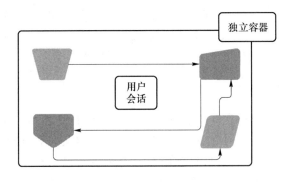

图 3-6　传统架构中组件之间的交互方式

在微服务环境下,安全性往往成为最大的挑战。在微服务架构中,各服务分别部署在分布式系统中的多套容器里,如图 3-7 所示。各服务接口不再存在于本地,而是通过 HTTP 进行远程接入。

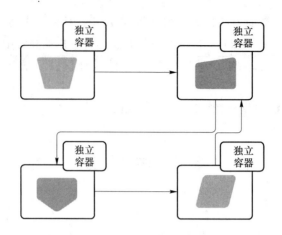

图 3-7　不同微服务之间的交互方式

3.6.2　微服务安全概述

微服务架构通过定义分布式特征来获得灵活性,系统中的服务能够以分散的方式独立开发和部署。从安全角度讲,这种开放架构的缺陷是因攻击面增加而使系统现在更脆弱了。开放的端口更多,API是公开的,而且安全保护变得更复杂。

在保护微服务安全时,需要从以下几个方面入手。

① 保护开发生命周期与测试自动化机制:微服务背后的核心驱动力在于提升投付生产的速度。我们需要向服务中引入变更,加以测试后立即将成果部署至生产环境。为了确保在代码层面中不存在安全漏洞,需要制定规划以进行静态代码分析与动态测试——更重要的是,这些测试应当成为持续交付流程的组成部分。任何安全漏洞都需要在早期开发周期内被发现,另外反馈周期也必须尽可能地缩短。

② DevOps安全:微服务部署模式可谓多种多样,但其中使用最为广泛的是主机服务模式。主机所指的并不一定是物理设备,也可能是容器(Docker)。我们需要对容器层面的安全进行关注。该如何确保各容器之间得到有效隔离且在容器与主机操作系统之间采取怎样的隔离水平是需要考虑的问题。

③ 应用级别安全:该如何验证用户身份并对其微服务访问操作进行控制,并且怎样保障不同微服务之间的通信安全是需要考虑的问题。

具体而言,需要从三个方面考虑微服务的安全机制:通信安全、身份认证、访问控制。

3.6.3　通信安全

实现通信安全的机制有两个:基于令牌的方案和基于TLS相互验证。

基于JSON网络令牌(JWT,JSON Web Token)负责定义一套容器,旨在完成各方之间的数据传输。基于TLS相互验证,要求每项微服务都拥有自己的证书。这两种方法的区别在于,JWT验证机制中JWS可同时携带最终用户身份以及上游服务身份。而TLS相互验证则只在应用层传输最终用户身份。

下面重点介绍基于JWT的通信安全机制,如图3-8所示。

已签名JWT被称为JWS(即JSON网络签名),加密JWT被称为JWE(即JSON网络加密)。

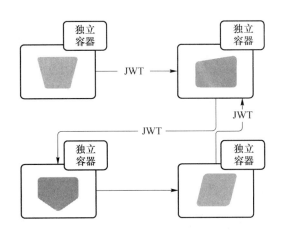

图 3-8　JWT

来自某一微服务并将被传递至另一微服务的用户上下文可伴随 JWS 一同传递。由于 JWS 由上游微服务的某一已知密钥进行签名,因此 JWS 会同时包含最终用户身份(在 JWT 中声明)以及上游微服务身份(通过签名实现)。为了接收 JWS,下游微服务首先需要根据 JWS 中的嵌入公钥对 JWS 的签名进行验证。另外还需要检查该密钥是否受信。不同微服务之间可通过多种方式建立受信关系。可以为微服务相互之间配置受信证书。很明显,这种方式在规模化微服务部署环境中并不可行。因此需要建立一套专有证书中心(简称 CA),同时可以为不同微服务组设置中介证书中心。现在,相较于互相信任及各自分配不同的证书,下游微服务将只需要信任根证书授权或者中介机制即可。这能够显著降低证书配置所带来的管理负担。

每项微服务都需要承担 JWT 验证成本,其中还包含用于验证令牌签名的加密操作。微服务层级中的 JWT 会进行缓存,而非每次进行数据提取,这就降低了重复令牌验证造成的性能影响。缓存过期时间必须与 JWT 的到期时间相匹配。正是由于这种机制,如果 JWT 的过期时间设定得太短,则会给缓存性能造成严重影响。

3.6.4　身份认证

微服务集与外部世界的连通一般经由 API 网关模式实现,如图 3-9 所示。利用 API 网关模式,需要进行声明的微服务能够在该网关内获得对应的 API。当然,并不是所有微服务都需要立足于 API 网关实现声明。

要想通过 API 网关访问某项微服务,请求发起方必须首先获得有效的 OAuth 令牌。系统能够以自身角色访问微服务,也可以作为其他用户实现访问。对于后一种情况,假设用户登录至某 Web 应用,那么此后该 Web 应用即可以所登录用户的身份进行微服务访问。最终用户对微服务的访问(通过 API 实现)应当在边界或者 API 网关处进行验证。

目前最为常见的 API 安全保护模式为 OAuth 2.0。

OAuth 2.0 是一套作为访问代表的框架,它允许某方对另一方进行某种操作。客户端可利用此协议获取资源拥有方的许可,从而代表拥有方进行资源访问。

OAuth 的参与实体至少有如下三个。

- RO (Resource Owner):资源拥有者,对资源具有授权能力的人。
- RS (Resource Server):资源服务器,它存储资源,并处理对资源的访问请求。如谷歌资源服务器所保管的资源就是用户的照片。

- 客户端：第三方应用，它获得 RO 的授权后便可以去访问 RO 的资源。如网易印象服务。

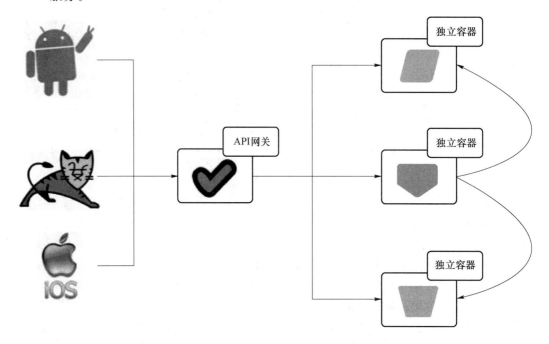

图 3-9　基于 API 网关的边界安全

此外，为了支持开放授权功能以及更好地描述开放授权协议，OAuth 引入第四个参与实体 AS（Authorization Server）：认证服务器，它认证 RO 的身份，为 RO 提供授权审批流程，并最终颁发访问令牌（Access Token）。读者请注意，为了便于协议的描述，这里只是在逻辑上把 AS 与 RS 区分开来，而在物理上，AS 与 RS 的功能可以由同一个服务器来提供服务。

OAuth 为了支持这些不同类型的第三方应用，提出了多种授权类型，如授权码授权（Authorization Code Grant）、隐式授权（Implicit Grant）、RO 凭证授权（Resource Owner Password Credentials Grant）、Client 凭证授权（Client Credentials Grant）。

OAuth 协议的基本流程如下，如图 3-10 所示。

① 客户端请求 RO 的授权，请求中一般包含：要访问的资源路径，操作类型，客户端的身份等信息。

② RO 批准授权，并将"授权证据"发送给客户端。至于 RO 如何批准，这个是协议之外的事情。典型的做法是，AS 提供授权审批界面，让 RO 显式批准。

③ 客户端向 AS 请求"访问令牌（Access Token）"。此时，客户端需向 AS 提供 RO 的"授权证据"，以及客户端自己身份的凭证。

④ AS 验证通过后，向客户端返回"访问令牌"。访问令牌也有多种类型，若为 bearer 类型，那么谁持有访问令牌，谁就能访问资源。

⑤ 客户端携带"访问令牌"访问 RS 上的资源。在令牌的有效期内，客户端可以多次携带令牌去访问资源。

⑥ RS 验证令牌的有效性，如是否伪造、是否越权、是否过期，验证通过后，才能提供服务。

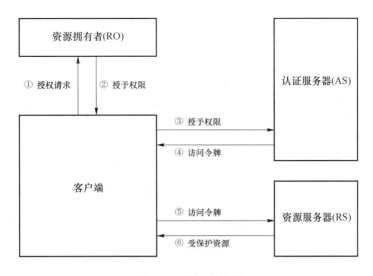

图 3-10 OAuth 协议

3.6.5 访问控制

授权属于一项业务功能。每项微服务可以决定使用何种标准以允许各项访问操作。从简单的授权角度来讲,我们可以检查特定用户是否向特定资源执行了特定操作。将操作与资源加以结合,就构成了权限。授权检查会评估特定用户是否具备访问特定资源的最低必要权限集合。该资源能够定义谁可以进行访问,可在访问中具体执行哪些操作。为特定资源声明必要权限可通过多种方式实现。

可扩展访问控制标记语言(XACML,eXtensible Access Control Markup Language)已经成为细粒度访问控制领域的客观标准。其引入的方式能够代表访问某种资源所需的权限集,且具体方法采用基于 XML 的特定域语言(DSL,Domain-Specific Language)编写而成。

首先,策略管理员需要通过策略管理点(PAP,Policy Administration Point)定义 XACML 策略,而这些策略将被保存在策略存储内。要检查特定实体是否拥有访问某种资源的权限,策略执行点(PEP,Policy Enforcement Point)需要拦截该访问请求,创建一条 XACML 请求并将其发送至 XACML 策略决策点(PDP,Policy Decision Point)。该 XACML 请求能够携带任何有助于在 PDP 上执行决策流程的属性。举例来说,其能够包含拒绝标识符、资源标识符以及特定对象将对目标资源执行的操作。需要进行用户授权的微服务则需要与该 PDP 通信并从 JWT 中提取相关属性,从而建立 XACML 请求。策略信息点(PIP,Policy Information Point)会在 PDP 发现 XACML 请求中不存在策略评估所要求的特定属性时介入。在此之后,PDP 会与 PIP 通信以找到缺失的对应属性。PIP 能够接入相关数据存储,找到该属性而后将其返回至 PDP。其架构如图 3-11 所示。

远程 PDP 模式存在几大弊端,其可能与微服务的基本原则发生冲突。

- 性能成本:每一次被要求执行访问控制检查时,对应微服务都需要通过线缆与 PDP 进行通信。当该决策被缓存在客户端时,此类传输成本与策略评估成本将得到有效降低。不过在使用缓存机制时,我们也有可能根据陈旧数据进行安全决策。
- PIP 的所有权:每项微服务都应当拥有自己的 PIP,其了解要从哪里引入实现访问控制所必需的数据。在以上方案中,我们建立起一套"整体式"PDP,包含全部 PIP,这些 PIP 对应着全部微服务。

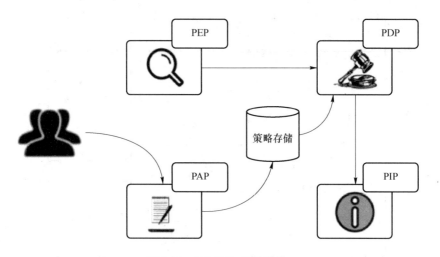

图 3-11　XACML 组件架构

嵌入式 PDP 将遵循一类事件模式,具体如图 3-12 所示,其中每项微服务都会订阅其感兴趣的主题以从 PAP 处获取合适的访问控制策略,而后更新其内嵌 PDP。可以通过微服务组或者全局多租户模型获取 PAP。当出现新策略或者策略存在更新时,该 PAP 会向对应的主题发布事件。

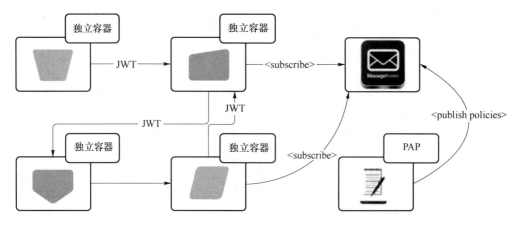

图 3-12　嵌入式 PDP 架构

3.7　本章小结

大数据服务系统的构建离不开分布式计算模式,软件架构决定了系统的处理能力、可扩展性、灵活性、安全机制等诸多特性。

SOA 是现代软件架构的主导架构。实现 SOA 架构的两个主流模式是 Web Services 和 RESTful 风格的网络服务。Web Services 是面向功能的,RESTful 风格的网络服务是面向资源的。基于 SOAP 消息格式的 Web Services 和基于 JSON 消息格式的 RESTful 风格的网络服务都得到了广泛的应用。为了提高服务调用的效率,也可以采用接口描述语言(IDL)定义并创建服务,如谷歌的 Protocol Buffers,Facebook 的 Thrift,还有开源的 Apache Avro 系统。

随着互联网内容的爆炸式增长、用户数量和设备数量的激增,事件驱动的异步通知模式作为一种互补,在互联网服务中日益流行。事件驱动的异步处理机制是解决主动服务问题的关键技术。发布订阅技术是实现大规模事件驱动网络服务机制的一种有效手段。发布订阅系统被认为是一种有效的信息分发方法。发布订阅模式是对数据生产者、数据消费者之间的交互模式的一种抽象,能够自然地提供生产者与消费者之间多对多的事件驱动交互模式。发布订阅技术已经广泛应用于谷歌、雅虎、LinkedIn 等企业的大型互联网服务中,在物联网服务中被广泛使用的 MQTT 协议也是基于发布订阅模式的。

为了降低维护费用和基础设施开销,微服务架构开始流行。微服务的基本思想在于考虑围绕着业务领域组件来创建应用,这些应用可独立地进行开发、管理和加速。使用微服务架构,使部署、管理和服务功能交付变得更加简单。在微服务环境下,安全性成为最大的挑战。本章从三个方面介绍了微服务的安全机制:通信安全、身份认证、访问控制。

本章参考文献

[1] 喻坚,韩燕波. 面向服务的计算——原理和应用[M]. 北京:清华大学出版社,2006.

[2] Representational state transfer[EB/OL]. [2018-09-14]. https://en. wikipedia. org/wiki/Representational_state_transfer.

[3] Microservices[EB/OL]. [2018-09-14]. https://en. wikipedia. org/wiki/Microservices.

[4] Schroeder A. Microservice architectures[EB/OL]. http://www. pst. ifi. lmu. de/Lehre/wise-14-15/mse/microservice-architectures. pdf.

[5] 优云数智. 论微服务安全[EB/OL]. (2016-06-07)[2018-09-14]. https://segmentfault. com/a/1190000005891501.

[6] 程渤,陈俊亮,章洋,等. 网络信息服务的演进[J]. 中国计算机学会通讯,2010,6(9): 12-15.

[7] 朱达. 基于事件的服务协同及通信服务提供技术研究[D]. 北京:北京邮电大学,2011.

[8] 石瑞生. 物联网服务平台发布订阅关键技术研究[D]. 北京:北京邮电大学,2013.

[9] 石瑞生,章洋,陈俊亮,等. EDSOA 服务平台中发布订阅网络基础服务的设计[J]. 计算机集成制造系统,2012,18(8): 1659-1666.

[10] Shi Ruisheng, Zhang Yang, Lan Lina, et al. Summary instance:scalable event priority determination engine for large-scale distributed event-based system[J]. International Journal of Distributed Sensor Networks,2015(8): 400-406.

[11] Adya A,Cooper G,Myers D,et al. Thialfi:a client notification service for Internet-scale applications[C]//SOSP. New York:ACM,2011:129-142.

[12] Kreps J,Narkhede N,Rao J. Kafka:a distributed messaging system for log processing[C]// NetDB. Athens:[s. n.],2011.

第 4 章

可信计算环境

4.1 本章引言

安全问题一直是计算机领域的重要问题,不同时代对于计算机安全问题的技术手段也不同。可信计算是一项新兴的革命性技术,通过可信计算可完善计算机体系结构,取得革命性的突破,解决新形势下的安全问题。本章将介绍可信计算环境的相关内容。可信计算是指在硬件平台引入安全芯片架构,通过其提供的安全特性来提高终端系统的安全性,从而从根本上实现对各种不安全因素的防御的安全技术。本章将介绍可信执行环境(TEE)的概念、架构原理与应用,同时介绍以硬件支持为基础的构建方法,并以 ARM TrustZone 为例,进一步解释可信执行环境在实际环境中的运行,最后将会介绍 Intel 最新提供的 SGX 技术,从多个方面来展示可信执行环境。

4.2 可信执行环境

4.2.1 可信执行环境的基本概念

可信执行环境(TEE,Trusted Execution Environment)由 GlobalPlatform(GP)[①]提出,是移动设备(包含智能手机、平板计算机、机顶盒、智能电视等)主处理器上的一个安全区域,其可以保证加载到该环境内部的代码和数据的安全性、机密性以及完整性。TEE 提供一个隔离的执行环境,提供的安全特征包含:隔离执行、可信应用的完整性、可信数据的机密性、安全存储等。此外,TEE 通过创建一个可以在 TrustZone 的"安全世界"中独立运行的小型操作系统来实现,该操作系统以系统调用(由 TrustZone 内核直接处理)的方式直接提供少数的服务。

在移动设备上,TEE 环境与移动操作系统(OS,Operating System)并行存在,为丰富的移动 OS 环境提供安全功能。运行在 TEE 的应用称为可信应用(TA,Trusted Apps),其可以访问设备主处理器和内存的全部功能,硬件隔离技术保护其不受安装在主操作系统环境的用户

[①] GlobalPlatform(GP)是跨行业的国际标准组织,致力于开发、制定并发布安全芯片的技术标准,以促进多应用产业环境的管理及其安全、可互操作的业务部署。其目标是创建一个标准化的基础架构,加快安全应用程序及其关联资源的部署,如数据和密钥,同时保护安全应用程序及其关联资源免受软件方面的攻击。

App 影响。而 TEE 内部的软件和密码隔离技术可以保护每个 TA 不相互影响,这样可以为多个不同的服务提供商同时使用,而不影响安全性。总体来说,TEE 提供的执行空间比常见的移动操作系统(如 iOS、安卓等)提供更高级别的安全性;比安全元素(SE,Secure Element,如智能卡、SIM 卡等)提供更多的功能,但安全性要低一些。TEE 能够满足大多数应用的安全需求,实现安全和成本的平衡。

GlobalPlatform(GP)和可信计算工作组(TCG)近年来都在开展 TEE 方面的工作,前者以制定 TEE 的标准规范为主,后者试着将 TEE 规范与其可信平台模块规范进行结合以加强移动设备的安全性和可信性,形成的最新规范为 TPM 2.0 Mobile。

4.2.2　TEE 的架构

TEE 是一个与 Rich OS① 并行运行的独立执行环境,为 Rich 环境提供安全服务。TEE 独立于 Rich OS 和其上的应用,来访问硬件和软件安全资源。

如图 4-1 所示,TEE 为 TA 提供了安全执行环境;它同时提供保密性、完整性并对所属 TA 的资源和数据提供访问权限的控制。为保证 TEE 有可信的 root,在安全启动过程中,TEE 首先进行鉴权,然后从 Rich OS 中隔离出来。在 TEE 内部,TA 之间是互相独立的,在未授权访问的情况下,一个 TA 不能执行其他 TA 的资源。TA 可以来自不同的应用提供商。

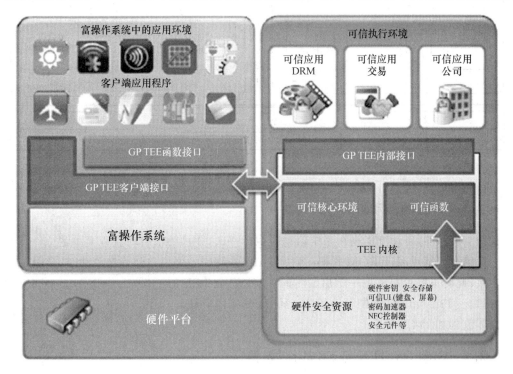

图 4-1　GP TEE 总体架构

---

① TEE 是与移动终端设备上的多媒体执行环境(REE,Rich Execution Environment)并存的运行环境,富操作系统(Rich OS,Rich Operating System)通常是安卓系统或苹果手机的 iOS 系统运行在 REE 环境中。REE 通常是安卓或 iOS 等移动终端操作系统的运行环境,包含客户端应用(CA,Client Application)、TEE 功能 API、TEE 客户端 API 及富操作系统部件等模块。

如图 4-1 与图 4-2 所示,TA 通过 TEE 内部 API 来获取安全资源和服务的访问权限,这里所述的安全资源和服务包括密钥注入和管理、加密算法、安全存储、安全时钟、可信用户界面(UI)、可信键击,等等。已公布的 TEE 客户端 API 是一个底层的通信接口,接口的设计目的是使 Rich OS 中的 CA 可以与 TEE 中的 TA 进行交互。TEE 客户端 API 规范可以从 GP 网站进行下载。最后,为了完善整个生态系统,TEE 功能性接口将给 CA 提供一系列"Rich OS 友好"的 API 接口,这些接口会以 Rich OS 应用开发者熟悉的编程模式提供,允许访问 TEE 的部分服务,如加密算法或安全存储。TEE 功能性接口的定义也列为 GP TEE 交付成果的一部分。

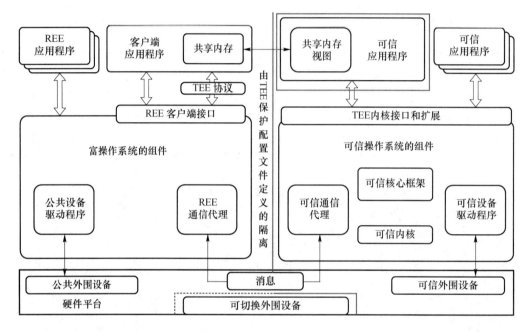

图 4-2　TEE 软件架构

4.2.3　TEE 的启动过程

按照 GP 标准,启动流程只在系统启动时执行一次,并且要求启动流程至少建立一个信任根。一般情况下启动基于 ROM 代码,当可信操作系统(Trusted OS)首先启动时,会阻止 REE 接口生效,此时系统可以实现一个启动时的 TEE(完全 TEE 的子集)。一般 Trusted OS 启动有两种情况:Trusted OS 首先启动和 Trusted OS 按需启动。

具体流程如图 4-3 所示。

4.2.4　Rich OS、TEE 与 SE 的比较

TEE 为设备安全提供了框架,在 Rich OS 和安全元素(SE)之间提供了一个安全层。当前,移动安全的解决方案还是主要依赖于 SE,SE 方案要求提供一种大多数金融机构,包括银行和信用卡公司都支持的安全控制机制。然而,几个少数应用场景缺少迫切的安全需求,并且由于 SE 的性能、交互及用户体验受限等问题,也并没有很好地应用起来。总体来说,安全级别和财产的重要性是需要权衡的,高安全性需要在速度、易用性和用户体验上进行折中。

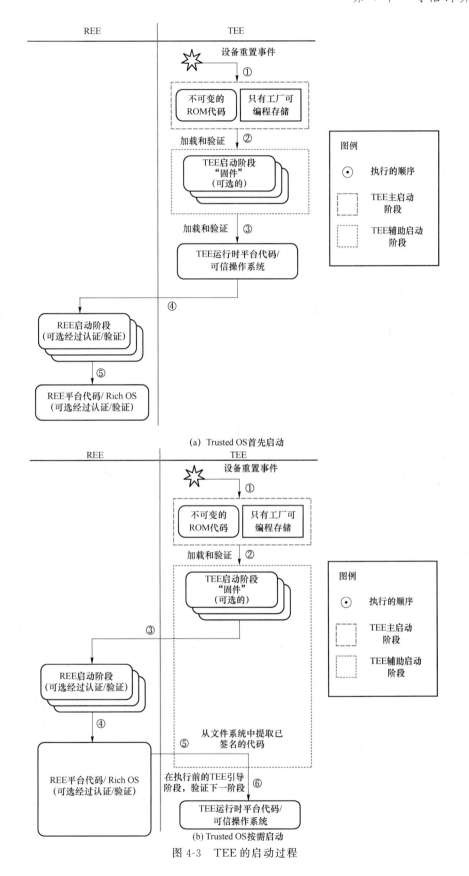

图 4-3 TEE 的启动过程

TEE 和 SE 比较如下。

- 虽然 SE 应用了高级别的安全性来保障移动支付,但也不是所有的交易都需要那么高的安全级别,对安全的需求还取决于交易类型、交易金额、用户特征及交易历史。
- 企业网的连接可以通过鉴权和加密的方式保护起来,TEE 完全可以提供这样的保护,同时在性能上与 Rich OS 达到相同的效果。
- TEE 是做数字版权管理(DRM,Digital Rights Management)的理想环境,可以保护应用或内容从 App 商店下载的安全。相比之下,在 Rich OS 中的下载环境是很容易伪造的。

通过比较可以发现,Rich OS 作为富环境是很容易受到攻击的,而 SE 虽然很难遭到攻击,但在使用方面有很大的局限性,TEE 在 Rich OS 的性能和 SE 的安全方面进行了折中。

图 4-4 展示了几个特定环境——Rich OS、TEE 和 SE 的安全和应用特征。然而,这些能力特征在不同环境下是不一样的,图中通过箭头的高和宽来表示。总体来说,TEE 提供了一个比 Rich OS 更加安全的执行空间;尽管安全级别达不到 SE 的程度,但对于大多数应用而言已经足够了。而且,TEE 提供了比 SE 更快的处理速度和更强大的内存访问能力。由于 TEE 提供了比 SE 更多的用户接口和外部连接能力,人们就可以在 TEE 上开发安全应用,这些安全应用可以给用户提供 Rich OS 一样的用户体验。此外,由于 TEE 是独立于 Rich OS 的执行环境,它在提供 Rich OS 的功能的同时又保障了足够的安全。尤其地,TEE 可以抵挡 Rich OS 下的软件攻击(如获取 OS 的 root、越狱、恶意软件等)。相比而言,SE 提供了健壮的物理特性,可抵抗高级别侧信道攻击,因此,SE 具有最高级别的安全认证(等同于智能卡的 EAL4＋及以上级别)。SE 具有可移动性,支持安全和数据的可移植(就像 UICC 或 microSD 那样),可以在不同设备上移动。具有近场通信(NFC,Near Field Communication)功能的 SE,还可以在设备低电量或关机模式下使用。最后,可以得到这样的结论:安全是需要妥协的,它需要在保护成本和攻击成本间进行平衡。结论中还包含以下几点需要考虑的因素:

- 用户使用的便利性;
- 培养和支持用户的成本;
- 对资源保护产生的直接和间接成本;
- 以其他方式攻击资源的攻击成本;
- 攻击者对可攻击资源的察觉度。

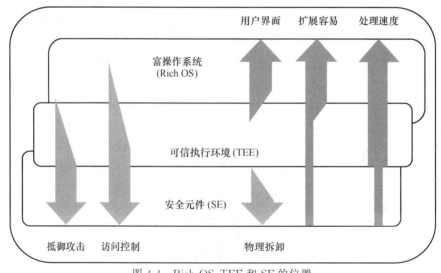

图 4-4 Rich OS、TEE 和 SE 的位置

图 4-5 描述了与 Rich OS 及 SE 相比,TEE 的位置及安全级别。值得注意的是,TEE 对 SE 并不排斥。而是围绕 SE 提供一种补充安全措施和集成手段。TEE 结合 SE 的特征,形成一个整体的解决方案,保证了各 SE 中外部进程间的无缝交互和安全。联合使用 TEE 和 SE 可以提供前所未有的安全,同时为终端用户提供便利的、综合的解决方案。例如,TEE 可以给相互独立的安全域和其上的应用,提供安全的用户接口和空中下载技术(OTA,Over-the-Air Technology)下载功能。表 4-1 所示为对三种环境的安全和特征的比较。

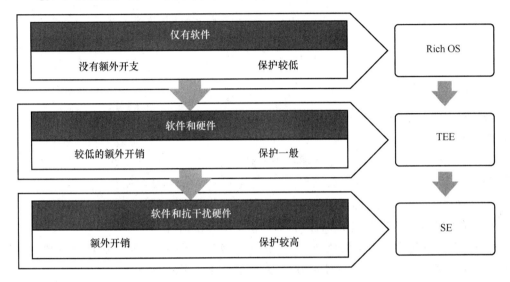

图 4-5　安全成本对比图

表 4-1　三种环境的安全和特征的比较

	Rich OS	TEE	SE
对应用下载的控制	用户控制	鉴权进程控制	鉴权进程控制
应用代码	无须校验和认证	授权之前需要校验和认证,下载时做授权检查	授权之前需要校验和认证,下载时做授权检查
认证	不认证	认证	强认证
OS 内核、驱动和库代码的创建	灵活和速度	安全和速度	安全
API	丰富的 API	受限的 API	严格受限的 API
访问用户接口的保密性和完整性	OS 的权限范围	TEE 的限定范围	只能由 Rich OS 或 TEE 的代理程序间接访问
CPU 速度	GHz	百兆赫兹到吉赫兹	小于 20 MHz
内核	1～4	1	1
RAM 大小	16 MB～1 GB 及以上	64 千字节到几兆字节	几十千字节
RAM 速度	64 bit 200～800 MHz	64 bit 200～800 MHz	32 bit 5 MHz(受限于电源)
FLASH 大小	1～32 GB 及以上	与 Rich OS 共用,每个 TA 可以有自己的安全存储	64 KB～1 MB

续 表

	Rich OS	TEE	SE
与 Rich OS 的数据传输速度	非常快	非常快	慢
对未授权软件攻击的防护	依靠未认证的 OS 的内部保护	设备硬件的保护,认证 OS 的保护	外部软件和设备硬件的保护,认证 OS 的保护
对外部硬件攻击的防护	无保护,有限的回滚机制	TEE 保护,主机硬件特征保护	SE 强保护,但不保护主机设备

4.2.5 TEE 的应用

TEE 可以满足不同场景下的不同需求,以下举三例加以说明。

(1)企业应用

移动互联网安全开发的一个主要驱动力就是企业应用所需的保密性。当终端用户使用移动设备收发邮件、连内网、处理办公文档时,就需要可信的、端到端的安全来保证以下两点。

- 存储在终端设备的企业数据是受保护的;
- 企业的网络鉴权数据被正确使用(如加密认证和密钥)。

通过从开放环境中隔离重要资源,TEE 成为一个安全保护层,使企业环境下智能手机可以被安全地使用。TEE 提供多种使用方式,来增加企业应用的安全:

- 像邮件管理器和 CRM 这样的企业应用,一般要求有敏感性处理,如加密存储、对邮件或客户信息设置访问权限等,这类企业应用可以通过 TA 来实现;
- VPN 鉴权也可以通过 TA 实现,来保证 VPN 证书的安全下载和可靠鉴权密钥的计算;
- 利用基于 TEE 的可信用户接口,可以实现企业的访问控制。一种具体实现方式是,用户连到企业内网并访问加密数据之前,需先输入口令;
- 动态验证码(OTP,One-Time-Password)应用也可以通过 TA 形式实现,然后把手机当成一个鉴权令牌来使用,比如,当用户从 PC 端登录企业网时,就可以使用 OTP 的 TA 应用。

与此同时,TEE 提供了一个运行速度可与 Rich OS 媲美的执行环境,因此,这些支持企业应用的安全特性并不会影响整体的用户体验。

(2)内容管理

智能手机、平板计算机、便携多媒体设备为用户提供了高质量的内容服务,如音乐、视频、电子书和游戏等。当人们得益于这些功能越来越强大的设备时,企业也需要内容保护机制来使它们的业务拥有合法版权。以下给出了几种主要的内容保护方法:

- 用复制保护系统来防止复制(如使用水印);
- 用数字版权管理系统来控制对多媒体内容的访问(如微软的 PlayReady、OMA 的数字版权管理);
- 用条件访问系统来控制广播内容的接收和使用(如 Nagra、NDS、Irdeto、Viaccess 和 OMA BCAST)

这些内容保护系统如果基于 TA 来实现,则可完成以下几点事宜并从中获益:

- 存储密钥和证书;
- 执行设备上重要的内容保护软件;
- 执行核心内容保护功能,做访问 SE 的代理。

（3）移动支付

移动支付包含多种交易形式,但主要可以分为两类:远程支付和近场支付。

- 远程支付。远程支付指的是线上交易,用户购买服务或产品后,资金转账到其他实体。在手机上进行远程支付,最敏感的操作是做用户鉴权和交易验证。
- 近场支付。随着 NFC 技术的发展,近场支付有望成为普遍的移动支付方式。NFC 使得用户只需将手机靠近读写器,就能快速完成交易,这种方式是一种非常好的用户体验。由于交易都是脱机执行,因此就需要手机中内置一个安全模块来降低交易风险,这个安全模块就是 SE,或 microSD 卡。此外,基于 NFC 的交易,有些敏感性操作是在手机上直接执行的,如交易金额达到上限时的交易验证。

随着移动终端上的金融交易越来越普遍,开放的智能机平台也给恶意软件的入侵滋生了温床:

- 非法还原用户密码和 PIN 码;
- 修改交易数据,如交易金额;
- 规避用户校验来生成非法交易。

对于线上交易或与 SE 交互产生的交易,TEE 是唯一能够提供交易安全和保障的执行环境,TEE 保护的范围包括以下几方面。

- 用户鉴权:通过可信用户接口（TUI,Trusted User Interface）,TEE 可以安全获取用户的口令或 PIN 码,然后在远程的服务器或内置的 SE 中进行本地校验。
- 交易认证:通过 TUI,TEE 可以保证显示信息描述的是用户的正确请求,而在 Rich 环境下,流氓软件却很可能篡改显示的信息。而且,TEE 可以防止在未经用户授权（如输入 PIN 码）的情况下,发生交易认证通过的情况。
- 交易处理:在 TEE 中执行的交易,手机中的所有相关进程,都可以从非信任软件攻击中隔离出来。

当支付应用位于 SE 中时,TEE 可以通过提供 TUI 等,来辅助 SE 完成相关功能,如让用户输入 PIN 码。但是需要强调的是,和 SE 中应用交互的应用,要能够保证机密性和完整性,同时体现用户友好性。

4.2.6　TEE 的实现

（1）支持 TEE 的嵌入式硬件技术

① AMD 平台安全处理器（PSP,Platform Security Processor）[1]。

② ARM TrustZone 技术（支持 TrustZone 的所有 ARM 处理器）[2]。

---

[1]　http://www.amd.com/en-us/innovations/software-technologies/security. https://classic.regonline.com/custImages/360000/369552/TCC%20PPTs/TCC2013_VanDoorn.pdf.

[2]　http://www.arm.com/zh/about/events/globalplatform-trusted-execution-environment-trustzone-building-security-into-your-platform.php.

③ Intel x86-64 指令集：SGX Software Guard Extensions[①]。

④ MIPS：虚拟化技术 Virtualization[②]。

（2）几个 TEE 的软件实现（提供开源工具或基于 TEE 开发的软件开发工具包）

① Trustonic 公司的 t-base 是一个商业产品，已经得到 GlobalPlatform 的授权认可[③]。

② Solacia 公司的 securiTEE 也是一个商业产品，并且得到了 GlobalPlatform 的授权认可[④]。

③ OP-TEE，开源实现，来自 STMicroelectronics，BSD 授权支持下的开源[⑤]。

④ TLK，开源实现，来自 Nvidia，BSD 授权支持下的开源[⑥]。

⑤ T6，开源实现，GPL 授权下的开源研究，主要由上海交通大学开发，是国内开展 TEE 研究比较早的高校[⑦]。

⑥ Open TEE，开源实现，来自芬兰赫尔辛基大学的一个研究项目，由 Intel 提供支持，在 Apache 授权下提供支持[⑧]。

⑦ SierraTEE，来自 Sierraware 公司的实现，拥有双重属性，一半开源一半商业性质[⑨]。

4.3 TrustZone

4.3.1 TrustZone 的由来

TEE 最早出于开放移动终端平台（OMTP，Open Mobile Terminal Platform）规范，ARM 公司（嵌入式处理器的全球最大方案供应商，它们架构的处理器约占手机市场 95% 以上的份额）是 TEE 技术的主导者之一，其 TrustZone 是支持 TEE 技术的产品。2006 年，OMTP 工作组针对智能终端的安全率先提出了一种双系统解决方案：即在同一个智能终端下，除了多媒体操作系统外再提供一个隔离的安全操作系统，这一运行在隔离的硬件之上的隔离安全操作系统用来专门处理敏感信息以保证信息的安全。该方案是 TEE 的前身。

基于 OMTP 的方案，ARM 公司于 2006 年提出了一种硬件虚拟化技术 TrustZone 及其相关硬件实现方案。TrustZone 是支持 TEE 技术的产品，TrustZone 是所有 Cortex-A 类处理器的基本功能，是通过 ARM 架构安全扩展引入的，而 ARM 也成为 TEE 技术的主导者之一。ARM 后将其 TrustZone API 提供给 GlobalPlatform，该 API 已发展为 TEE 客户端 API。

---

① Intel 软件保护扩展：https://software.intel.com/sites/default/files/329298-001.pdf.

② http://www.imgtec.com/mips/architectures/virtualization.asp.

③ https://www.trustonic.com/products-services/trusted-execution-environment/.

④ http://www.sola-cia.com/en/securiTee/product.asp.

⑤ https://github.com/OP-TEE.

⑥ http://nvtegra.nvidia.com/gitweb/?p=3rdparty/ote_partner/tlk.git;a=summary.

⑦ http://www.liwenhaosuper.com/projects/t6/t6_overview.html.

⑧ https://github.com/Open-TEE/project.

⑨ http://www.openvirtualization.org/.

4.3.2 TrustZone 的基本概念

TrustZone 技术是 ARM 公司提出的一种硬件级的安全运行解决方案。TrustZone 在概念上将 SoC 的硬件和软件资源划分为安全(Secure World)和非安全(Normal World)两个世界,所有需要保密的操作在安全世界执行(如指纹识别、密码处理、数据加解密、安全认证等),其余操作在非安全世界执行(如用户操作系统、各种应用程序等),安全世界和非安全世界通过监控模式进行转换,如图 4-6 所示。

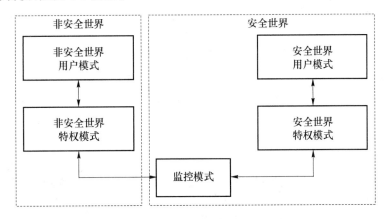

图 4-6　ARM 的安全世界和非安全世界

在处理器架构上,TrustZone 将每个物理核虚拟为两个核,一个非安全核(NS Core,Non-secure Core),运行非安全世界的代码;一个安全核(Secure Core),运行安全世界的代码。两个虚拟的核以基于时间片的方式运行,根据需要实时占用物理核,并通过监控模式在安全世界和非安全世界之间切换,类似同一 CPU 下的多应用程序环境,不同的是多应用程序环境下操作系统实现的是进程间切换,而 Trustzone 下的监控模式实现了同一 CPU 上两个操作系统间的切换。

AMBA3 AXI(AMBA3 Advanced eXtensible Interface)系统总线作为 TrustZone 的基础架构设施,提供了安全世界和非安全世界的隔离机制,确保非安全核只能访问非安全世界的系统资源,而安全核能访问所有资源,因此安全世界的资源不会被非安全世界(或普通世界)所访问。

设计上,TrustZone 并不是采用一刀切的方式让每个芯片厂家都使用同样的实现。总体上以 AMBA3 AXI 总线为基础,针对不同的应用场景设计了各种安全组件,芯片厂商根据具体的安全需求,选择不同的安全组件来构建它们的 TrustZone 实现。其中主要的组件包括以下几种。

(1) 必选组件

① AMBA3 AXI 总线,安全机制的基础设施

② 虚拟化的 ARM 核,虚拟安全核和非安全核

③ 可信区域保护控制器(TZPC,TrustZone Protection Controller),根据需要控制外设的安全特性

④ 可信区域地址空间控制器(TZASC,TrustZone Address Space Controller),对内存进行安全和非安全区域划分和保护

（2）可选组件

① 可信区域内存适配器（TZMA，TrustZone Memory Adapter），片上 ROM 或 RAM 安全区域和非安全区域的划分和保护

② AXI-to-APB bridge，桥接 APB 总线，配合 TZPC 使 APB 总线外设支持 TrustZone 安全特性

除了以上列出的组件外，还有诸如二级缓存控制器、直接存储存取控制器、通用中断控制器等。

逻辑上，安全世界中，安全系统的 OS 提供统一的服务，针对不同的安全需求加载不同的 TA。例如，针对某具体 DRM 的 TA，针对 DTCP-IP 的 TA，针对 HDCP 2.0 验证的 TA 等。图 4-7 所示是一个 ARM 公司对 TrustZone 介绍的应用示意图。图中左边方框为 REE，表示用户操作环境，可以运行各种应用，如电视或手机的用户操作系统；图中右边方框为 TEE，表示系统的安全环境，运行 Trusted OS，并在此基础上执行可信任应用，包括身份验证、授权管理、DRM 认证等，这部分隐藏在用户界面背后，独立于用户操作环境，为用户操作环境提供安全服务。

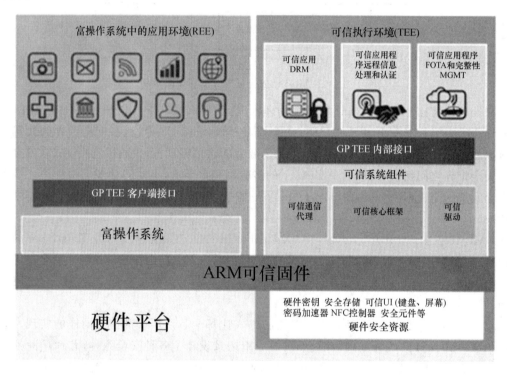

图 4-7　基于 TrustZone 的应用示意图

4.3.3　TrustZone 的原理和设计

以下主要从 TrustZone 的总线设计，处理器设计（包括处理器模型、内存模型和中断模型）和安全隔离机制来介绍 TrustZone 的设计和工作原理。

1. 总线设计

（1）总线

设计上，TrustZone 在系统总线上针对每一个信道的读写增加了一个额外的控制信号位，

这个控制信号位叫作 Non-Secure 或 NS 位,是 AMBA3 AXI 总线针对 TrustZone 做出的最重要、最核心的扩展设计。

这个控制信号针对读和写分别叫作 ARPORT 和 AWPORT。

- ARPORT:用于读操作(Read Transaction),低表示 Secure,高表示 Non-Secure;
- AWPORT:用于写操作(Write Transaction),低表示 Secure,高表示 Non-Secure。

总线上的所有主设备(Master)在发起新的操作(Transaction)时会设置这些信号,总线或者从设备(Slave)上的解析模块会对主设备发起的信号进行辨识,来确保主设备发起的操作在安全上没有违规。

例如,硬件设计上,所有非安全世界的主设备在操作时必须将信号的 NS 位置高,而 NS 位置高又使得其无法访问总线上安全世界的从设备,简单来说就是对非安全世界主设备发出的地址信号进行解码时在安全世界中找不到对应的从设备,从而导致操作失败。

NS 控制信号在 AMBA3 AXI 总线规范中定义。可以将其看作原有地址的扩展位,如果原有是 32 位寻址,增加 NS 可以看成是 33 位寻址,其中一半的 32 位物理寻址位于安全世界,另一半的 32 位物理寻址位于非安全世界。

当然,非安全世界的主设备尝试访问安全世界的从设备会引发访问错误,可能是 SLVERR(Slave Error)或者 DECERR(Decode Error),具体的错误依赖于其访问外设的设计或系统总线的配置。

(2) 外设

在 TrustZone 出现前,ARM 的外设基于 AMBA2 APB (Advanced Peripheral Bus)总线协议,但是 APB 总线上不存在类似 AXI 总线上的 NS 控制位。为了兼容已经存在的 APB 总线设计,AMBA3 规范中包含了 AXI-to-APB bridge 组件,这样就确保基于 AMBA2 APB 的外设同 AMBA3 AXI 的系统兼容。AXI-to-APB bridge 负责管理 APB 总线设备的安全事宜,其会拒绝不合理的安全请求,保证这些请求不会被转发到相应的外设。

例如,新一代的芯片可以通过增加 AXI-to-APB bridge 组件来沿用上一代芯片的设计来使其外围设备可以支持 TrustZone。

2. 处理器设计

(1) 处理器模型

在 TrustZone 中,每个物理处理器核被虚拟为一个安全核和一个非安全核,安全核运行安全世界的代码,非安全核运行除安全世界外的其他代码。由于安全世界和非安全世界的代码采用时间片机制轮流运行在同一个物理核上,相应地节省了一个物理处理器核。图 4-8 中,系统有 4 个物理核,每个又分为两个虚拟核(安全核和非安全核)的情况。

(2) L1 内存模型

① MMU[①]

安全世界和非安全世界都有自己的虚拟内存管理单元(MMU,Memery Management Unit),各自管理物理地址的映射。

---

① MMU 是一种硬件电路,它包含分段部件和分页部件两类,分别对应于内存管理的分段机制和分页机制。分段机制把一个逻辑地址转换为线性地址;接着,分页机制把一个线性地址转换为物理地址。当 CPU 访问一个虚拟地址时,这个虚拟地址被送到 MMU 翻译,硬件首先把它和 TLB 中的所有条目同时(并行地)进行比较,如果它的虚页号在 TLB 中,并且访问没有违反保护位,它的页面会直接从 TLB 中取出而不去访问页表,从而提高地址转换的效率。

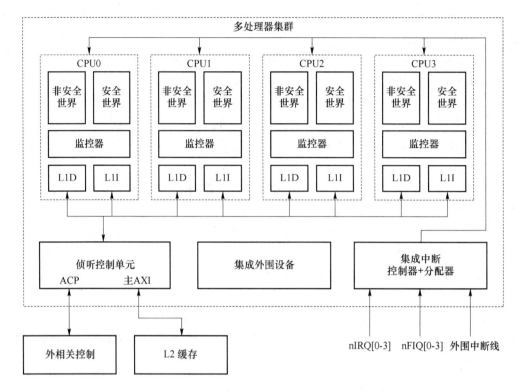

图 4-8　多核处理器上的安全核和非安全核

尽管 MMU 有两套,但转换检测缓冲区(TLB,Translation Lookaside Buffer)缓存硬件上只有一套,因此 TLB 对于两个世界来说是共享的,其通过 NS 位来标志其每一项具体属于哪一个世界。这样在两个世界间进行切换时不再需要重新刷新 TLB,提高了执行效率。对于 TLB 共享并不是硬性规定的,部分芯片在两个世界间切换时可能通过硬件部分或全部刷新 TLB。

② Cache

同 TLB 类似,硬件上两个世界共享一套 Cache,具体的 Cache 数据属于哪一个世界也由其 NS 位指定,在世界间切换也不需要刷新 Cache。

(3) 中断模型

基于 TrustZone 的处理器有三套异常向量表:一套用于非安全世界,一套用于安全世界,还有一套用于监控模式。

与之前非 TrustZone 的处理器不同的是,这三套中断向量表的基地址在运行时可以通过 CP15 的寄存器 VBAR(Vector Base Address Register)进行修改。

复位时,安全世界的中断向量表由处理器的输入信号 VINITHI 决定,没有设置时为 0x00000000,有设置时为 0xFFFF0000;非安全世界和监控模式的中断向量表默认没有设置,需要通过软件设置后才能使用。

默认情况下,中断请求(IRQ,Interrupt Request)和快速中断请求(FIQ,Fast Interrupt Request)异常发生后系统直接进入监控模式,由于 IRQ 是绝大多数环境下最常见的中断源,因此 ARM 建议配置 IRQ 作为非安全世界的中断源,FIQ 作为安全世界的中断源。这样配置有两个优点:当处理器运行在非安全世界时,IRQ 直接进入非安全世界的处理函数;如果处理器运行在安全世界,当 IRQ 发生时,会先进入监控模式,然后跳到非安全世界的 IRQ 处理函数系统执行仅将 FIQ 配置为安全世界的中断源,而 IRQ 保持不变,现有代码仅需做少量修改就可以满足。

将 IRQ 设置为非安全世界的中断源时系统 IRQ 的切换如图 4-9 所示。

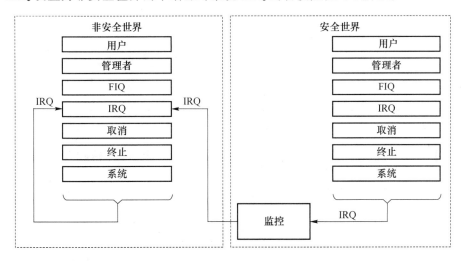

图 4-9　IRQ 作为非安全世界的中断源

（4）系统模式切换

基于 TrustZone 的系统有三种状态,安全世界、非安全世界和用于二者切换的监控模式。

协处理器 CP15 的寄存器 SCR(Secure Configuration Register)有一个 NS 位用于指示当前处理器位于哪一个世界,该寄存器在非安全世界是不能访问的。当 CPU 处于监控模式时,无论 NS 位是 0 还是 1,处理器都是在安全世界运行代码。因此监控模式下总是安全世界,但如果此时 NS 位为 1,访问 CP15 的其他寄存器获取到的是其在非安全世界的值。

① 非安全世界到监控模式的切换

处理器从非安全世界进入监控模式的操作由系统严格控制,而且所有这些操作在监控模式看来都属于异常。从非安全世界到监控模式的操作可通过以下方式触发:

* 软件执行 SMC (Secure Monitor Call)指令;
* 硬件异常机制的一个子集(换言之,并非所有硬件异常都可以触发进入监控模式),包括 IRQ、FIQ、External Data Abort、External Prefetch Abort。

② 监控模式

监控模式内执行的代码依赖于具体的实现,其功能类似于进程切换,不同的是这里是不同模式间 CPU 状态的切换。

软件在监控模式下先保存当前世界的状态,然后恢复下一个世界的状态。操作完成后以从异常返回的方式开始运行下一个世界的代码。

③ 安全世界和非安全世界不能直接切换

非安全世界无权访问 CP15 的 SCR 寄存器,所以无法通过设置 NS 来直接切换到安全世界,只能先转换到监控模式,再到安全世界。

如果软件运行在安全世界(非监控模式)下,通过将 CP15 的 NS 位置 1,安全世界可以直接跳转到非安全世界,由于此时 CPU 的流水线和寄存器还遗留了安全世界的数据和设置,非安全模式下的应用可以获取到这些数据，会有极大的安全风险。因此，只建议在监控模式下通过设置 NS 位来切换到非安全模式。

综上，安全世界和非安全世界不存在直接的切换，如图 4-10 所示，所有切换操作都通过监控器来执行。

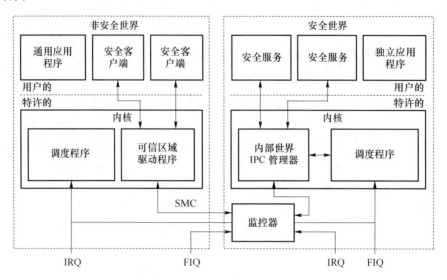

图 4-10 安全世界和非安全世界之间的切换

3. 隔离机制

除了 CPU 执行时实行安全世界和非安全世界的隔离外，AMBA3 AXI 总线提供了外设隔离的基础。整个系统内存和外设隔离机制示意如图 4-11 所示。

（1）内存隔离机制

这里的内存指外部的 DDR 和片上的 ROM 以及 SRAM，其隔离和保护通过总线组件 TZASC 和 TZMA 的设置来实现。

① TZASC

TZASC 可以把外部 DDR 分成多个区域，每个区域可以单独配置为安全或非安全区域，非安全世界的代码和应用只能访问非安全区域。TZASC 只能用于内存设备，不适合用于配置块设备，如 Nand Flash。

② TZMA

TZMA 可以把片上 ROM 和 SRAM 隔离出安全和非安全区域。TZMA 最大可以将片上存储的 2 MB 配置为安全区域，其余部分配置为非安全区域。大小划分上，片上安全区域可以在芯片出厂前设置为固定大小，或运行时通过 TZPC 动态配置。TZMA 在使用上有些限制，其不适用于外部内存划分，而且也只能配置一个安全区域。

（2）外设隔离机制

外设上，基于 APB 总线的设备不支持 AXI 总线的 NS 控制信号，所以 AXI 到 APB 总线需要 AXI-to-APB bridge 设备连接，除此之外，还需要 TZPC 来向 APB 总线上的设备提供类似 AXI 上的 NS 控制信号。由于 TZPC 可以在运行时动态设置，这就决定了外设的安全特性是动态变化的，例如键盘平时可以作为非安全的输入设备，在输入密码时可以配置为安全设备，只允许安全世界访问。

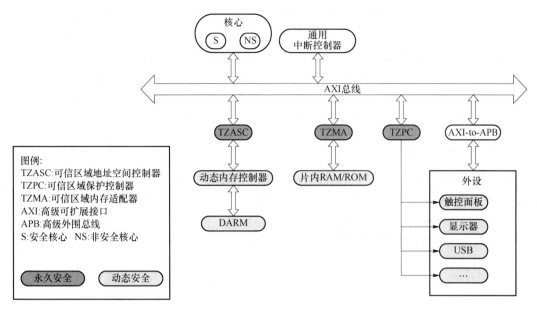

图 4-11 系统内存和外设隔离机制示意图①

4.3.4 安全启动

AMBA3 AXI 总线机制隔离出安全世界和非安全世界,但这是系统启动之后的事情。如何确保系统本身是安全的呢? 这就涉及系统启动的过程。

系统上电复位后,先从安全世界开始执行。安全世界会对非安全世界的 bootloader 进行验证,确保非安全世界执行的代码经过授权而没有被篡改过。然后非安全世界的 bootloader 会加载非安全世界的 OS,完成整个系统的启动。

在非安全世界的 bootloader 加载 OS 时,仍然需要安全世界对 OS 的代码进行验证,确保没有被篡改。图 4-12 所示是典型的 TrustZone 芯片启动流程。

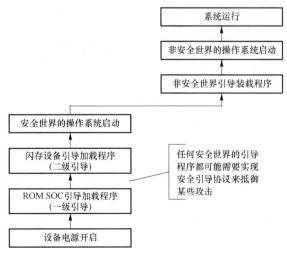

图 4-12 典型的 TrustZone 芯片启动流程

---

① 实际上 TZPC 还连接到片内的 ROM/RAM 设备上,用于配置片上存储的安全区域。

整个启动流程跟目前博通平台的安全启动原理基本一致,上电后安全芯片先启动,然后校验主芯片的 bootloader,接下来 bootloader 提交系统的 OS 和文件系统给板级支持包(BSP,Board Support Package)进行校验,通过后加载主系统,确保主系统是安全的。

从上电复位开始的整个启动过程中,下一级的安全基于上一级的验证,最终依赖芯片内置的一次性可编程(OTP,One Time Programable)和安全硬件,逐级地验证,构成了整个系统的信任链。信任链中的某一个环节被破坏,都会导致整个系统不安全。

4.3.5 TrustZone 的实现

基于安全考虑,各家 TrustZone 都实行闭源,关于其实现细节的介绍都较少。以下是高通公司对其 TrustZone 方案的介绍,整个系统的架构分为安全世界和非安全世界。

- 安全世界,高通安全执行环境(QSEE,Qualcomm Secure Execution Environment)
- 非安全世界,高层操作系统(HLOS,High Level OS)

两者关系如图 4-13 所示。

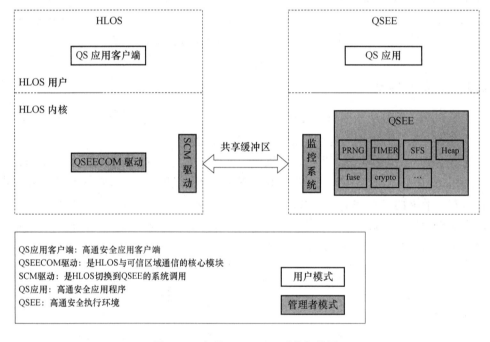

图 4-13 高通 TrustZone 系统架构图

4.3.6 其他

(1)异常等级

ARMv8-A 架构定义了四个异常等级,分别为 EL0 到 EL3,其中数字越大代表特权(Privilege)越大。其中:EL0 为无特权模式(Unprivileged);EL1 为操作系统内核模式(OS Kernel Mode);EL2 为虚拟机监控器模式(Hypervisor Mode);EL3 为 TrustZone 监控模式,如图 4-14 所示。

(2)TrustZone 设计的相关方

① ARM 公司,定义 TrustZone 并通过硬件设计实现了 TEE、TZAPI(TrustZone 接口)等。

② 芯片厂商,在具体芯片上实现 TrustZone 设计,包括三星、高通、MTK、TI、ST、华为等。

③ 应用提供方,如 DRM 厂家和安全应用开发商,实现 DRM、PlayReady、DTCP-IP 和一些其他安全应用开发和认证。

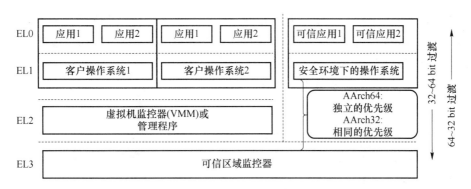

图 4-14　异常等级示意图

（3）Trust OS 与 TrustApp

TEE 环境下也要有一个操作系统,各家都有自己的 Trustzone 操作系统。

在操作系统之上自然要有应用程序,在 Trustzone 里面称为 TrustApp。TEE 里面每个 TrustApp 都在一个沙盒里,互相之间是隔离的。比如支付,就可以做成一个 App(需要注意的是,和普通世界里面的 App 是两个概念),这个 App 简单来说就负责用私钥把网上发来的挑战(Challenge)签个名,而这个签名的动作是需要在安全世界里面做的,避免恶意程序窃取到私钥来伪造签名。

现在的 Trust OS 大都会遵循 GP 的规范,这个组织致力于制定统一的 Trust OS 的 API 的接口规范,这样一个 TrustApp 只要用 GP API,就可以方便移植到各个不同的 TEE 操作系统上了。

4.4　SGX

针对可信计算,类似于 ARM 的 TrustZone,Intel 也针对 x86 平台提出了自己的安全架构 SGX:Intel® Software Guard Extensions (Intel® SGX)①。

SGX 技术是 Intel 于 2013 年在 ISCA(International Symposium on Computer Architecture)会议的 Workshop HASP 中提出的,但当时只是提出了这一概念和原理。

2015 年,Intel 发布了第一代支持 SGX 技术的 CPU——Skylake。

4.4.1　SGX 技术

SGX 全称为 Intel Software Guard Extensions,顾名思义,其是对 Intel 体系(IA)的一个扩

---

① TrustZone 默认相信安全世界。SGX 仅相信 CPU 内核,通过 SGX 指令构建 Enclave 容器。简单比喻,TEE 是个公用大保险柜,什么东西都装进去,有漏洞的 App 可能也进去了,而且保险柜钥匙在管理员手上,必须相信管理员。SGX 的每个 App 都有自己的保险柜,钥匙在自己手上。SGX 要进入工业界应用尚需时间,一个重要的问题是现在在 Intel 发行的服务器芯片上还没有 SGX,而 SGX 的重要应用就是在数据中心和云端的应用。

展,用于增强软件的安全性。这种方式并不是识别和隔离平台上的所有恶意软件,而是将合法软件的安全操作封装在一个 Enclave[①] 中,保护其不受恶意软件的攻击,特权或者非特权的软件都无法访问 Enclave,也就是说,一旦软件和数据位于 Enclave 中,即便操作系统和 VMM 也无法影响 Enclave 里面的代码和数据。Enclave 的安全边界只包含 CPU 和它自身。SGX 创建的 Enclave 也可以理解为一个 TEE。不过其与 ARM TrustZone 还是有一些区别的,TrustZone 中通过 CPU 划分为两个隔离环境(安全世界和非安全世界),两者之间通过 SMC指令通信;而 SGX 中一个 CPU 可以运行多个安全 Enclave,并发执行亦可。

简单来讲,Intel SGX 最关键的优势在于将程序以外的软件栈如 OS 和 BIOS 都排除在了可信计算基(TCB,Trusted Computing Base)以外。换句话说,就是在容器 Enclave 里的代码只信任自己和 Intel 的 CPU,如图 4-15 所示。

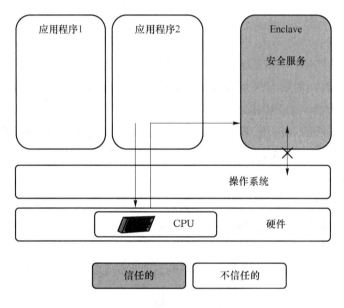

图 4-15　SGX 技术示意图

SGX 允许应用开发者保护敏感信息不被运行在更高特权等级下的欺诈软件非法访问和修改;能够使应用可以保护敏感代码和数据的机密性和完整性,并不会被正常的系统软件对平台资源进行管理和控制的功能所扰乱;使消费者的计算设备保持对其平台的控制,并自由选择下载或不下载他们选择的应用程序和服务;使平台能够验证一个应用程序的可信代码并且提供一个源自处理器内的包含此验证方式和其他证明代码已经正确的在可信环境下得到初始化的凭证的符号化凭证;能够使用成熟的工具和处理器开发可信的应用软件;使软件开发商通过他们选择的分销渠道可以自行决定可信软件的发布和更新的频率;能够使应用程序定义代码和数据安全区,即使在攻击者已经获得平台的实际控制并直接攻击内存的境况下,也能保证安全和隐秘。

---

① Enclave(程序集)是代码和数据的独立存储区域。Enclaves 是执行区域保护。开发者可以通过 SGX SDK 提供的说明和软件将应用代码放到 Enclave 中。

4.4.2　SGX 的原理

SGX 的保护是针对应用程序的地址空间的。SGX 利用处理器提供的指令,在内存中划分出一部分区域(叫作 EPC,Enclave Page Cache)[①],并将应用程序地址空间中的 Enclave 映射到这部分内存区域中。这部分内存区域是加密的,通过 CPU 中的内存控制单元进行加密和地址转化。

SGX 内存保护原理:当处理器访问 Enclave 中的数据时,CPU 自动切换到一个新的 CPU 模式,叫作 Enclave 模式。Enclave 模式会强制对每一个内存访问进行额外的硬件检查。由于数据放在 EPC 中,为了防止已知的内存攻击(如内存嗅探),EPC 中的内存内容会被内存加密引擎(MEE,Memory Encryption Engine)加密。EPC 中的内存内容只有当进入 CPU 时,才会解密;返回 EPC 内存中会被加密。

4.4.3　SGX Enclave 的创建

借助 Intel 处理器的 SGX 技术,通过 CPU 的硬件模式切换,系统进入可信模式执行,只使用必需的硬件构成一个完全隔离的特权模式,加载一个极小的微内核操作系统支持任务调度,完成身份认证,并根据认证后的用户身份进行后续操作。

通过使用 Intel SGX 技术,构建 Enclave 作为完全隔离的特权模式的具体实现方案如下。

① 将需要运行的虚拟机镜像加载到磁盘中。

② 生成加密应用程序代码和数据的密钥凭证,SGX 技术提供了一种较为先进的密钥加密方法,其密钥是由 SGX 版本密钥、CPU 机器密钥和 Intel 官方分配给用户的密钥在密钥生成算法下生成的全新密钥,使用此密钥对需要加载的应用程序的代码和数据进行加密。

③ 将需要加载的应用程序或镜像的代码和数据首先加载到 SGX Loader 加载器中,为将其加载至 Enclave 做准备。

④ 在 Intel SGX 可信模式下动态申请构建一个 Enclave。

⑤ 将需要加载的程序和数据以 EPC 的形式首先通过密钥凭证解密。

⑥ 通过 SGX 指令证明解密后的程序和数据可信,并将其加载进 Enclave 中,然后对加载进 Enclave 中的每个 EPC 内容进行复制。

⑦ 由于使用了硬件隔离,进一步保障了 Enclave 的机密性和完整性,保障了不同的 Enclave 之间不会发生冲突更不会允许其互相访问。

⑧ 启动 Enclave 初始化程序,禁止继续加载和验证 EPC,生成 Enclave 身份凭证,对此凭证进行加密,并作为 Enclave 标识存入 Enclave 的威胁控制结构(TCS,Threat Control Structure)中,用以恢复和验证其身份。

⑨ SGX 的隔离完成,通过硬件隔离的 Enclave 中的镜像程序开始执行,构建基于 SGX 技术的硬件隔离完成。

SGX Enclave 创建示意图如图 4-16 所示。

---

① Enclave Page Cache (EPC)是一个保留加密的内存区域。Enclave 中的数据代码必须在其中执行。为了在 EPC 中执行一个二进制程序,SGX 指令允许将普通的页复制到 EPC 页中。

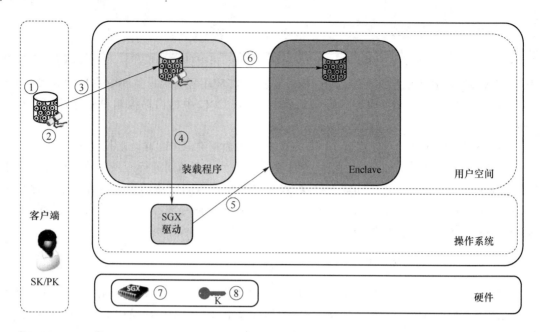

①创建应用程序 ②创建应用程序证书〔包括哈希（APP）和客户端PK〕 ③上传应用程序到装载机
④创建Enclave ⑤分配Enclave页面 ⑥负载和测量应用程序 ⑦验证证书和Enclave完整性
⑧生成Enclave K密钥 ⑨保护Enclave

图 4-16　SGX Enclave 创建示意图

4.4.4　SGX Enclave 的启动和销毁

Enclave 中的应用程序可能会因为系统出现中断、异常等情况退出，从而导致信息泄露。为解决此类问题，使用 SGX 技术对可能出现的同步退出和异步退出设置不同的处理方式。

在同步退出时，Enclave 中运行的数据和代码将会根据自定义的 Enclave 退出事件（EEE，Enclave Exiting Events）设置的处理方式进行处理。

而如果在异步退出的情况下，Enclave 中的数据和运行状态等信息将会被密钥凭证进行加密，并存储到 Enclave 之外，在下一次启动系统时有选择地恢复中断的 Enclave。

4.4.5　创建 Enclave 可信通信通道

对于 SGX Enclave 的访问请求，构建检测机制进行限制，首先判断是否启动了 Enclave 模式，然后判断访问请求是否来源于 Enclave 内部，如果是则继续判断，如果不是则返回访问失败。然后根据先前生成 Enclave 的身份凭证检验此访问请求是否来源于同一个 Enclave，如果是则通过访问检测，如果不是则根据 Enclave 的身份凭证记录表，更换下一个 Enclave 身份凭证进行匹配，直到所有的正在运行的 Enclave 全部匹配完成，若还无法匹配成功，返回访问失败。创建 Enclave 可信通信通道示意图如图 4-17 所示。

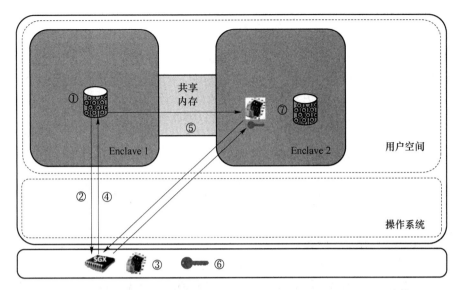

①生成DH参数　②请求报告　③生成报告=(HASH(Enclave1), ID-Enclave 2,DH参数)
④使用MAC中目标Enclave的共享密钥来认证报告　⑤传递报告（共享内存）
⑥获取Enclave共享密钥　⑦验证报告　⑧为其他方向重复

信任的　　不信任的

图 4-17　创建 Enclave 可信通信通道示意图

4.4.6　SGX 的远端验证

Intel SGX 除了为离线应用提供硬件级别的保护外,还为需要联网的应用,如 DRM 应用、银行交易应用等提供"客户端向服务器证明自己合法性"的能力,称这个过程为远程认证（Remote Attestation）。在这个过程中,客户端的软硬件平台信息,以及相关 Enclave 的指纹信息等将会首先发送到开发者的服务器（Service Provider）上,然后由开发者的服务器转发给 SGX 的远程认证服务器（Attestation Service）,SGX 远程认证服务器将会对收到的信息进行合法性验证,并将验证结果返回给开发者的服务器,此时开发者的服务器便可得知发起验证的客户端是否可信,并采取对应的下一步行动。整个过程如图 4-18 所示。

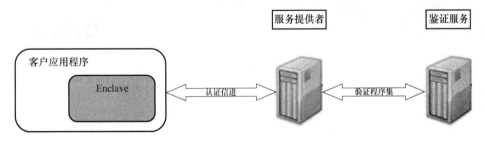

图 4-18　SGX 远端验证示意图

4.4.7　SGX 开发环境简介及搭建

Intel 软件防护扩展 SGX SDK 是 API、函数库、文档、样本源代码和工具的集合,允许软件开发人员用 C/C++创建和调试启用 Intel 软件防护扩展的应用程序。SGX SDK 同时提供 Microsoft Visual Studio 插件,可用标准开发工具开发 Enclave。

1. 第 1 步:确认安装运行 SGX SDK 的所需的软硬件需求

① 硬件最小需求

第 6 代 Intel® 酷睿™处理器平台,同时需要支持 SGX 相关配置的 BIOS 版本。

② 操作系统

- Microsoft Windows* 7,64 bit
- Microsoft Windows* 8.1,64 bit
- Microsoft Windows® 10,64 bit
- Microsoft Windows® 10 Threshold 2,64 bit

2. 第 2 步:安装 SGX SDK 集成开发环境所需的 Microsoft Visual Studio 开发工具

目前最新的 SGX SDK 版本为 1.7,支持 Microsoft Visual Studio* 2012 专业版—2015 专业版。

3. 第 3 步:下载安装 SGX SDK

SGX SDK 安装包可以从 https://software.intel.com/sgx-sdk 免费下载。SGX SDK 下载页面一共包含 2 个部分,如图 4-19 所示,Intel SGX SDK for Windows 是 SGX SDK 的主体;Intel SGX Platform Software for Windows(PSW)包含的是 SGX 相关的硬件驱动部分①。

图 4-19　SGX SDK 安装包

SGX SDK 安装包为一个自解压包,自解压到指定目录后,可以看到所有 SDK 相关文档在目录里,如图 4-20 所示。

---

①　如果计算机硬件不支持 SGX 功能,则不需要安装 PSW 软件。开发工作只能通过 SGX SDK 里面内置的模拟器来运行调试 Enclave 程序。SGX 有些相关的安全功能需要 Intel Management Engine(ME)提供(单向计数器 monotonic counter 和实时时钟 RTC)以及与互联网连接,所以建议安装 SGX SDK 及 PSW 时保持互联网处于连接状态,并且安装完全版的 Intel ME 软件包(版本大于 11.5.0.1000)。

进入 SDK 目录,双击 Intel(R)_SGX_Windows_x64_SDK_1.6.101.33581.exe 进行安装,安装过程里安装包会自动安装并配置 Microsoft Visual Studio 插件。

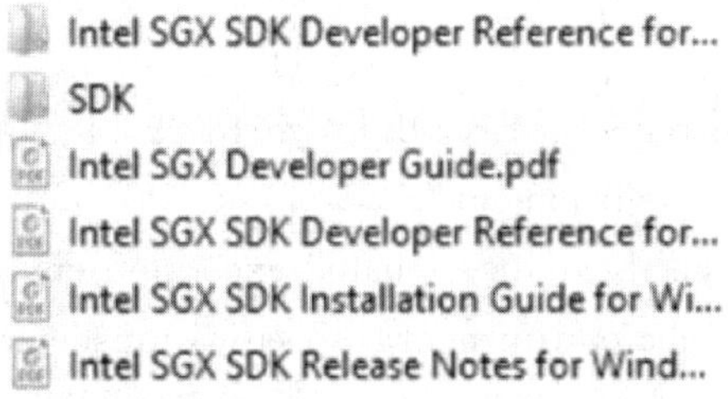

Intel SGX SDK Developer Reference for...
SDK
Intel SGX Developer Guide.pdf
Intel SGX SDK Developer Reference for...
Intel SGX SDK Installation Guide for Wi...
Intel SGX SDK Release Notes for Wind...

图 4-20　SGX SDK 目录

到这里,在 Windows 上的 SGX 应用的开发环境搭建就完成了。现在用 Visual Studio 的 File New a Project…新建一个项目的时候,就会看到建立 Intel SGX Enclave Project 项目的选项了。

4.5　本章小结

随着移动终端的普及,安全问题日益为人们所关注,在未过多增加应用负担的情况下,TEE 为市场提供了良好的解决方案。TEE 是与 Rich OS 并行运行的独立执行环境,并为富环境提供安全服务。对富环境下的软硬件安全资源和应用实现隔离访问和保护。TEE 保护了 SE 与 Rich OS 之间的资源,它是健壮的、基于硬件的、可持续扩展的、OS 独立的安全解决方案。并且,它提供了 SE 所不具备的设备特征和性能。为了实现 TEE,ARM 公司提出了一种硬件级的安全运行解决方案 TrustZone,将系统分为 TEE 和 REE 两个区域,REE 中运行着我们熟悉的安卓系统,而 TEE 有独立的运算、存储资源,与 REE 完全隔离开。在 TEE 上运行的程序需要由厂商单独签名才能运行。TrustZone 在当下已经有了很广泛的推广,基于 ARM 架构的移动平台芯片原则上都支持 TrustZone,如 Apple Pay、指纹识别系统等一系列安全服务。TEE 和 TrustZone 最重要的一个应用场景就是手机支付,如中国银联正在推广的 TEEI 移动体系架构。

Intel 最新的 SGX 技术应用范围比较广泛,一个重要用途是对于在多终端的云上的软件来讲可以防止底层 OS 被损害以后对自己的攻击,同时在软件的管理上也可以不用信任云供应商。相对于 AMD 最新推出的 SEV 技术,SGX 提供了在应用程序层面而不是在虚拟机层面上的细粒度保护。SGX 要进入工业界应用尚需时间,一个重要的问题是现在在 Intel 发行的服务器芯片上还没有 SGX,而 SGX 的重要应用就是在数据中心和云端的应用。目前云提供商还是有所跟进,相信不远的将来会在工业界有一席之地。

在安全问题日益突出的时代,可信计算环境有广泛的研究前景,目前 TrustZone 依然是移动平台安全问题的研究热点,相信在技术更加成熟的未来,可信计算将能提供更多更高质量的安全服务。

本章参考文献

[1] Trusted_execution_environment[EB/OL]. [2018-09-14]. https://en. wikipedia. org/wiki/Trusted_execution_environment.

[2] GlobalPlatform device specifications: trusted execution environment[EB/OL]. [2018-09-14] . http://www. globalplatform. org/specificationsdevice. asp.

[3] Trusted Computing Group. Committee Specification—TPM 2. 0 mobile reference architecture (an intermediate draft)[EB/OL]. (2014-04-04)[2018-09-14]. https://trusted-computinggroup. org.

[4] GlobalPlatform TEE White Paper[EB/OL]. [2018-09-14]. http://www. scribd. com/document/188666816/GlobalPlatform-TEE-White-Paper-Feb2011.

[5] Trusted execution environment survey[EB/OL]. [2018-09-14]. http://www. vonwei. com/post/TEESurvey. html.

[6] TrustZone[EB/OL]. [2018-09-14]. https://developer. arm. com/technologies/trustzone.

[7] ARM. Architecture[EB/OL]. [2018-09-14]. https://developer. arm. com/products/architecture.

[8] 一篇了解 TrustZone[EB/OL]. [2018-09-14]. https://blog. csdn. net/guyongqiangx/article/details/78020257.

[9] Security_extensions[EB/OL]. [2018-9-14]. https://en. wikipedia. org/wiki/ARM_architecture♯Security_extensions.

[10] ARM. Development of TEE and secure monitor code[EB/OL]. [2018-09-14]. http://www. arm. com/products/security-on-arm/trustzone/tee-and-smc.

[11] Software_Guard_Extensions[EB/OL]. [2018-09-14]. https://en. wikipedia. org/wiki/Software_Guard_Extensions.

[12] Darmstadt University of Technology System Security Lab. Exercise_02_SS2014[EB/OL]. [2018-09-14]. https://www. trust. cased. de/fileadmin/user_upload/Group_TRUST/LectureSlides/ESS-SS2014/Exercise_02_SS2014. pdf.

[13] Intel® SGX for Dummies (Intel® SGX Design Objectives)[EB/OL]. [2018-09-14]. https://software. intel. com/en-us/blogs/2013/09/26/protecting-application-secrets-with-intel-sgx.

[14] 英特尔® SGX 远程认证服务 API V2 升级指南[EB/OL]. [2018-09-14]. https://software. intel. com/pt-br/node/746691.

第 5 章
大数据处理与存储及其安全隐私

5.1 本 章 引 言

云计算技术的成熟与广泛应用,为大数据服务系统提供计算和存储能力,是大数据服务得到发展的基础。

本章介绍大数据服务系统的架构及其安全问题,重点介绍大数据处理的基础架构及其安全机制、大数据存储的基础架构及其安全问题。

5.2 云计算基础

5.2.1 云计算的定义与特征

云计算的技术、服务模式、理念均在不断演进和发展变化,对于什么是云计算,各人均有自己不同的理解。本书沿用受到业界广泛认可的美国国家标准与技术研究院(NIST,National Institute of Standards and Technology)对云计算的定义:"云计算是一种模式,能以泛在的、便利的、按需的方式通过网络访问可配置的计算资源(如网络、服务器、存储器、应用和服务),这些资源可实现快速部署与发布,并且只需要极少的管理成本或服务提供商的干预。"

云计算一般具有以下五大特征:

① 按需获得的自助服务;

② 广泛的网络接入方式;

③ 资源的规模池化;

④ 快捷的弹性伸缩;

⑤ 可计量的服务。

从技术角度看,云计算是分布式计算、并行计算、网格计算、多核计算、网络存储、虚拟化、负载均衡等传统计算机技术发展到一定阶段,和互联网技术融合发展的产物。云计算的目标在于通过互联网把无数个节点(即计算实体)整合成一个具有强大计算能力的"巨型机"系统,把强大的计算能力提供给终端用户。

从产业发展角度来看,互联网的快速发展使得大众可以参与信息的制造和编辑,从而导致信息出现无限增长的趋势,这是云计算产生的根源。而摩尔定律的终结,意味着依靠硬件性能的提升无法解决信息无限增长的问题。怎样低成本高效快速地解决无限增长的信息存储和计算问题是一个摆在科学家面前的难题。云计算的出现恰好可以解决这个问题,同时它还使IT基础设施可以资源化、服务化,使用户可以按需定制自己的计算资源。

不断提高云计算平台的处理能力,减少用户终端的处理负担,能够使用户终端可以简化成低配的计算终端,让用户享受到按需使用云计算强大的计算处理能力的服务。云计算不仅改变了网络应用的模式,也将成为带动IT、物联网、电子商务等诸多产业强劲增长、推动信息产业整体升级的基础。

5.2.2 云服务的主要模式

云计算有三种主要的服务模式。

1. 软件即服务

软件即服务(SaaS,Software as a Service),以服务的方式将应用软件提供给互联网最终用户。开发商将应用软件统一部署在自己的服务器上,客户可以根据自己实际需求,通过互联网向开发商定购所需的应用软件服务,按定购的服务多少和时间长短支付费用,并通过互联网获得服务。

用户无须购买及部署软件,也无须对软件进行维护,所有的数据都存储在开发商的服务器上,用户所需要的只是在任意一台计算机上打开浏览器,登录账号,即可使用相关服务。

典型SaaS应用如Salesforce的Sales Cloud(在线CRM),微软的Office Online(在线办公系统),用友的在线财务系统等。

2. 平台即服务

平台即服务(PaaS,Platform as a Service),以服务的方式提供应用程序开发和部署平台。就是指将一个完整的计算机平台,包括应用设计、应用开发、应用测试和应用托管,都作为一种服务提供给客户。

PaaS服务主要面对应用开发者,在这种服务模式中,开发者不需要购买硬件和软件,只需要利用PaaS平台,就能够创建、测试和部署应用和服务,并以SaaS的方式交付给最终用户。

典型的PaaS服务如谷歌的AppEngine(应用程序引擎),微软的Azure平台,Salesforce的Force.com等。

3. 基础设施即服务

基础设施即服务(IaaS,Infrastructure as a Service),以服务的形式提供服务器、存储和网络硬件以及相关软件。它是三种主要服务模式的最底层,是指企业或个人可以使用云计算技术来远程访问计算资源,包括计算、存储以及应用虚拟化技术所提供的相关功能。

无论是最终用户、SaaS提供商还是PaaS提供商都可以从基础设施服务中获得应用所需的计算能力,但却无须对支持这一计算能力的基础IT软硬件付出相应的原始投资成本。

全世界范围内知名的IaaS服务有亚马逊的AWS、微软的Azure、谷歌的谷歌云等,国内有阿里巴巴的阿里云、腾讯的腾讯云、电信的天翼云等。

在此三种基本服务模式之上,又延伸出数据即服务(DaaS,Data as a Service)、桌面即服务(DaaS,Desktop as a Service)、通信即服务(CaaS,Communications as a Service)、数据库即服务(DBaaS,Database as a Service)等很多概念,在这里只要求了解即可。

5.2.3 部署方式

按照部署方式和服务对象的范围,可以将云计算分为公有云、私有云、行业云和混合云。

1. 公有云

公有云由云服务提供商运营,为各类最终用户提供从应用程序、软件运行环境到物理基础设施等各种各样的 IT 资源。在该方式下,云服务提供商需要保证所提供资源的安全性和可靠性等非功能性需求,而最终用户不关心具体资源由谁提供、如何实现等问题。

一般而言公有云的价格是相对最低的,但由于多人共享同一套基础设施,在隐私性、安全性方面会面临一些风险。

2. 私有云

私有云是由企业自建自用的云计算中心,相对于传统 IT 架构,私有云可以支持动态灵活的基础设施,降低 IT 架构的复杂度,使各种 IT 资源得以整合、标准化,更加容易满足企业业务发展的需要。

私有云用户完全拥有整个云计算中心的设施(如中间件、服务器、网络及存储设备等),隐私性、安全性是最好的,但建设成本较高。

3. 行业云

行业云就是由行业内或某个区域内起主导作用或者掌握关键资源的组织建立和维护,以公开或者半公开的方式,向行业内部或相关组织和公众提供有偿或无偿服务的云平台。

行业云往往比公有云贵,但隐私度、安全性和政策遵从都比公有云高。

4. 混合云

混合云的基础设施是由上述两种或两种以上的云组成,每种云仍然保持独立,但用标准的或专有的技术将它们组合起来,具有数据和应用程序的互通性及可移植性。

例如,企业常常选择将核心应用部署在私有云上,将安全要求较低的对外服务应用部署在公有云上,从而寻求一种安全性与成本之间的平衡。

5.3　大数据处理及其安全隐私技术

本节介绍大数据处理系统及其安全隐私技术。

首先,以谷歌的搜索引擎技术为例,介绍一些大数据处理技术的基本方法。然后,介绍开源的大数据处理系统 Hadoop,并介绍针对开源大数据安全系统 Sentry 的功能设计、实现机制和系统架构。最后,介绍大数据服务系统的隐私信息检索(PIR,Private Information Retrieval)问题和同态加密技术。

5.3.1　谷歌的 MapReduce

随着互联网的不断发展和日益普及,网上的信息量在爆炸性增长,大数据服务的现实需求催生了云计算技术。最早的成功的商业化的大数据服务系统,应该算是搜索引擎和电子商务系统。在谷歌的大数据处理系统中,最广为人知的三个技术就是 MapReduce 计算架构、GFS 分布式文件系统、BigTable 数据管理系统。

影响最大的技术莫过于 MapReduce。谷歌在 2004 年的操作系统设计与实现大会(OSDI)上发表的文章提出了谷歌的大规模数据批处理框架 MapReduce。MapReduce 框架定义了一套极其简单但十分高效的计算模型,该计算模型以 Key/Value 数据作为输入,只包括两个接口函数 Map 和 Reduce。Map 将数据根据 Key 值进行划分,Reduce 将具有相同 Key 值的所有数据进行聚合。基于该计算模型,MapReduce 框架实现了一个由大量普通商业 PC 组成的分布式系统。该系统将分布式计算中最重要的(也是开发者最头疼的)两个因素,即伸缩性与容错性,以极为简单优雅的方式封装在内。因此,MapReduce 给开发者提供了一个异常简洁的接口:开发者只需要关注设计 Map 与 Reduce 两个函数的算法逻辑,而不必关注底层的分布式细节。

在编程的时候,开发者需要编写两个主要的函数:Map 函数和 Reduce 函数。

MapReduce 操作的执行流程如图 5-1 所示。

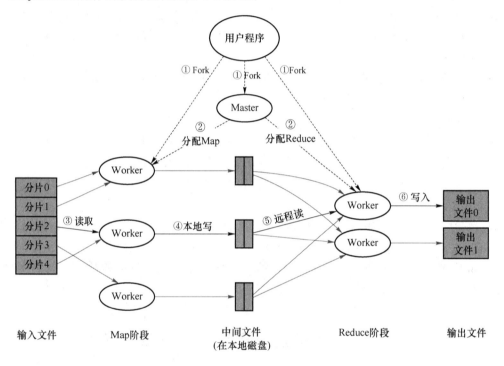

图 5-1　MapReduce 执行流程图

用户程序调用 MapReduce 函数后,依次执行下述操作。

① MapReduce 函数首先把输入文件分成 M 块,每块大概从 16～64 MB 不等,可以通过参数决定,然后在集群的机器上执行分派处理程序。

② 主控程序 Master 把任务分派给 Worker 节点,共有 M 个 Map 任务和 R 个 Reduce 任务需要分派,Master 节点选择空闲的 Worker 来分配这些 Map 和 Reduce 任务。

③ 一个被分配了 Map 任务的 Worker 读取并处理相关的输入块。Map 函数处理输入的数据,并且将分析出的＜Key,Value＞对写入内存。

④ 将内存的中间结果定时写到本地硬盘,这些数据通过分区函数分成 R 个区。中间结果在本地硬盘的位置信息将被发送回 Master,然后 Master 负责把这些位置信息传送给 Reduce Worker。

⑤ 当 Master 通知执行 Reduce 的 Worker 关于中间＜Key,Value＞对的位置信息时,它调用远程过程,从 Map Worker 的本地硬盘上读取缓冲的中间数据。当 Reduce Worker 读到所有的中间数据,它就使用中间数据中的 Key 进行排序,使相同 Key 的值都在一起。因为有许多不同 Key 的 Map 都对应相同的 Reduce 任务,所以排序是必须的。如果中间结果集过于

庞大,那么需要使用外排序。

⑥ Reduce Worker 根据每一个唯一 Key 来遍历所有的排序后的中间数据,并且把 Key 和相关的中间结果值集合传递给用户定义的 Reduce 函数。Reduce 函数的结果写到一个最终的输出文件中。

当所有的 Map 任务和 Reduce 任务都完成的时候,Master 激活用户程序。此时,MapReduce 返回用户程序的调用点。

MapReduce 是近十多年来计算机系统领域最有影响力的论文之一。雅虎公司基于 MapReduce 论文开发的开源系统 Hadoop,被极为广泛地应用在许多大公司的数据处理任务中。众多在 MapReduce 最初设计目标之外的应用案例,也都以 MapReduce 为范式进行重设计。当然,MapReduce 由于其过于简化的模型,并不是解决所有数据处理问题的万能钥匙。比如,在处理一些复杂的计算任务(如迭代计算)时,MapReduce 过于烦琐且效率不高。2008 年大卫·德威特(David DeWitt)与迈克尔·斯通布雷克(Michael Stonebraker)(后者是 2015 年图灵奖得主)也对 MapReduce 提出了质疑。甚至在 2014 年,谷歌也宣布弃用 MapReduce 并推出了更高效的 Cloud Dataflow 作为替代方案。但 MapReduce 的许多设计理念依然堪称是伟大系统的标志,其使用廉价机器构建高效系统的设计,对于后续的分布式数据处理系统有着巨大的启迪意义。

5.3.2　开源系统:Hadoop

2004 年,开源项目 Lucene(搜索索引程序库)和 Nutch(搜索引擎)的创始人道·卡廷(Doug Cutting)发现 MapReduce 正是其所需要的解决大规模 Web 数据处理的重要技术,因而模仿谷歌 MapReduce,基于 Java 设计开发了一个称为 Hadoop 的开源系统。Hadoop 的基本思想来源于谷歌发表的几篇论文,可以视为谷歌云计算框架的一个开源实现。

MapReduce 框架可以把一个应用程序分解为许多并行计算指令,跨大量的计算节点运行非常巨大的数据集。使用该框架的一个典型例子就是在网络数据上运行的搜索算法。

Hadoop 最初只与网页索引有关,而后迅速发展成为大数据分析的通用平台。

Hadoop 由 Hadoop 分布式文件系统(HDFS,Hadoop Distributed File System)、MapReduce、HBase、Hive 和 ZooKeeper 等成员组成,其中最基础最重要的元素为底层用于存储集群中所有存储节点文件的文件系统 HDFS 和用于执行 MapReduce 程序的 MapReduce 引擎。

表 5-1　Hadoop 云计算系统与谷歌云计算系统

Hadoop 云计算系统	谷歌云计算系统
Hadoop HDFS	谷歌 GFS
Hadoop MapReduce	谷歌 MapReduce
Hadoop HBase	谷歌 BigTable
Hadoop ZooKeeper	谷歌 Chubby
Hadoop Pig	谷歌 Sawzall

1. HDFS

HDFS 是一个具有高度容错性的分布式文件系统,可以被广泛地部署在廉价的 PC 上。它以流式访问模式访问应用程序的数据,这大大提高了整个系统的数据吞吐量,因而非常适合用于具有超大数据集的应用程序中。

HDFS 架构采用主从架构(Master/Slave)。一个典型的 HDFS 集群包含一个 NameNode 节点和多个 DataNode 节点。NameNode 节点负责整个 HDFS 文件系统中的文件的元数据的保存和管理,集群中通常只有一台机器上运行 NameNode 实例,DataNode 节点保存文件中的数据,集群中的机器分别运行一个 DataNode 实例。在 HDFS 中,NameNode 节点被称为名称节点,DataNode 节点被称为数据节点。DataNode 节点通过心跳机制与 NameNode 节点进行定时通信。

① NameNode 可以看作是分布式文件系统中的管理者,存储文件系统的元数据,主要负责管理文件系统的命名空间、集群配置信息、存储块的复制。

② DataNode 是文件存储的基本单元。它存储文件块在本地文件系统中,保存了文件块的元数据,同时周期性地发送所有存在的文件块的报告给 NameNode。

③ Client 就是需要获取分布式文件系统文件的应用程序。

2. Hadoop MapReduce

用户提交任务给 JobTracer,JobTracer 把对应的用户程序中的 Map 操作和 Reduce 操作映射至 TaskTracer 节点中;输入模块负责把输入数据分成小数据块,然后把它们传给 Map 节点;Map 节点得到每一个<Key,Value>对,处理后产生一个或多个<Key,Value>对,然后写入文件;Reduce 节点获取临时文件中的数据,对带有相同 Key 的数据进行迭代计算,然后把最终结果写入文件。

5.3.3　安全机制:Sentry

Apache Sentry 是 Cloudera 公司发布的一个 Hadoop 开源组件,它提供了细粒度级、基于角色的授权以及多租户的管理模式。

Apache Sentry 为 Hadoop 使用者提供了以下便利:①能够在 Hadoop 中存储更敏感的数据;②使更多的终端用户拥有 Hadoop 数据访问权;③创建更多的 Hadoop 使用案例;④构建多用户应用程序;⑤符合规范(如 SOX、PCI、HIPAA、EAL3)。

在安全授权方面,Sentry 可以控制数据访问,并对已通过验证的用户提供数据访问特权。

在访问控制的粒度方面,Sentry 支持细粒度的 Hadoop 数据和元数据访问控制。Sentry 在服务器、数据库、表和视图范围内提供了不同特权级别的访问控制,包括查找、插入等,允许管理员使用视图限制对行或列的访问。管理员也可以通过 Sentry 和带选择语句的视图,根据需要在文件内屏蔽数据。

Sentry 通过基于角色的授权简化了管理,能够方便地将访问同一数据集的不同特权级别授予多个组。

Sentry 允许为委派给不同管理员的不同数据集设置权限。

Sentry 为确保数据安全,提供了一个统一平台,使用现有的 Hadoop Kerberos 实现安全认证。

Apache Sentry 的目标是实现授权管理,它是一个策略引擎,被数据处理工具用来验证访问权限。它也是一个高度扩展的模块,可以支持任何的数据模型。

Sentry 提供了定义持久化资源访问策略的方法。目前,这些策略可以存储在文件里,也可以存储在能使用远程过程调用(RPC,Remote Procedure Call)服务访问的数据库的后端里。数据访问工具,如 Hive,以一定的模式辨认用户访问数据的请求,如从一个表读一行数据或者删除一个表。这个工具请求 Sentry 验证访问是否合理。Sentry 构建请求用户被允许的权限的映射并判断给定的请求是否允许访问。请求工具这时根据 Sentry 的判断结果来允许或禁止用户的访问请求。

Sentry 授权包括以下几种角色。

① 资源。可能是 Server、Database、Table 或者 URL（如 HDFS 或本地路径）。支持对列进行授权。

② 权限。授权访问某一个资源的规则。

③ 角色。角色是一系列权限的集合。

④ 用户和组。一个组是一系列用户的集合。Sentry 的组映射是可以扩展的。默认情况下，Sentry 使用 Hadoop 的组映射（可以是操作系统组或 LDAP 中的组）。Sentry 允许将用户和组进行关联，可以将一系列的用户放入到一个组中。Sentry 不能直接给一个用户或组授权，需要将权限授权给角色，角色可以授权给一个组而不是一个用户。

Sentry 的体系结构中有三个重要的组件：一是 Binding；二是 Policy Engine；三是 Policy Provider。

（1）Binding

Binding 实现了对不同的查询引擎授权，Sentry 将自己的 Hook 函数插入到各 SQL 引擎的编译、执行的不同阶段。这些 Hook 函数起两大作用：一是起过滤器的作用，只放行具有相应数据对象访问权限的 SQL 查询；二是起授权接管的作用，使用了 Sentry 之后，Grant/Revoke 管理的权限完全被 Sentry 接管，Grant/Revoke 的执行也完全在 Sentry 中实现；所有引擎的授权信息也存储在由 Sentry 设定的统一的数据库中，这样就实现了对引擎的授权的集中管理。

（2）Policy Engine

这是 Sentry 授权的核心组件。Policy Engine 判定从 Binding 层获取的输入的权限要求与服务提供层已保存的权限描述是否匹配。

（3）Policy Provider

Policy Provider 负责从文件或数据库中读取原先设定的访问权限。Policy Engine 以及 Policy Provider 其实对于任何授权体系来说都是必需的，因此是公共模块，后续还可服务于别的查询引擎。

5.3.4 同态加密

1. 为什么需要同态加密？

当我们使用云盘的时候，特别是把敏感数据保存在云盘上时，大家心里可能都会有一丝疑虑：安全吗？有人选择把数据加密后上传云盘，但随之而来的问题是，对加密数据的搜索、管理很不方便，严重影响效率，用户体验明显不佳。

有没有令人满意的技术方案呢？同态加密技术就是满足这种需求的重要候选方案。

有了同态加密，有预谋的盗取敏感数据的情况将成为历史。因为在同态加密环境下，敏感数据总是处于加密状态，而这些加密数据对盗贼来说是没用的。

那么，什么是同态加密呢？先来看一个典型的同态加密应用场景。

考虑到报税员，或者一些财务服务机构，你将个人财务信息提供给他们，让他们通过计算来优化你的财务/税务策略。但是，你真的会将自己的银行账号和个人财务信息提交到财务优化网站上么?

现在换一种情况,你所提交的是一个代码,财务优化网站凭此代码可以从银行数据库下载经同态加密过的财务数据。他们可以直接对加密数据进行计算,将所得到的税务优化结果再以加密的形式发送给你,这些加密的数据他们也无法破解,但是你可以。

让我们看看同态加密是如何处理2+3这样的问题的。假设数据已经在本地被加密了,2加密后变为22,3加密后变为33。加密后的数据被发送到服务器,再进行相加运算。服务器将加密后的结果55发送回来。然后本地解密为5。

再看一个字符串处理的例子,如图5-2所示。

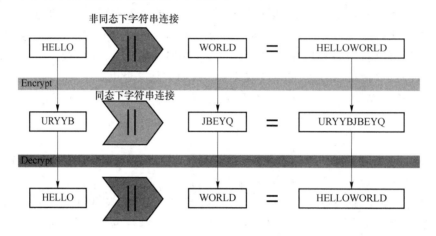

图 5-2　同态加密的示例

通过这些例子可以看出,利用同态加密算法,云端服务器不用解密就可以处理敏感数据。同态加密可以解决云计算混乱的数据安全现状,而且不会在云环境中出现任何明文数据。

2. 同态加密技术

同态加密的工作模式:数据处理方可以对输入的加密内容进行某种运算,生成新的加密数据;而当解密生成的数据时,服务使用方所解密出的明文内容,与输入明文内容进行运算后得到的结果是一致的。

同态加密技术的一般应用场景:如果对加密数据(即密文)的操作是在不可信设备(Untrusted Device)上进行的,我们希望这些设备并不知道数据的真实值(即明文),只发回给我们对密文操作后的结果,并且我们可以解密这些操作后的结果。

为了达到这个目的,Rivest 等人在 1978 年提出了同态加密的思想。Rivest、Adleman、Dertouzos 介绍了同态性质的密码应用:无信任的委托计算。

用户如果需要明文的若干计算(相加、相乘、平均值等),但又懒得自己计算,可以①委托服务器进行对应的密文计算;②服务器将密文计算结果发给用户;③用户将密文计算结果进行解密,就得到所需要的明文计算结果。

服务器在进行密文计算的时候,并不需要告诉服务器密文所对应的明文。

同态加密的定义:记加密操作为 E,明文为 m,加密得 e,即 $e=E(m)$。已知针对明文有操作 f,针对 E 可构造 F,使得 $F(e)=E(f(m))$,这样 E 就是一个针对 f 的同态加密算法。

假设 f 是个很复杂的操作,有了同态加密,就可以把加密得到的 e 交给第三方,第三方进行操作 F,拿回 $F(e)$ 后,一解密,就得到了 $f(m)$。第三方替我们干了活,对 m 却仍一无所知,这是很理想的解决方案。

同态加密的特点是可以在不先对加密数据解密时执行对加密数据的计算。

1977 年 RSA 算法可以实现乘法的同态。1999 年 Pascal Paillier 论文实现了加法同态。

RSA 算法对于乘法操作是同态的,对应的操作 F 也是乘法,对别的操作(比如加法)就无法构造出对应的 F。Paillier 算法则是对加法同态的。如果一种加密算法,对于乘法和加法都能找到对应的操作,就称其为全同态加密算法。

20 世纪 70 年代末以来,研究者普遍认为全同态加密是可能的。所谓的全同态加密是指,在加密过程中,可以对信息以任意种方式进行切片或切块,而同时不显示实际的数据。

这种系统可能对云计算特别有利,因其提供了一种分析信息的方法,这种方法对信息提供者来说有最小的隐私风险。

全同态加密的技术被冠以"密码学的圣杯"的称号。2009 年 IBM 研究员 Craig Gentry 找到了一种全同态加密算法。但是,和所有新技术一样,将全同态加密技术应用到现实生活还需要一段时间。该技术还需要解决一些应用上的障碍。其中之一就是计算效率问题。比如,在一个简单的明文搜索中应用全同态加密技术,将使运算量增加上万亿倍。

目前还没有真正可用的全同态加密算法。目前的全同态加密方案在实用性上还存有问题,因为该方案耗费的计算时间太长。

5.3.5　私有信息检索

大数据时代,用户的私有信息变得十分重要。这些私有信息不仅包括用户的密码、身份 ID(如身份证号、护照号等)、医疗数据、信用卡信息等敏感信息,还包括用户的兴趣爱好、社交信息、互联网账号、一般的财务数据,等等。在大数据时代,这些信息经过多源数据关联分析,从很多看似无关的信息中,往往能够挖掘出很多用户的敏感数据,导致用户的隐私信息无法得到保障。

一个恶意的数据库拥有者可能会跟踪用户的查询并据此推断用户所感兴趣的信息。

私有信息检索(PIR,Private Information Retrieval)是为了保障个人隐私在公共网络平台上的私密性而采用的一种阻止数据库知晓用户查询信息的策略。

私有信息检索是指用户在不泄露自己的查询信息给数据库的情况下,完成对数据库的查询操作。该概念由 Chor 等人于 1995 年首次提出,目的是保护用户的查询隐私,因此服务器不能知道用户查询记录的身份信息和查询内容。

PIR 的应用非常广泛,以下是几个典型的应用场景。①患有某种疾病的人想通过一个专家系统查询其疾病的治疗方法,如果以该疾病名作为查询条件,专家系统服务器将会猜测到该病人可能患有这样的疾病,从而导致用户的隐私被泄露。②在股票交易市场中,某重要用户想查询某只股票的信息,但又不希望将自己感兴趣的股票被服务器获得,以免该信息被公之于众从而影响股票价格。③定位服务。

PIR 问题涉及用户方和服务器方,研究者通常把该问题形式化以方便研究:将数据库抽象成为 n bit 的二进制字符串 x,即 $x \in \{0,1\}^n$,用户查询第 i 个字符 $x_i (x_i \in \{0,1\})$ 的信息,但是不希望数据库知道具体的隐私信息 i。

大多数研究工作基于这样的问题抽象,提出各自的 PIR 协议。

解决该问题的思路主要分为两大类。①信息论的私有信息检索协议:采用多个数据库副本,用编码技术将查询信息隐藏,从而实现私有信息检索。②计算性的私有信息检索协议:基于数学上的困难假设,使数据库服务器无法在多项式时间内获得查询信息,从而实现私有信息检索。

PIR 问题的一个平凡解决方法是数据库服务器将整个数据库发给用户，这样能够完全保障用户的隐私，但是通信量为数据库的总数据量大小 n。这种代价在现实中是不可接受的。

事实上，评价 PIR 协议的一个重要指标就是通信复杂度。

如果要求服务器无法获得关于用户的任何信息，$O(n)$ 的通信复杂度就是必需的。因为如果存在若干数据没有发送给用户，数据库服务器就可以推断出用户对这些数据不感兴趣，也就是说用户的隐私没有得到完全的保障。

解决这个问题的基本方法有两类。

第一类是通过在多个服务器中维护多份相同的数据库复制来构造 PIR 协议，使每个单独的服务器都无法获得用户的任何信息。这类方法的目标是保障用户的完全隐私，被称为基于信息论的 PIR 协议。

下面介绍一个于 1995 年由 Chor 等人提出的 k-server($k \geqslant 2$) 的 PIR 方案。其基本思路是一个 2-server 的 PIR 协议。首先，用户采用均匀分布选择随机下标集合 $Q_1 \subseteq \{1, 2, \cdots, n\}$。如果 Q_1 包含 i，则取 $Q_2 = Q_1 \setminus \{i\}$；如果 Q_1 不包含 i，则取 $Q_2 = Q_1 \cup \{i\}$。用户分别将这两个集合 Q_1 和 Q_2 作为查询发送给两个服务器，服务器根据收到的查询与本地数据库做计算，将结果发给用户。用户将收到的两份结果做异或运算，得到需要的答案。该基础协议的通信复杂度为 $O(n)$。这个基本方法可以扩展到 k-server 的情况，其通信复杂度为 $O(kn^{\frac{1}{\log k}})$。

第二类是放宽要求：假设服务器的计算能力有限，利用数学上的困难假设构造 PIR 协议，从而使得服务器在多项式时间内无法计算出用户的隐私信息。此类方法要求达到保障用户的计算性隐私，被称为基于计算性的 PIR 协议。

例如，基于格的 PIR 协议使用类似 NTRU（一种公钥加密方法）的方法，对数据库服务器上的数据分块并构建矩阵形式。用户查询时，首先生成若干符合一定要求的随机矩阵，然后对目标块和非目标块位置做不同的矩阵变换，并对得到的查询矩阵再做一次随机置换，然后将该查询矩阵发给服务器。服务器利用本地数据做相应的矩阵运算后将结果向量返回给用户。用户再对该结果做相应的逆运算以获得目标数据块。研究者提出了隐格问题（Hidden Lattice Problem），并证明其与已知的 NP 完全问题删码问题（Punctured Code Problem）在查询上的等价性。

无论具体采用哪种方法，PIR 的一般过程如下。用户基于要查询的数据下标 i 生成 k 个查询请求，分别发给 k 个服务器。为了隐藏 i，在服务器看来，这些查询应当是关于下标 i 的随机函数。各个服务器根据收到的查询请求和本地数据库 x 计算查询结果返回给用户。最后，用户根据收到的 k 个查询结果计算目标数据 x。

PIR 的理论研究已经比较成熟。但是，由于存在通信复杂度过高或者服务器端的计算复杂度过高的问题，导致其实用性受到局限。因此，如何在复杂度与用户隐私性之间折中，是设计实用方案需要考虑的一个问题。

对于用户查询的隐私性，无论是基于信息论的 PIR 还是基于计算性的 PIR，都要求完全的隐私保护。完全隐私保护的代价是高复杂度，从而导致其很难应用于实际场景。我们需要根据实际应用场景的差异，在效率和隐私性之间取得一个平衡点，从而对 PIR 协议进行合理改进，才能够将其应用到实际场景中。

5.4　虚拟化技术及其安全

虚拟化技术作为云计算的基础技术之一,在云服务系统中发挥了不可替代的作用。

服务器虚拟化,即将一个物理服务器虚拟成若干个服务器使用,即几个相互隔离的虚拟机,它们同时提供服务,大大提高了 CPU 的利用率。存储虚拟化,即将整个云系统的存储资源进行统一整合管理,为用户提供了一个统一的存储空间。应用虚拟化解除了应用与操作系统和硬件的耦合关系,通过将应用程序运行在本地应用虚拟环境中,为应用程序屏蔽了底层可能与其他应用产生冲突的内容。平台虚拟化即集成各种开发资源虚拟出的一个面向开发人员的统一接口,软件开发商可以方便地在这个虚拟平台中开发各种应用并嵌入到云计算系统中使其成为新的云服务供用户使用。桌面虚拟化将用户的桌面环境与其使用的终端设备解耦,服务器上存放着每个用户的完整桌面环境,用户可以使用具有足够处理和显示功能的不同终端设备通过网络访问该桌面环境。

从服务提供方视角来看,虚拟化技术有助于提高资源的利用率。从用户的视角来看,虚拟化技术可提供一个共享的资源池,降低用户的总拥有成本、系统部署和维护的时间成本,给用户提供既方便又便宜的(计算、存储、通信)服务。成本更低,用户体验更好,是虚拟化技术得以迅猛发展的根本驱动力。

虚拟是相对于真实而存在的,它打破了原先物理资源池之间的壁垒,将原本运行在物理环境上的计算机系统或其他组件运行在虚拟出来的环境中,随之物理资源也转变为逻辑上可以管理的资源。随着共享经济的迅速发展,这种供求关系将会催生新的、更简单、更有效的资源管理与使用模式,甚至有望在以后的人类日常生活中实现完全普及,而那时虚拟化将不仅仅为节约资源而存在,它将会引领一个新经济时代的到来。

本节重点介绍虚拟机技术和容器技术。

5.4.1　虚拟机技术

虚拟机技术是云计算系统提高计算资源利用率的重要技术手段。

大家都知道,绝大多数网站的访问流量都是不均衡的。例如,有的网站白天访问量很低,到了晚上七八点钟,流量就会暴涨;有的网站访问季节性很强,平时访问量不大,但是到了春节前访问量会非常大;还有的网站平时一直默默无闻,但是由于某些突发事件,使其访问量暴增而陷入瘫痪。网站运营者为了应对这些突发流量,不得不按照峰值来配置服务器和网络资源,造成资源的平均利用率只有 10%～15%。

而云计算系统通过虚拟化技术,可以构建一个超大规模的资源池;对于每个租用者,可以根据需要动态地为其分配资源和释放资源,不需要按照峰值预留资源。由于云计算平台的规模很大,租用者数量非常多,支撑的应用种类繁多,比较容易实现整体的负载均衡,因而云计算平台的资源利用率可以达到 80%左右。当然,对于实时性要求高的交互式应用,比较难以达到这么高的利用率,谷歌的数据显示,谷歌的在线应用服务器的平均 CPU 利用率约为 30%。但是,现实中有很多非实时的应用,如网络爬虫。纽约时报(*New York Times*)就曾利用亚马逊的云计算,将 1 100 万篇报道在两天之内全部转成了 PDF 文件,累计花费几百美元;这项工作如果用它自己的计算机来做,起码要几个月的时间,费用也肯定高得多。云计算系统不仅提供了很强的计算处理能力,而且显著地提高了效率,成本也更低廉。

计算虚拟化技术的实现形式,是在系统中加入一个虚拟化层,将下层资源抽象成另一种形式的资源,供上层调用。

计算虚拟化技术的通用实现方案,是将软件和硬件相互分离,在操作系统与硬件之间加入一个虚拟化软件层,通过空间上的分隔、时间上的分时,将物理资源抽象成逻辑资源,向上层操作系统提供一个与它原先期待一致的服务器硬件环境,使上层操作系统可以直接运行在虚拟环境上,并允许具有不同操作系统的多个虚拟机相互隔离,并发运行在同一台物理机上,从而提供更高的 IT 资源利用率和灵活性。

计算虚拟化软件,需要模拟出高效独立的虚拟计算机系统,称这种系统为虚拟机。在虚拟机中运行的操作系统软件,我们称之为 Guest-OS。

虚拟化软件层模拟出来的每台虚拟机都是一个完整的系统,它具有处理器、内存、网络设备、存储设备和 BIOS。在虚拟机中运行应用程序及操作系统,和在物理服务器上运行并没有本质区别。

计算虚拟化软件层,通常称为虚拟机监控器(VMM,Virtual Machine Monitor),又叫Hypervisor。其常见的软件栈架构方案为两类,即 Type-1 型和 Type-2 型。

在 Type-1 型中,VMM 直接运行在裸机上。而对于 Type-2 型,则在 VMM 和硬件之间,还有一层宿主操作系统。

根据 Hypervisor 对于 CPU 指令的模拟和虚拟实例的隔离方式,计算虚拟化技术可以细分为五个子类。

(1)全虚拟化(Full Virtualization)。

全虚拟化是指虚拟机模拟了完整的底层硬件,包括处理器、物理内存、时钟、外设等,使得为原始硬件设计的操作系统或其他系统软件完全不做任何修改,就可以在虚拟机中运行。全虚拟化 VMM 以完整模拟硬件的方式提供全部接口,如果硬件不提供虚拟化的特殊支持,那么这个模拟过程将会十分复杂。一般而言,VMM 必须运行在最高优先级来完全控制主机系统,而 Guest-OS 需要降级运行,从而不能执行特权操作。全虚拟化 VMM 有微软的 Virtual PC、VMware Workstation、Sun Virtual Box 等。

(2)超虚拟化(Paravirtualization)。

超虚拟化是一种修改 Guest-OS 部分访问特权的代码,以便直接与 VMM 交互的技术。在超虚拟化的虚拟机中,部分硬件接口以软件的形式提供给客户机操作系统。由于不会产生额外的异常和模拟硬件执行流程,超虚拟化可以大幅度提高性能。比较著名的 VMM 有Denali、Xen。

(3)硬件辅助虚拟化(Hardware-Assisted Virtualization)。

硬件辅助虚拟化是指借助硬件支持,来实现高效的全虚拟化。例如,VMM 和 Guest-OS 的执行环境可以完全隔离开,Guest-OS 有自己的全套寄存器,可以运行在最高级别。Intel-VT 和 AMD-V 采用的就是硬件辅助虚拟化技术。

(4)部分虚拟化(Partial Virtualization)。

在部分虚拟化方式下,VMM 只模拟部分底层硬件,因此客户机操作系统和其他程序需要修改才能在虚拟机中运行。历史上部分虚拟化是通往全虚拟化道路上的重要过程。

(5)操作系统级虚拟化(OS-Level Virtualization)。

在传统操作系统中,所有用户的进程本质上是在同一个实例中运行的。操作系统级虚拟化,是一种在服务器操作系统中使用的轻量级的虚拟化技术,内核通过创建多个虚拟的操作系统实例,来隔离不同的进程。不同实例中的进程,完全不了解对方的存在。采用这种技术的有 Solaris Container、FreeBSD Jail 和 Open VZ。

亚马逊弹性计算云(EC2,Elastic Compute Cloud)就是最早的虚拟机技术在云服务中大规模成功应用的案例。亚马逊的 EC2 使用 Xen 虚拟化技术。每个虚拟机,又称作实例,能够运行小、大、极大三种能力的虚拟私有服务器。亚马逊利用 EC2 计算单元(EC2 Compute Units)去分配硬件资源。

5.4.2　运维开发一体化

系统运维模式的发展经历了以下几个阶段。

1. 手工运维

早期的运维工作大部分是由运维人员手工完成的,那时,运维人员又被称为系统管理员或网管。他们负责的工作包括监控产品运行状态和性能指标、产品上线、变更服务等。因此,单个运维人员的工作量,运维人员的数量都是随着产品的个数或者产品服务的用户规模呈线性增长的。此时的运维工作消耗大量的人力资源,但大部分运维工作都是低效的重复。这种手工运维的方式必然无法满足互联网产品日新月异的需求和突飞猛进的规模。

2. 自动化运维

运维人员逐渐发现,一些常见的重复性的运维工作可以通过自动化的脚本来实现:一部分自动化脚本用以监控分布式系统,产生大量的日志;另外一部分被用于在人工的监督下进行自动化处理。这些脚本能够被重复调用和自动触发,并在一定程度上防止人工的误操作,从而极大地减少人力成本,提高运维的效率。自动化运维就此诞生。自动化运维可以被认为是一种基于行业领域知识和运维场景领域知识的专家系统。

3. 运维开发一体化

传统的运维体系将运维人员从产品开发人员中抽离出来,成立单独的运维部门。这种模式使不同公司能够分享自动化运维的工具和想法,互相借鉴,从而极大地推动了运维的发展。然而,这种人为分割的最大问题是产生了两个对立的团队——产品开发人员和运维人员。他们的使命从一开始就截然不同:产品开发人员的目标是尽快地实现系统的新功能并进行部署,从而让用户尽快地使用新版本和新功能。运维人员则希望尽可能少地产生异常和故障。但是经过统计发现,大部分的异常或故障都是由于配置变更或软件升级导致的。因此,运维人员本能地排斥产品开发团队部署配置变更或软件升级。他们之间的目标冲突降低了系统整体的效率。此外,由于运维人员不了解产品的实现细节,因此他们在发现问题后不能很好地定位故障的根本原因。为了解决这一矛盾,DevOps 应运而生。DevOps 最核心的概念是开发运维一体化,即不再硬性地区分开发人员和运维人员。开发人员自己在代码中设置监控点,产生监控数据。系统部署和运行过程中发生的异常由开发人员进行定位和分析。这种组织方式的优势非常明显,它能够产生更加有效的监控数据,方便后期运维;同时,运维人员也是开发人员,出现问题之后能够快速地找出根因。谷歌的站点可靠性工程(SRE,Site Reliability Engineering)就是 DevOps 的一个特例。

虚拟化技术,特别是容器技术,由于能够有效地支持 DevOps,因而得到了广泛的应用。下面一节将重点介绍容器技术。

5.4.3　容器技术

与传统虚拟化等技术相比,容器(Container)技术在生产应用中优势明显。相比虚拟化技术,容器技术具有部署便捷、管理便利、利于微服务架构的实现、弹性伸缩、高可用等特点。

容器技术正在快速改变着公司和用户创建、发布、运行分布式应用的方式。

首先,介绍一下容器技术的基本概念与实现原理。

容器技术有三个核心的概念:镜像(Images),容器(Container),仓库(Repositories),如图5-3所示。

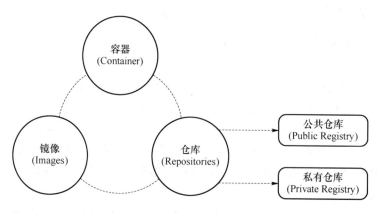

图5-3　容器技术的三个核心概念

① 镜像

镜像是基于联合文件系统(UnionFS)的一种层式结构,其内部包含如何运行容器的元数据,Dockerfile中的每条命令都会在文件系统中创建一个新的层次结构,文件系统在这些层次上构建起来,镜像就构建于这些联合的文件系统之上。

② 容器

容器是从镜像创建的运行实例。它可以被启动、开始、停止、删除。每个容器都是相互隔离的、保证安全的平台。可以把容器看作一个简易版的 Linux 环境,Docker 利用容器来运行应用。

③ 仓库

仓库是集中存放镜像文件的场所,仓库注册服务器(Registry)上往往存放着多个仓库,每个仓库中又包含了多个镜像,每个镜像有不同的标签(tag)。目前,最大的公开仓库是 Docker 仓库,存放了数量庞大的镜像供用户下载。Docker 仓库用来保存镜像,当我们创建了自己的镜像之后就可以使用 push 命令将它上传到公有或者私有仓库,这样下次要在另外一台机器上使用这个镜像的时候,只需要使用 pull 命令从仓库上下载下来就可以了。

下面以 Docker 为例,介绍容器技术的架构与实现原理。

容器技术的实现依赖于三个核心技术:隔离机制(Namespaces),资源配额(Cgroups),虚拟文件系统(UnionFS,AUFS),如图5-4所示。

Namespaces 是 LXC(Linux Container)所实现的隔离性,主要是来自内核的 Namespaces,包括 pid、net、ipc、mnt、uts 等。Namespaces 将容器的进程、网络、消息、文件系统隔离开,给每个容器创建一个独立的命名空间。Cgroups 技术实现了对资源的配额和度量。LXC 提供了一种操作系统级的虚拟化方法,借助于 Namespaces 的隔离机制和 Cgroups 限额功能来管理容器。

UnionFS 是一种支持将不同目录挂载到同一个虚拟文件系统下的文件系统。

Docker 的 AUFS：如图 5-5 所示，Docker 镜像位于 bootfs 之上；每一层镜像的下面一层称为其父镜像，相邻两层镜像之间为父子关系；第一层镜像为基础镜像，容器在最顶层，其下的所有层都为只读层；Docker 将只读的 FS 层称作镜像。

图 5-6 以 Docker 为例，将容器技术与虚拟机技术进行对比。

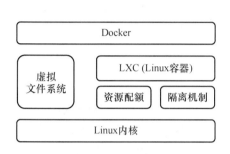

图 5-4　Docker 系统架构

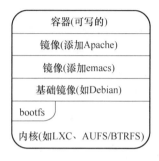

图 5-5　虚拟文件系统

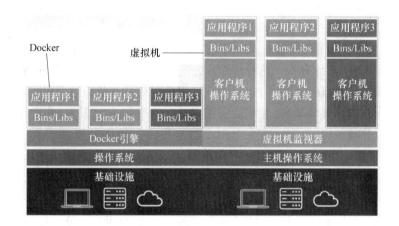

图 5-6　容器技术与虚拟机技术的对比

一般来讲，虚拟机的操作系统是运行在宿主机操作系统之上的，而容器与宿主机共享一个操作系统。虚拟机镜像庞大；而容器镜像小，便于存储和传输。虚拟机需要消耗更多的 CPU 和内存，容器几乎没有额外的性能损失。虚拟机部署速度慢，启动需要 10 秒以上；而容器启动速度快，以 Docker 为例，一般是秒级的速度。

Docker 是一个开源的引擎，可以轻松地为任何应用创建一个轻量级的、可移植的、自给自足的容器。开发者在计算机上编译测试通过的容器可以批量地在生产环境中部署，包括 VMs（虚拟机）、bare metal（裸金属）、OpenStack 集群和其他的基础应用平台。Docker 并非容器，而是管理容器的引擎。Docker 为应用打包、部署的平台，而非单纯的虚拟化技术。

为什么需要 Docker 呢？Docker 就是虚拟机和应用程序包（如 WAR 或 JAR 文件包）之间的桥梁。一方面，虚拟机是非常重量级的，即比较耗资源，因为移植时要附带些不需要的东西。另一方面，应用代码包（Application Code Packages）是非常轻量的，并没有附带足够可靠地运行起来的信息。Docker 很好地平衡了这两方面。Docker 通过打包应用程序同时也打包应用程序的依赖环境来解决这个问题。

可以把 Docker 想象成 LXC 的一个强化版，只是增加了以下 LXC 所不具有的特性。①强大的可移植性：可以使用 Docker 创造一个绑定了你所需要的应用的对象。这个对象可以被转移并被安装在任何一个安装了 Docker 的 Linux 主机上。②版本控制：Docker 自带 git 功能，能够跟踪一个容器的成功版本并记录下来，并且可以对不同的版本进行检测，提交新版本，回滚到任意的一个版本等功能，等等。③组件的可重用性：Docker 允许创建或是套用一个已经存在的包。举个例子，如果你有许多台机器都需要安装 Apache 和 MySQL 数据库，你可以创建一个包含了这两个组件的"基础镜像"。然后在创建新机器的时候使用这个镜像进行安装就可以了。④可分享的类库：已经有上千个可用的容器被上传并被分享到一个共有仓库中（http://index.docker.io/）。

最后，容器技术的四个特点总结如下。

（1）资源独立、隔离

资源隔离是云计算平台的最基本需求。Docker 通过 Linux Namespaces，Cgroups 限制了硬件资源与软件运行环境，与宿主机上的其他应用实现了隔离，做到了互不影响。不同应用或服务以"集装箱"（Container）为单位装"船"或卸"船"，"集装箱船"（运行 Container 的宿主机或集群）上数千数万个"集装箱"排列整齐，不同公司、不同种类的"货物"（运行应用所需的程序、组件、运行环境、依赖）保持独立。

（2）环境的一致性

开发工程师完成应用开发后构建一个 Docker 镜像，基于这个镜像创建的容器像是一个集装箱，里面打包了各种"散件货物"（运行应用所需的程序、组件、运行环境、依赖）。无论这个集装箱在哪里（开发环境、测试环境、生产环境）都可以确保集装箱里面的"货物"种类与个数完全相同，软件包不会在测试环境缺失，环境变量不会在生产环境忘记配置，开发环境与生产环境不会因为安装了不同版本的依赖导致应用运行异常。这样的一致性得益于"发货"（构建 Docker 镜像）时已经将"散装货物"密封到"集装箱"中，而每一个环节都是在运输这个完整的、不需要拆分合并的"集装箱"。

（3）轻量化

相比传统的虚拟化技术，使用 Docker 在 CPU、内存、磁盘 IO、网络 IO 上的性能损耗都有同样水平甚至更优的表现。容器的快速创建、启动、销毁受到很多赞誉。

（4）"一次构建，随处使用"（Build Once，Run Everywhere）

这个特性着实很吸引人，"货物"（应用）在"汽车""火车""轮船"（私有云、公有云等服务）之间迁移交换时，只需要迁移符合标准规格和装卸方式的"集装箱"（Docker Container），削减了耗时费力的人工"装卸"（上线、下线应用），节约了巨大的时间和人力成本。这使未来仅有少数几个运维人员运维超大规模装载线上应用的容器集群成为可能，如同 20 世纪 60 年代后少数几个机器操作员即可在几小时内连装带卸完一艘万吨级集装箱船。

5.4.4　容器的部署

由 Docker 主要功能特征可以看出，Docker 的目标是让用户用简单的集装箱方式，快速地部署大量的标准化的应用运行环境，所以只要是这类的需求，Docker 都比较适合。

下面是典型应用场景：

- 对应用进行自动打包和部署；
- 创建轻量私有的 PaaS 环境；

- 自动化测试和持续整合与部署；
- 部署和扩展 Web 应用数据库和后端服务。

1. 容器操作系统

Docker 发布以来,对传统的操作系统厂商产生了巨大的冲击,出现了很多容器操作系统,包括 CoreOS、Ubuntu Snappy、RancherOS、Red Hat Atomic 等。这些操作系统以支持容器技术作为主要卖点,构成了新的轻量级容器操作系统的生态圈。

传统 Linux 的操作系统及发行版本出于通用性考虑,会附带大量的软件包,而很多运行中的应用并不需要这些外围包,例如在容器中运行 java 程序,容器中安装了 JRE,而对容器外的环境不会产生任何依赖。除系统需要支持的 Docker 运行时的环境之外,无用的外围包可以省略掉,这可以减少一些磁盘空间开销。同样地,运行在后台的服务,如果没有封装在 Docker 容器中,也可以认为是多余的。减少这样的服务,也可以减少内存的开销。

因此,全面面向容器的操作系统就这样诞生了,与其他 OS 相比,这些容器操作系统更小巧,占用资源更少,运行的速度更快。

2. 容器资源管理调度和应用编排

前面介绍了 Docker 基本原理。有人认为 Docker 等同于容器,这样理解是片面的。就像传统的集装箱运输体系一样,集装箱只是其中一个最核心的部件,用它来代表整个以集装箱为核心的运输体系。同样,Docker 也是以容器为核心的 IT 交付与运行体系,它除了包括 Docker 引擎(负责容器的运行管理)、Docker 仓库(负责容器的分发管理)之外,还有相关的一系列 API 接口,构成了一套以容器为核心的创建、分发和运行的标准化体系。

当前主要有三种容器集群资源管理调度和应用编排的不同选择,称之为生态,分别是 Mesos 生态、Kubernetes 生态和 Docker 生态。

(1) Mesos 生态

Mesos 生态的核心组件包括 Mesos 容器集群资源管理调度以及不同的应用管理框架。典型的应用管理框架包括 Marathon 和 Chronos。其中 Marathon 用来管理长期运行的服务,如 Web 服务;Chronos 用来管理批量任务。

Mesos 的工作原理如图 5-7 所示。

整个 Mesos 生态包括资源管理和分配框架以及应用框架两部分,其中资源管理和分配框架采用主从模式,控制节点(Master)负责集群资源信息的收集和分配,工作节点(Slave)负责上报资源状态,并执行具体的计算任务。

资源管理和分配过程描述如下。

① 工作节点 1 向控制节点上报空闲资源状态。

② 控制节点根据资源分配策略,决定应该向哪个应用框架提供资源以及提供多少。

③ 应用框架的调度器决定是否接收控制节点发送的资源,应用框架同时负责接收和调度具体的工作任务。假设应用框架 1 决定接收资源并把两个任务调度到工作节点 1 上,则可以返回相应的响应信息。

④ 最后,控制节点把上述的响应信息发送给工作节点 1,工作节点 1 为应用框架 1 的执行器分配所需资源,执行器启动工作任务。

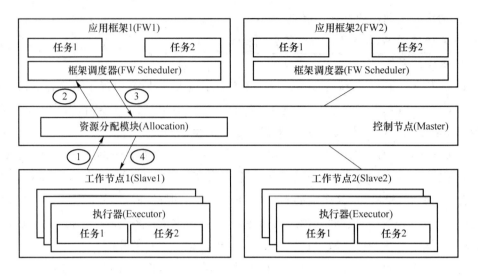

图 5-7 Mesos 生态的工作原理

（2）Kubernetes 生态

Kubernetes 是谷歌公司在 2014 年 6 月宣布开源的容器资源管理和应用编排引擎。

① Kubernetes 生态中所涉及的基本概念

- 集群（Cluster）。集群是物理机或者虚拟机的集合，是应用运行的载体。
- 节点（Node）。节点可以用来创建容器级的一个特定的物理机或者虚拟机。
- 容器集（POD）。容器集是最小的资源分配单位，一个 POD 是一组共生容器的集合。共生指的是一个 POD 中的容器只能在同一节点上。
- 服务（Service）。服务是一组 POD 集合的抽象，比如一组 Web 服务器。服务具有一个固定的 IP 或者 DNS，从而使得服务的访问者不用关心服务后面的具体 POD 的 IP 地址。
- 复制控制器（RC，Replication Controller）。通过 RC 确保一个 POD 在任何时候都维持在期望的副本数，当 POD 期望的副本数和实际运行的副本数不符时，调用接口进行创建或者删除 POD。
- 标签（Label）。标签是与一个资源关联的键值，方便用户管理和选择资源，资源可以是集群、节点、POD、RC 等。

② Kubernetes 生态的总体系统架构

Kubernetes 生态的总体系统架构如图 5-8 所示。

它的核心组件可以分为控制平面（Master）和数据平面（Node）两个部分。

控制平面包括 API 服务器（API Server），调度器（Scheduler），控制器管理器（Controller Manager）和分布式存储（ETCD）等几个组件。

数据平面则包含节点代理（Kubelet），网络代理及负载均衡（Kube-Proxy）和容器集（POD）。下面分别进行简单的介绍。

- API 服务器（API Server）。API 服务器主要提供 Kubernetes API，提供对容器集、服务、复制控制器等对象的生命周期管理，处理 REST 操作；
- 调度器（Scheduler）。调度器负责容器集在各个节点上的分配，它是插件式的，用户可自定义。

- 控制器管理器(Controller Manager)。所有其他的集群级别的功能目前由控制器管理器提供。Endpoints 对象由端点控制器创建和更新,节点控制器发现、管理和监控节点。
- 分布式存储(ETCD)。所有的持久性状态都保存在分布式存储中,它支持 watch 机制,会对存储的系统状态进行监视,这样组件很容易得到系统状态的变化,从而快速响应和协调工作。
- 节点代理(Kubelet)。Kubelet 接收 API 服务器的指令,管理容器集生命周期,以及容器集的容器、镜像、卷等。
- 网络代理及负载均衡(Kube-Proxy)。负责简单的网络代理和负载均衡。

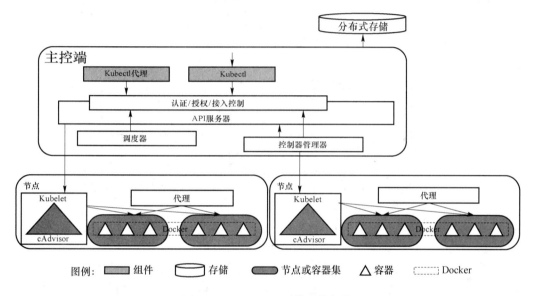

图 5-8 Kubernetes 总体系统架构

③ Kubernetes 容器调度

Kubernetes 调度器,是 Kubernetes 众多组件的一部分,独立于 API 服务器之外。调度器和 API 服务器是异步工作的,它们之间通过 http 通信。调度器通过和 API 服务器建立连接来获取调度过程中需要的集群状态信息,如节点的状态、服务的状态、控制器的状态,所有未调度和已经被调度的容器集的状态等。

调度器工作步骤具体如下。

- 从待调度的容器集队列中取出一个容器集。
- 依次执行调度算法中配置的过滤函数,得到一组符合容器集基本部署条件的节点的列表。
- 对上一步骤中得到的节点列表中的节点,依次执行打分函数,为各个节点进行打分。每个打分函数输出一个 0～10 的分数,最终一个节点的得分是各个打分函数输出分数的加权值。
- 对所有节点的得分由高到低排序,把排名第一的节点作为容器集的部署节点,创建一个名为 Binding 的 API 对象,通知 API 服务器将被调度容器集的节点部署到计算得到的节点上。

(3) Docker 生态

Swarm 项目是 Docker 公司用来提供容器集群服务的,它可以更好地帮助用户管理多个 Docker 引擎,方便用户使用。下面先看一下 Swarm 架构的基本情况。

① Swarm 架构

Swarm 容器集群由两部分组成,分别是管理器(Manager)和代理(Agent),如图 5-9 所示。从下面的简化的 Swarm 架构中可以看出,在每个节点上会运行一个 Swarm 代理,而管理节点上则主要包含调度器(Scheduler)和服务发现(Service Discovery)模块。

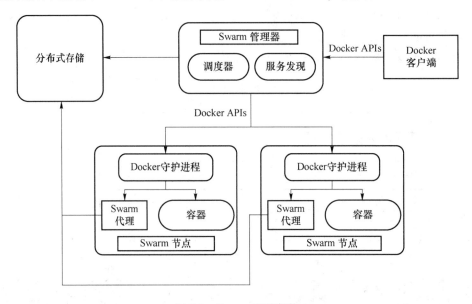

图 5-9　Swarm 系统架构

各个模块的具体作用如下。

- 调度器模块。主要实现调度功能,在通过 Swarm 创建容器时,会经过调度模块选择出一个最优节点。它包含两个子模块,分别用来过滤节点,并且根据最优策略选择节点。
- 服务发现模块。用来提供节点发现功能。
- Swarm 代理。在每一个节点上,都会有三个模块,Swarm 代理、Docker 守护进程(Daemon)和容器。
- 分布式存储(KV Store)。相关的所有持久性状态信息都保存在这里。

② Swarm 容器调度

用户容器创建时,会经过调度模块选择一个最优节点,在选择最优节点过程中,分为两个阶段:过滤和策略。

- 过滤:调度的第 1 个阶段是过滤,根据条件过滤出符合要求的节点。过滤器有以下五种。
- ✓ 约束过滤器(Constraints):可以根据当前操作系统类型、内核版本、存储类型等条件进行过滤,当然也可以自定义约束条件。
- ✓ 亲和型过滤器(Affinity):支持容器亲和性和镜像亲和性,比如一个 Web 服务,如果想将数据库容器和 Web 容器放在一起,就可以通过这个过滤器来实现。
- ✓ 依赖过滤器(Dependency):如果在创建容器的时候,使用了某个容器,则创建的容器会和依赖的容器在同一个节点上。
- ✓ 健康过滤器(Health Filter):会根据节点状态进行过滤,去除故障节点。

　　✓ 端口过滤器(Ports Filter)：会根据端口的使用情况过滤。

　　• 策略：调度的第 2 个阶段是根据策略选择一个最优节点，其有以下策略。

　　✓ Binpack 策略：在同等条件下选择资源使用最多的节点。通过这个策略，可以将容器聚集起来。

　　✓ Spread 策略：在同等条件下选择资源使用最少的节点。通过这个策略，可以使容器均匀地分布在每一个节点上。

　　✓ Random 策略：随机选择一个节点。

5.4.5　容器的安全

1. 针对容器的安全攻击

作为开发人员群体当中人气极高的代码测试方案，Docker 能够建立起一套完整的 IT 堆栈(包含操作系统、固件及应用程序)，用以在容器这一封闭环境当中运行代码。尽管其结构本身非常适合实现代码测试，但容器技术也可能被攻击者用于在企业环境内进行恶意软件感染。

研究人员发现一种新型攻击途径，可允许攻击者滥用 Docker API 隐藏目标系统上的恶意软件，Docker API 可被用于实现远程代码执行与安全机制回避等目的。Aqua Security 公司研究人员指出，该公司的研究人员塞奇·杜尔塞曾提出这种概念验证(PoC)攻击，并在 2017 美国黑帽大会上首次演示了这种技术。

攻击者不仅能够在企业网络内运行恶意软件代码，同时也可在该过程当中配合较高执行权限。在攻击中，恶意一方往往会诱导受害者打开受控网页，而后使用 REST API 调用执行 Docker Build 命令，借以建立能够执行任意代码的容器环境。通过一种名为"主机重绑定"的技术，攻击者能够绕过同源政策保护机制并获得底层 Moby Linux 虚拟机中的 root 访问能力。如此一来，攻击者将能够窃取开发者登录凭证，在开发者设备上运行恶意软件或者将恶意软件注入容器镜像之内，进而在该容器的每一次启动中实现感染传播。攻击最终能在企业网络中驻留持久代码，由于这部分代码运行在 Moby Linux 虚拟机中，因此现有主机上的安全产品无法检测主机上的持久性。

这种攻击分多个阶段进行。首先，将运行 Docker for Windows 的开发人员引诱到攻击者控制的网页(托管着特制 JavaScript)。JavaScript 能绕过浏览器"同源策略"(SOP，Same Origin Policy)安全协议——现代浏览器上的数据保护功能。所谓同源，是指域名、协议、端口相同。该攻击方法不仅使用未违反 SOP 保护的 API 命令，而且还在主机(将 Git 仓库作为 C&C 服务器)上创建一个 Docker 容器，由此托管恶意攻击代码。

如果想要访问整个 Docker API，以便能运行任何容器，如对主机和底层虚拟机具有更多访问权的特权容器，攻击者将使用与"DNS 重绑定攻击"(DNS Rebinding Attack)类似的"主机重绑定攻击"(Host Rebinding Attack)技术。DNS 重绑定攻击指的是，对手滥用 DNS 诱骗浏览器不执行 SOP。主机重绑定攻击针对 Microsoft 名称解析协议实现同样的目标，不过主机重绑定攻击通过虚拟接口实现，因此攻击本身不会在网络中被检测到。主机重绑定攻击会将本地网络上的主机 IP 地址重绑定到另一个 IP 地址上，即与 DNS 重绑定类似。DNS 重绑定攻击欺骗 DNS 响应、控制域名或干扰 DNS 服务，但主机重绑定攻击则欺骗对 NetBIOS 和 LLMNR 等广播名称解析协议的响应。其结果是创建容器，使其在受害者 Hyper-V 虚拟机中运行，共享主机网络，并执行攻击者控制的任意代码。

具备能力针对 Docker 守护进程 REST API 执行任何命令之后，攻击者能有效获取底层

Moby Linux 虚拟机的 root 访问权限。下一步是利用 root 权限执行恶意代码,同时在主机上保持持久性,并在虚拟机内隐匿活动。

接下来,需生成所谓的"影子容器"(Shadow Container)。当虚拟机重启时,"影子容器"允许恶意容器下达保持持久性的指令。如果受害者重启主机或只是重启 Docker for Windows,攻击者将失去控制。为了解决这些问题,攻击者提出采用"影子容器"技术获取持久性和隐匿性。

为此,攻击者编写了容器关闭脚本,以此保存他的脚本/状态。当 Docker 重启时,或 Docker 重置或主机重启后,"影子容器"将运行攻击者的容器,保存攻击脚本。这样一来,攻击者便能在渗透网络的同时保持隐匿性,以此执行侦察活动、植入恶意软件或在内部网络中横向活动。

通过这种攻击,攻击者可以访问内部网络、扫描网络、发现开放端口、横向活动,并感染其他设备,但他还得找到方法感染本地容器镜像,从而散布到整个企业 Docker 渠道中。

Docker 承认存在这个问题,并表示这是由于先前所有 Docker for Windows 版本允许通过 TCP/HTTP 远程访问 Docker。自此之后,Docker 改变了默认配置,关闭了 HTTP 端口,以此防止攻击者访问 Docker 守护进程。

2. 容器的秘密管理

容器应用环境中的秘密,指的是需要保护的访问令牌、口令和其他特权访问信息。容器需要安全机制来保护这些特权访问信息。

Docker 正在推进其开源容器引擎以及可支持商用的 Docker 数据中心平台,使其功能更强,对容器中秘密的防护更有力。

从部署的角度看,Docker 引擎集群(Swarm)中,只有签名应用才可以访问秘密。同一基础设施上运行的应用不应该知道相互的秘密,它们应该只知道自身被授权访问的那些秘密。Docker Swarm 在应用运行在集群上时对秘密的访问设置了访问控制。

对与系统互动的开发者和管理员,也需要进行访问控制。Docker 数据中心中基于角色的访问控制(RBAC)可与现有的企业身份识别系统集成,包括微软的活动目录。

简单的秘密存储显然不足以保证这些秘密信息的安全,因为其被某个应用泄露的潜在风险总是存在的。当秘密没有实际存储在应用本身的时候,应用才是更安全的。为此,Docker 加密了 Swarm 中秘密存放地的后端存储,所有到容器应用的秘密传输都发生在安全 TLS 隧道中。秘密只在内存中对应用可用,且不会再存储到单个应用容器的存储段。

3. 沙箱容器

容器已彻底改变了开发、打包和部署应用程序的方式。然而,暴露在容器面前的系统攻击面太广了,以至于许多安全专家不建议使用容器来运行不可信赖或可能恶意的应用程序。

人们有时候需要运行更异构化、不太可信的工作负载,这让人们对沙箱容器产生了新的兴趣——这种容器有助于为在主机操作系统和容器里面运行的应用程序之间提供一道安全的隔离边界。

gVisor(https://github.com/google/gvisor)这种新型的沙箱有助于为容器提供安全隔离机制,同时比虚拟机更轻量级。gVisor 能与 Docker 和 Kubernetes 集成起来,因而在生产环境下能够轻而易举地运行沙箱容器。

传统 Linux 容器中运行的应用程序访问系统资源的方式与常规(非容器化)的应用程序一模一样,即直接对主机内核进行系统调用。内核在特权模式下运行,因而得以与必要的硬件交互,并将结果返回给应用程序,如图 5-10(a)所示。

　　如果是传统的容器,内核对应用程序所能访问的资源施加一些限制。这些限制通过使用 Linux 控制组(Cgroups)和命名空间来加以实现,然而并非所有的资源都可以通过这种机制来加以控制。此外,即使有这样的限制,内核仍然暴露了很大的攻击面,恶意应用程序可以直接攻击。

　　具备内核特性的过滤器可以在应用程序和主机内核之间提供更好的隔离,但是它们要求用户为系统调用创建预定义的白名单。实际上,常常很难事先知道应用程序需要哪些系统调用。如果发现应用程序需要的系统调用中存在着漏洞,过滤器提供的帮助也不大。

　　提高容器隔离效果的一种方法是让每个容器在其自己的虚拟机里面运行,如图 5-10(b) 所示。这给了每个虚拟机自己的"机器",包括内核和虚拟化设备,与主机完全隔离。即使访客系统(Guest)存在漏洞,虚拟机管理程序仍会隔离主机以及主机上运行的其他应用程序/容器。这种方法为在不同的虚拟机中运行容器的安全隔离模式提供了出色的隔离、兼容性和更好的性能,但可能也需要占用更多的资源。Kata 容器是一个开源项目,它使用精简版虚拟机,能够尽量减少占用的资源并最大限度地提高隔离容器的性能。

　　gVisor 比虚拟机更轻量,同时保持相似的隔离级别,如图 5-10(c)所示。gVisor 的核心是作为一个普通的非特权进程来运行的内核,它支持大多数 Linux 系统调用。这个内核用 Go 语言编写,选择这种语言是由于它具有内存安全和类型安全的特性。就像在虚拟机里面一样,在 gVisor 沙箱中运行的应用程序也有自己的内核和一组虚拟化设备,独立于主机及其他沙箱。

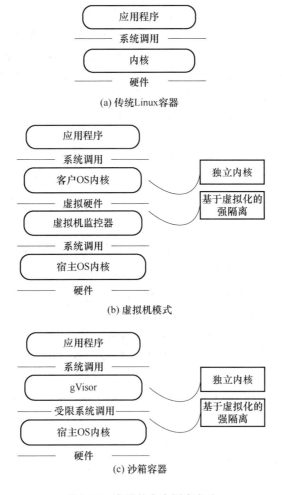

图 5-10　容器的安全隔离方法

gVisor 通过拦截应用程序的系统调用,并充当访客系统的内核,提供强大的隔离边界,一直在用户空间中运行。不同于虚拟机在创建时需要一定的资源,gVisor 可以适应不断变化的资源,就像大多数普通的 Linux 进程那样。gVisor 就好比是一个极其准虚拟化的操作系统,与标准的虚拟机相比,它具有灵活占用资源和固定成本更低的优点。

gVisor 运行时环境通过沙箱容器运行时(runsc,sandboxed container runtime)与 Docker 和 Kubernetes 无缝集成,而 runsc 符合开放容器组织(OCI,Open Container Initiative)运行时 API。

runsc 运行时环境可以与 Docker 的默认容器运行时环境 runc 互换。安装很简单;一旦安装完毕,只需要在运行 Docker 时增加一个参数(--runtime=runsc)就可以使用沙箱容器。

然而,这种灵活性的代价是每个系统调用的开销更大、应用程序兼容性较差。gVisor 实现了大部分的 Linux 系统 API(200 个系统调用,数量在增加中),但不是全部。一些系统调用和参数目前还没有得到支持,/proc 和/sys 文件系统的一些部分也是如此。因此,不是所有应用程序都可以在 gVisor 中运行,但许多应用程序可以正常运行,包括 Node. js、Java 8、MySQL、Jenkins、Apache、Redis 和 MongoDB 等。

4. AppC 标准应用容器规范

业界对于 Docker 安全性和可靠性的质疑,催生了 Rocket/rkt 的出现和发展。事实上,rkt 所遵循的原则体现了其不同于其他容器技术方案的核心价值观。由此产生的应用容器(AppC,App Container)正是一项专门的规范,用于解决 Docker 安全性薄弱的问题。

AppC 规范的全称是"Application Container Specification(应用容器规范)",这个规范的制定不是为了服务于特定的 Linux 系统环境,其初衷在于制定一组不依赖于具体平台、技术、操作系统和编程语言的容器虚拟化规范。

AppC 规范专注于确保所下载的镜像拥有可靠的签名出处以及正确的组装方法完整性。AppC 容器规范设计目标包括以下几个。

① 组件式工具。用于下载、部署和运行虚拟容器环境的操作工具应该相互独立、互不依赖且可被替换。

② 镜像安全性。镜像在因特网下载传输时应当使用加密协议,容器工具应当内置验证机制,以拒绝来源不安全的镜像。

③ 操作去中心化。镜像分发应该支持可扩展的传输协议,未来允许引入 P2P,甚至 BitTorrent 协议来提升镜像分发效率,且容器使用前不应需要登录特定的镜像仓库。

④ 开放性标准。容器镜像的格式与元数据定义应该由社区统一协商制定,使符合这一规范的不同容器产品能够共享镜像文件。

rkt 遵循 AppC 方法生成 tar(即 tape archive)格式的镜像文件而非 ISO,因此其 GPG(一种加密软件)密钥会同 ISO 本身一同进行散列处理,从而保证容器底层镜像经过严格验证。

通过这种方式,源文件的完整性与安全性更具保障(几乎不可能出现文件替换、补丁等级错误、恶意软件、软件包损坏以及其他可能影响 ISO 使用的情况)。而且每套镜像都拥有一个独一无二的镜像 ID。

容器技术仍然面临一些挑战:在技术上,容器技术的安全性有待提高,编排系统亟待完善;在产业生态上,容器技术的标准尚待统一和完善。

5.4.6　虚拟机的安全

由于多个用户的虚拟机共享一台物理机,那么,是否虚拟用户 A 有可能获得同一台机器上的虚拟用户 B 的隐私数据呢?

毫无疑问,这种可能性是存在的。

2017 年年底,Intel CPU 爆出漏洞,该漏洞存在于过去十年生产的现代 Intel 处理器中。它让普通的用户程序(从数据库应用软件到互联网浏览器中的 JavaScript)在一定程度上得以发现受保护内核内存里面的数据。

只要运行中的程序需要执行任何有用的操作,比如写入文件或建立网络连接,它就要暂时将处理器的控制权交给内核以便执行任务。为了尽可能快速而高效地从用户模式切换到内核模式,再切换回到用户模式,内核存在于所有进程的虚拟内存地址空间中,不过这些程序看不见内核。需要内核时,程序进行系统调用,处理器切换到内核模式,进入内核。完成后,CPU 被告知切换回到用户模式,重新进入进程。在用户模式下,内核的代码和数据依然看不见,但存在于进程的页表中。但 Intel 芯片中存在的缺陷让内核访问保护机制可以被人以某种方式绕过。

漏洞有两种攻击模式:一种被称为 Meltdown,在用户态攻击内核态,造成内核信息泄露;另一种被称为 Spectre,即一个应用可以突破自己的沙盒限制,获取其他应用的信息。

这个攻击对云的影响非常大,利用这个漏洞,一个 Guest 可以获取 Host 或同一台服务器上其他 Guest 的信息。也就是说,如果该漏洞被利用,那么在同一物理空间的虚拟用户 A 可以访问另一个虚拟用户 B 的数据,包括受保护的密码、应用程序密钥等。

解决方法是使用内核页表隔离(KPTI)功能,将内核的内存与用户进程完全分离开来。这种分离的缺点在于,针对每次系统调用和来自硬件的每次中断,不断地在两个独立的地址空间之间来回切换,这从时间方面来看开销相当大。这种上下文切换每次发生时都会迫使处理器导出缓存数据,从内存重新装入信息。这就增加了内核的开销,减慢了计算机的运行速度。

5.4.7　基于虚拟机的入侵分析

2002 年,Dunlap 等人提出了一个基于虚拟机日志(logging)和重放(replay)的入侵分析系统 ReVirt。

在此之前,基于事件日志的入侵分析已经有了一定的发展历史。但此前的日志记录方法存在着两个缺陷。首先,日志功能依赖于可能被攻击的操作系统,一旦操作系统本身被入侵者控制,生成的日志也可能被入侵者篡改或删除。其次,此前的日志记录的信息(如用户登录/退出、进程开始/结束等)并不完备,缺少重放程序的许多重要信息,特别是执行中的非确定性事件如外部中断、用户输入等。

为了解决这两个问题,ReVirt 将需要被分析的整个客户操作系统(Guest OS)放在一个虚拟机中,然后在更下层的虚拟机监视器(VMM,通常运行于不同的域)中记录日志。这样,即便入侵者控制了整个客户操作系统,也无法影响运行在其他域的 VMM 日志记录。同时,ReVirt 详细分析了虚拟机执行中可能的各类非确定性事件,并完整地记录这些事件发生时的上下文。基于 ReVirt 的日志,虚拟机中的任意程序均可被高效、确定性地重放。

ReVirt 开创了系统安全领域的一个新方向,有着极为深远的影响。

5.5 安全多方计算

什么是安全多方计算(SMC,Secure Multi-Party Computation)?

首先,来考虑一种场景:①两方或更多方参与基于它们各自私密输入的计算;②而且它们都不想其他方知道自己的输入信息。

那么,在保护输入数据私密性的前提下,如何实现这种计算?这就是"安全多方计算"要研究的问题。

安全多方计算是指多个参与方,每一个参与方拥有一个秘密信息,它们希望利用这些秘密信息作为输入,共同计算一个函数。例如,一个协会希望知道协会成员的平均收入,每个人又不希望泄露自己的收入信息。

解决上述问题的策略之一是假设有可信任的服务提供者或是假设存在可信任的第三方。但是在目前多变和充满恶意的环境中,这是极具风险的。因此,可以支持联合计算并保护参与者私密的协议变得日益重要。

安全多方计算是无可信第三方的保护隐私计算协议。

通常讲,一个安全多方计算问题在一个分布网络上计算基于任何输入的任何概率函数,每个输入方在这个分布网络上都拥有一个输入,而这个分布网络要确保输入的独立性,计算的正确性,而且除了各自的输入外,不透露其他任何可用于推导其他输入和输出的信息。

由此可见,通过安全多方计算技术,既实现了数据的共享,又保护了参与方的隐私信息,是大数据服务中实现安全与隐私保护的有力工具。

安全多方计算问题即百万富翁问题,最早是由著名的计算机科学家、2000 年图灵奖获得者姚期智教授提出的。这个问题是说,在没有第三方参与的情况下,两个百万富翁能够在互相不暴露自己的财产数额的情况下,比较谁更富有。

随后,Goldreich、Micali(2012 年图灵奖得主)、Wigderson 对该问题进行了推广,提出了具有密码学安全的安全多方计算协议,可以用来计算任意函数。1988 年,Goldwasser、Chaum 等人从理论上证明了安全多方计算的可解性。

安全多方计算的理论研究主要以以色列学者 Goldreich 等人的工作为主,研究工作已经得出了一般安全多方计算问题都是可解问题的结论。但是,这些协议几乎都需要使用电路计算、陷门置换等概念,不能直接用于具体的安全多方计算。

5.5.1 百万富翁问题

1982 年,姚期智教授提出的百万富翁协议是解决百万富翁问题的最早方案。在该协议中,假设 Alice 的秘密输入为 a,Bob 的秘密输入为 b,满足 $1 \leqslant a < b \leqslant n$(原协议的要求是 $1 \leqslant a < b \leqslant 10$,为了保证通用性,这里假设 $1 \leqslant a < b \leqslant n$,$n$ 是大于 1 的某个正整数)。令 M 是所有 N bit 非负整数的集合,Q_N 是所有从 M 到 M 的一一映射函数的集合。令 E_A 是 Alice 的公钥,它是从 Q_N 中随机抽取的。该协议的具体描述如下。

输入:Alice 有一个秘密输入 a,Bob 有一个秘密输入 b。

输出:Alice 和 Bob 得到 a 和 b 的大小关系。

① Bob 随机选取一个 N bit 的整数 x,秘密计算 $E_A(x)$ 的值,并把该值记为 k。

② Bob 将 $k-b+1$ 发送给 Alice。

③ Alice 秘密地计算 $y_u = D_A(k-b+u)$ 的值($u=1,2,\cdots,n$)。

④ Alice 产生一个 $N/2$ bit 的随机素数 p，对所有 u 计算 $z_u = y_u \pmod{p}$。如果所有的 z_u 在模 p 运算下至少相差 2，则停止。否则，重新产生一个随机素数 p 重复上面的步骤，直到所有的 z_u 至少相差 2。用 p，$z_u(u=1,2,\cdots,n)$ 表示最终产生的这些数。

⑤ Alice 将素数 p 以及下面的 n 个数都发送给 Bob（下列数都在模 p 运算下）：

$$z_1,z_2,\cdots,z_a,z_{a+1}+1,\cdots,z_n+1$$

⑥ Bob 检验由 Alice 传送过来的不包括 p 在内的第 b 个值，若它等于 $x \bmod p$，则 $a \geqslant b$，否则 $a<b$。

⑦ Bob 把结论告诉 Alice。

正确性分析

上述协议能正确判断出 a 和 b 的大小关系，因为

$$z_u = D_A[E_A(x)-b+u] \bmod p$$

特别地，有

$$z_b = D_A[E_A(x)-b+b] \bmod p = D_A[E_A(x)] \bmod p = x \bmod p$$

如果 $a \geqslant b$，那么第 b 个值为 $z_b = x \bmod p$，否则为 $z_b+1 = (x \bmod p)+1 \neq (x \bmod p)$。所以，Bob 通过检验由 Alice 传送的不包括 p 在内的第 b 个值，可以判断 a 和 b 的大小。

安全性分析

协议能够保证 Alice 和 Bob 都不能得到有关对方财富的更多的信息。

首先，除了当 Bob 告诉 Alice 最后的结论后，Alice 能够推测出 b 的范围以外，Alice 将不知道 Bob 财富的任何信息，因为她从 Bob 那里仅仅得到一个值 $k-b+1$，由于 k 的存在，使 Alice 不能从中得知 b。

其次，Bob 知道 y_b（即 x）的值，因此他也知道 z_b 的值。然而他不知道其他 z_u 的值，而且通过观察 Alice 发送给他的数列，他也无法辨认出哪个是 z_u，哪个是 z_u+1。这一点是由两两 z_u 之间至少相差 2 来保证的。

但是，协议仍然存在一些可以被攻击的地方。例如，Bob 有可能选择随机数 t，并验证 $E_A(t)=k-b+n-1$ 是否成立。如果他尝试成功了，他便知道 $y_{n-1}=t$，从而他也得知了 z_{n-1} 的值。因此他能够得知 a 是否大于等于 $n-1$。而且，在协议的最后一步，Bob 可能欺骗 Alice，告诉 Alice 一个错误的结论。所以，该协议不能对抗主动攻击，即不能使用在恶意模型下。

另外，该协议的复杂度是指数级的，效率非常低，不实用。但是，该协议的设计思想是简单的，实际上它主要将 a 在一个有序数中的位置做了隐藏的"标记"，在 a 之前的数使用一种标记，在 a 之后的数使用另外一种标记，然后让 b 揭示它所在位置的"标记"，如果是前一种，则 b 比 a 小，否则 b 比 a 大。由于简单的设计原理，该协议成为百万富翁协议中较为经典的一个。

5.5.2　安全多方计算模型

安全多方计算模型有两种：半诚实模型和恶意模型。

如果所有参与者都是诚实的或者半诚实的，称此模型为半诚实模型，其中的攻击者是被动的。

存在恶意参与者的模型称为恶意模型，其中的攻击者是主动的。

1. 参与者模型

参与者是指参与协议的各方,可以根据参与者的行为将其分为三类。

(1) 诚实参与者

在协议执行过程中,诚实参与者完全按照协议的要求完成协议的各个步骤,同时对自己的所有输入、输出及中间结果进行保密。

(2) 半诚实参与者

在协议执行过程中,半诚实参与者完全按照协议的要求完成协议的各个步骤,但同时可能将自己的输入、输出及中间结果泄露给攻击者,也可以根据自己的输入、输出及中间结果推导其他参与者的信息。

(3) 恶意参与者

在协议执行过程中,恶意参与者完全按照攻击者的意志执行协议的各个步骤,不但将自己的所有输入、输出及中间结果泄露给攻击者,还可以根据攻击者的意图改变输入信息、中间结果信息,甚至终止协议。

2. 攻击者模型

攻击者是指企图破坏协议安全性和正确性的人。对攻击者进行分类时,可以有不同的分类准则,这些分类准则主要有攻击者的计算能力、网络同步状态、对恶意参与者的控制程度和动态性。

(1) 按照计算能力分类

按照攻击者的计算能力可以将攻击者分为拥有无限计算能力的攻击者和拥有有限计算能力的攻击者。

对于拥有无限计算能力的攻击者而言,不存在诸如大素数分解困难等数学难题。在无限计算能力的攻击者模型下的安全的多方计算协议为信息论安全的多方计算协议。

对于拥有有限计算能力的攻击者而言,破解目前公认的数学难题是不可能的。在有限计算能力的攻击者模型下的安全的多方计算协议为密码学安全的多方计算协议。

(2) 按照网络同步状态分类

通信网络可以分为同步通信网络和异步通信网络,相应的攻击者也可以分为同步通信网络下的攻击者和异步通信网络下的攻击者。

同步通信网络是指协议的执行以及数据的通信是有序的,后面进行的运算必须在前面的运算结束以及相应的数据通信完成后方可进行。

异步通信网络是指协议的执行不必严格按照顺序执行,可以进行并行的运算和数据通信。因此,在异步通信中恶意地将通信数据延迟或颠倒顺序也成为一种攻击方式。

5.5.3 平均工资问题

ACM 协会想了解计算机领域大学教授的平均收入,但是参与调查的人不希望泄露自己的工资数据,并且也无法完全信任任何第三方。那么,如何设计计算协议才能够在不泄露个人数据的前提下算出大家的平均工资呢?

我们可以简化一下这个问题,以四个人的情况为例,说明设计方法。

假设四个参与者是 Alice、Bob、Carol 和 Dave,算法设计如下。

① Alice 生成一个随机数,将其与自己的工资相加,用 Bob 的公钥加密发送给 Bob。

② Bob 用自己的私钥解密,加进自己的工资,然后用 Carol 的公钥加密发送给 Carol。

③ Carol 用自己的私钥解密,加进自己的工资,然后用 Dave 的公钥加密发送给 Dave。

④ Dave 用自己的私钥解密,加进自己的工资,然后用 Alice 的公钥加密发送给 Alice。

⑤ Alice 用自己的私钥解密,减去原来的随机数得到工资总和。

⑥ Alice 将工资总和除以人数得到平均工资,宣布结果。

该算法是基于所有的参与者是诚实的这一假设。如果不诚实则平均工资错误;并且 Alice 作为"名义上"的集成者,可以谎报结果。

5.5.4　应用与挑战

安全多方计算模型在实际生活中的应用情形举例如下。

① Alice 认为她得了某种遗传疾病,想验证自己的想法。正好她知道 Bob 有一个关于疾病的 DNA 模型的数据库。如果她把自己的 DNA 样品寄给 Bob,那么 Bob 可以给出她的 DNA 的诊断结果。但是 Alice 又不想别人知道她的隐私。所以,她请求 Bob 帮忙诊断自己 DNA 的方式是不可行的。因为这样 Bob 就知道了她的 DNA 及相关私人信息。所以 Alice 需要一种方法来验证自己是否得了遗传疾病。

② 经过一次花费昂贵的市场调查后,A 公司决定通过扩展在某些地区的市场份额来获取丰厚的回报。同时,A 公司注意到 B 公司也在扩展一些地区的市场份额。在策略上,两个公司都不想在相同地区互相竞争,所以它们都想在不泄露市场地区位置信息的情况下知道它们的市场地区是否有重叠(信息的泄露可能会导致公司遭受巨大的损失。比如另一家对手公司知道 A 公司和 B 公司的扩展地区,提前行动占领市场;又比如房地产公司知道 A 公司和 B 公司的扩展计划,提前提高当地的房租,等等)。所以它们需要一种方法在保证私密的前提下解决这个问题。

③ 两个金融组织计划为了共同的利益合作一个项目。每个组织都想自己的需求获得满足。然而,它们的需求都是它们自己专有的数据,没人愿意透露给其他方,甚至是"信任"的第三方。那么它们如何在保护数据私密性的前提下合作项目呢?

已有的这些安全多方计算协议存在以下问题,导致其在现实中未能得到广泛应用。①不可验证。这些协议忽略了对参与方输入、输出的验证,其正确性都依赖于计算参与方完全诚实遵循协议进行计算。计算的可验证性是一个非常重要,却被长期忽略的问题。②开销大。这些协议通常计算开销都非常大,难以应用于实际系统。

5.6　大数据存储及其安全隐私

随着互联网技术的发展,数据量越来越大,企业对数据的依赖度也越来越高。如何有效、经济地进行数据存储和管理,确保数据的完整性和有效性,已成为企业经营中必须解决的问题。当今,数据存储已不再简单地作为计算机系统的附属功能存在,数据存储已经发展成为相对独立且自成体系的庞大行业系统。

5.6.1　GFS

谷歌文件系统(GFS,Google File System)是一个大型的分布式文件系统。它为谷歌云计算提供海量存储,处于所有核心技术的底层。GFS 不是开源的系统,本章参考文献[2]是谷歌公布的关于 GFS 的最为详尽的技术文档,详细阐述了 GFS 产生的背景、特点、系统架构、性能测试。

GFS 的新颖之处在于它采用廉价的商用机器构建分布式文件系统,同时将 GFS 的设计与谷歌应用的特点紧密结合,简化实现,使之可行,最终达到创意新颖、有用、可行的完美组合。GFS 将容错的任务交给文件系统完成,利用软件的方法解决系统可靠性问题,使存储的成本成倍下降。GFS 将服务器故障视为正常现象,并采用多种方法,从多个角度使用不同的容错措施,确保存储数据的安全,保证不间断的数据存储服务。

谷歌在 2003 年发表了关于 GFS 的论文,文章发表后,雅虎公司基于 GFS 的设计开发了开源的 HDFS 分布式文件系统。2010 年,谷歌宣布了自己用于替代 GFS 的下一代文件系统 Colossus,但由于其技术细节并未披露,时至今日,HDFS 依然是最为流行的分布式文件系统之一。许多大规模数据分析系统(包括 MapReduce 和 BigTable)的底层都是基于 GFS 或 HDFS 进行文件存储。而 GFS 的许多设计思想,也推动着诸多后续分布式文件系统的不断演进,启发了各类针对不同应用场景的分布式文件系统的诞生,如针对随机读或小文件存储的文件系统。

5.6.2 BigTable

在 2006 年的 OSDI 学术会议上,谷歌发表了文章介绍其 Key/Value 数据存储架构 BigTable。BigTable 建立在前面介绍过的 GFS 之上。相比于 GFS 中的无结构数据,BigTable 对数据建立了结构化的模型,更适合进行数据分析。因此,谷歌的许多服务都建立在 BigTable 上而并不是直接建立在 GFS 上,包括谷歌的索引、许多 MapReduce 应用、谷歌地图、Youtube、Gmail 等。

BigTable 的数据模型是一个分布式多维表格,如图 5-11 所示,表中的数据通过一个行关键字(Row Key)、一个列关键字(Column Key)以及一个时间戳(Time Stamp)进行索引。

BigTable 对存储在其中的数据不做任何解析,一律看作字符串,具体数据结构的实现需要用户自行处理。BigTable 的存储逻辑可以表示为(row:string,column:string,time:int64)$\rightarrow$ string。

有别于传统的关系数据库,BigTable 允许对表格的列进行动态的添加删除。与 GFS 和 MapReduce 类似,BigTable 也同样在数千台廉价的商业 PC 上构建,用于支持拍字节级别的海量数据。为此,BigTable 根据表格行主键将表格进行分割形成若干被称为 tablet 的存储单元,存储在 GFS 中。tablet 在 GFS 中的位置被存储在主服务器(Master)中。BigTable 利用 Chubby(一个分布式锁系统)来管理 tablet 信息,包括保证可用性、存储 tablet 位置、保存各个 BigTable 的列信息与访问权限、动态监测各个服务器的状态等。

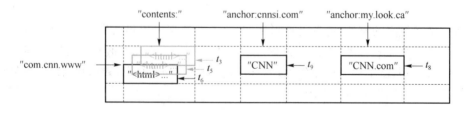

图 5-11 BigTable 的数据模型

在 BigTable 之后,谷歌又陆续推出了若干结构化存储系统,如 MegaStore、Spanner、F1 等,但 BigTable 提出的数据模型对结构化数据存储领域有重要影响,Casandra、LevelDB、

Hypertable 等系统都提供了对 BigTable 或类似数据模型的支持。而基于 BigTable 开发的开源系统 HBase 在业界也有着广泛的应用。

5.6.3　云存储的应用及其安全问题

云计算技术的迅猛发展和互联网带宽的多次提速使电子数据的云端存储与普适访问成为可能。云存储服务(俗称"网盘")让互联网用户能够方便地存取和分享数据——不管用户在何时何地、使用什么终端设备(平板计算机或智能手机),在云端存放的数据,如文档、图片、音乐或视频等,都能自动同步到该用户所有的在线设备中,并可以与其他用户分享。

2006 年 3 月,亚马逊推出 S3 (Simple Storage Service),这是世界上第一个商业云存储基础设施,提供极为简单却极具扩展性的 RESTful(自表义、无状态的)访问接口。然而,普通用户要使用 S3 是极为困难的,因为它连基本的图形界面和"文件(夹)"的概念都没有。

2007 年,Dropbox 公司一成立,就敏锐地抓住了 S3 的后端优势和前端不足,在 S3 和用户之间迅速架起了云存储服务的桥梁,如图 5-12 所示。Dropbox 自行搭建了一个规模较小的私有云,以维护那些重要的、敏感的元数据和用户信息。同时,Dropbox 充分利用 S3 的云计算优势,轻松地应对了后来用户量和数据规模的多次"井喷"。

图 5-12　Dropbox 数据存储架构

云盘是一种基于云存储技术的 SaaS 服务,在国内为广大用户广泛接受。例如,大家常用的百度云盘。

云计算的商业模式本质上是在信息服务领域复制了电力、自来水等传统行业的商业模式。

相较于 FTP 等传统文件存储服务,云盘具有以下特点:①海量存储资源,虚拟为一个"云盘";②云盘可以被视为一个超大容量的免费网络 U 盘,可靠性高,数据永不丢失;③云盘作为海量数据资源池催生了新的技术,如"秒传"功能,这些技术让用户获得了很好的用户体验。

云存储系统可以使用户以较低廉的价格获得海量的存储能力,但高度集中的计算资源使云存储面临着严峻的安全挑战。据 Gartner 公司 2009 年的调查结果显示因担心云数据隐私被侵犯,70%受访企业的 CEO 拒绝大规模地采用云计算的计算模式。而在最近几年里各大云运营商各自暴露的安全存储问题引起了人们的广泛关注与担忧。如 2011 年 3 月谷歌 Gmail 邮箱出现故障,而这一故障造成大约 15 万用户的数据丢失;2012 年 8 月国内云提供商盛大云因机房一台物理服务器磁盘发生故障导致客户的部分数据丢失。由此可见,云中的数据安全存储已经阻碍了云计算在 IT 领域得到大规模的应用。

5.6.4　数据完整性机制

随着云存储模式的出现,越来越多的用户选择将应用和数据移植到云中。但他们在本地可能并没有保存任何数据副本,无法确保存储在云中的数据是完整的。那么,如何确保云存储环境下用户数据的完整性呢?

事实上,数据和应用的可用性以及数据的完整性是用户使用云服务的根本。运行在云端的服务是否能保持随时可用?尽管云提供了很多完整性保障措施,但依旧无法杜绝数据丢失。而在很多情况下,即使是少量的数据丢失,对客户来说也是无法接受的。

对于数据来说,养兵千日,用兵一时,用户在平时很难知道数据在云端的状态如何。尽管用户可以定时下载自己的数据以确认其完整性,但是当存储量越来越大的时候,这种方法就不可行了。一方面,将数据完全下载需要很长的时间,占用很大的带宽;另一方面,这种数据传输业务是需要付费的,必须考虑其中的成本问题。

由于接入云的设备受计算资源的限制,用户不可能将大量的时间和精力花费在对远程节点的数据完整性检测上。通常云用户将完整性验证任务移交给经验丰富的第三方来完成。采用第三方验证时,验证方只需要掌握少量的公开信息即可完成完整性验证任务。

云数据存储服务的架构如图 5-13 所示。

在这个架构中一共有三个角色:用户、云服务器和第三方审计者(TPA,Third Party Auditor)。其中,TPA 的作用是代表数据所有者完成数据的完整性认证和审计任务等,这样用户就不需要亲自去做这些事,这对云计算的经济规模化是有价值的。用户(可以是个人或企业)就是希望利用云服务器来存储自己的大量数据,从而节省建立本地存储基础设施的费用。云服务器除了提供数据存储服务,还可以提供可用性服务和分享服务。

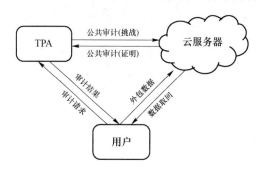

图 5-13　云数据存储服务架构

由于数据所有者失去了对自己数据的直接物理控制,如何进行数据完整性的验证是十分关键的。考虑到自身的资源限制和云计算的经济规模化,数据所有者会把认证这项工作交给 TPA 来做,但又希望不会把数据隐私泄露给 TPA;同时,人们希望 TPA 做的认证工作是有效率的,能够尽量地缩减计算开销和存储开销,尽量减少数据所有者的在线负担,比如密钥或消息认证码的更新。

外部入侵者有能力攻击云服务器并且损坏其中的数据,却不被发现;云服务器在多数情况下是不会破坏数据的,但是为了自身的利益,也可能删除服务器中长时间不用的数据,以此减轻负担和开支,也有可能发现数据被外部入侵者损坏,却对数据所有者隐瞒实情,以此来维护自己的名誉。

针对以上在现实中的需求,研究者们提出了数据可恢复性证明(POR,Proofs of Retrievability)的概念。

POR 的验证机制需要解决两个问题:①更有效地识别外包文件中出现的损坏;②能恢复已损坏的数据文件。

基本的思路是通过增加验证信息来提高验证的效率,并运用纠错编码技术来恢复被损坏的数据。具体而言,针对第一个问题,可以在外包的文件中预先植入一些称为岗哨位(Sentinel)的检验数据块,并在本地存储好这些检验数据块。对于远程服务器而言,这些岗哨数据块与数据块是无法区分的;倘若服务器损坏了数据文件中的部分内容,也会相应地损坏岗哨文件块。对比存储在本地的检验数据,能判断远程节点上的数据是否是完整的。另外通过岗哨文件块损坏的数目,可以评估文件中出错的部分在整个文件中所占的比例。针对第二个问题,通常利用 RS 纠错码(Reed-Solomon Codes)对文件进行容错预处理,使验证机制可以恢复一部分损坏的数据。

5.6.5 隐私保护机制

如果大家用过云盘,可能都知道云盘的"秒传"功能。当你向自己的云盘上传一部电影的时候,发现几百兆字节甚至几千兆字节的文件,能够瞬间就完成了上传。

该功能的基本原理是通过客户端软件从文件中获取一个特征值,然后在服务器上保存所有数据的特征值进行比较。如果有重复的,就无须再上传数据。由于很多电影、音乐类的文件,已经有用户在云存储系统中保存,因此,只需要确认一下该文件存在即可。这种设计不仅提高了用户存储文件的效率,而且同一个文件也无须再进行重复存储,避免了存储空间的浪费。

云盘的"秒传"功能给用户带来了很好的体验,并且降低了服务提供商的存储成本。目前数据压缩非常有效且很常用的一个手段是去重(deduplication),即识别数据中冗余的数据块,只存储一份,其余位置存储类似指针的数据结构。研究表明,基于数据分布的不同,有效地去重能够节省高达 50% 甚至 90% 的存储空间和带宽。去重已经被广泛地应用于很多商业化的系统,如 Dropbox。

1. 加密数据去重技术及其理论

大规模云存储系统往往面临两个矛盾的需求:一方面系统需要压缩数据以节省存储空间的开销;另一方面,用户出于数据安全和隐私的考虑,希望自己的数据加密存储。但是去重却是和数据加密的目标相矛盾的。为什么这么说呢?这是由加密本身的性质和目标造成的。

加密之后的密文需要保留原文的冗余,即原文相同的数据块加密后的密文仍相同(这里的相同不一定是密文的全等,系统只要一种识别包含相同内容的密文的手段即可),这样去重才能够起作用。但是,它与加密算法的安全性定义有不可调和的矛盾。语义安全(semantic security)明确禁止原文相等性的检测,即给定两个密文,不应该允许对手断定它们加密的是否是同样的数据,否则对手可以利用这一性质攻破前述密文不可区分性。可以明确断言的是,满足现代加密算法安全性(如语义安全)的所有加密算法都不支持去重。

于是退而求其次,即,可以适度放宽对安全性的要求,允许密文泄露原文相等性信息,从而使加密后的去重成为可能。最早提出的方案是收敛加密(CE,Convergent Encryption)。它的想法非常简单:一个数据块 d 的加密如下:$E(h(d),d)$,其中 $E(key,d)$ 是以 key 做密钥加密数据 d 的对称加密算法,$h(x)$ 是一个哈希函数。也就是说,当需要加密一个数据块 d 的时候,CE 先用数据内容生成 key,再用一个对称加密算法(如 AES 等)加密。严格地讲,对称加密算法本身通常都是随机化的(randomized)或者有状态的(stateful),即除了密钥之外,算法本身会生成一些随机数(如初始向量 IV),或者维护一个计数器之类的状态,这样即使多次加密同样的信息也会有不同的结果,目的还是获得类似语义安全这样的安全性。这里 CE 的做法可

以理解为 $h(x)$ 输出的一部分作为 key,另外一部分作为算法所需的随机数(如 IV)。这样做的结果是,不管哪个用户加密,同样的数据块一定会被加密成同样的密文,后续可以做去重了。

但是一个令密码学研究者不安的状况是,虽然 CE 已经被广泛应用,它的安全性却始终没有得到严格的分析。它显然没有达到语义安全。那么它到底提供一种什么样的保护呢?这种保护是否足够?是否存在很容易的破解方法使它完全失去作用?在没有解决这些问题的情况下就被广泛使用显然是令人忐忑的。

2013 年,Mihir Bellare 等人提出了消息锁定式加密(MLE,Message-Locked Encryption)的框架。他们同时提出了 PRV＄-CDA 的安全性概念,并证明了 PRV＄-CDA 比其他相关的安全性概念的安全性更强。

简单地讲,MLE 是这样一种加密算法,它使用的 key 是从待加密的原文算出来的(key used for encryption is derived from the message itself)。CE 是 MLE 的一个特例。MLE 允许原文相等信息的判断(equality checking),从而支持去重。

PRV＄-CDA 的命名采用与其他安全性定义相同的惯例:以横线(-)为界,前面是所要达到的目标,后面是所承受的攻击。＄通常表示随机数据或因素。在 PRV＄-CDA 中,CDA 代表选择分布攻击(Chosen-Distribution Attack),PRV＄代表与随机数的不可区分性。简单来讲,PRV＄-CDA 意味着对手不能够将密文与密文同样长度的随机数区分开来。

PRV＄-CDA 对安全性的要求非常高。在应用于 MLE 时,必须对待加密的数据有所限制才能达到。简单来讲,数据本身必须有足够大的最小熵(min-entropy),亦即数据必须是不可预测的,否则达不到 PRV＄-CDA 的安全性。最小熵是衡量一个随机变量的不可预测性的度量。例如,如果待加密的数据只有“进攻”和“撤退”两个可能的话(数据分布的不可预测性很低),则对手可以很容易地破解一个 MLE(只要将所有可能的原文都加密,和欲破解的密文相比即可)。在 MLE 的框架下,CE 被证明满足 PRV＄-CDA 安全性。

2. 拥有权证明

在“秒传”设计中,用户首先发送数据的一个标签到云服务器,云服务器根据此标签进行冗余检查,这样用户不必上传每一个数据到云服务器,既节约了存储空间,也节约了上传带宽。但是,攻击者很容易通过一个文件的哈希值获取整个文件,这类攻击的根本原因是一个很简单的文件哈希值就可以代表整个文件。为了解决此安全问题,Halevi 等人首先提出了一个拥有权证明(PoW,Proofs of Ownership)模型,具体来说,PoW 就是在服务器和客户端之间执行一个挑战/响应的协议,它能够有效地预防攻击者通过单一哈希值去获取整个文件。在该模型中他们提出了一个基于文件级的去重方案,主要使用纠错码对文件进行编码,同时利用 Merkle 哈希树方法进行文件拥有权证明。

当数据块很多时,构造的 Merkle 哈希树高度很大,不利于计算和验证效率。为了进一步提高验证效率,Di 等人提出了一个高效的拥有权证明方案,命名为 s-PoW,该方案通过随机选择一些比特位作为文件拥有权证明证据,这只需要一个常量的计算开销。

5.7　本　章　小　结

本章包括以下四部分内容。

(1) 大数据处理架构及其安全隐私技术

该部分首先介绍了谷歌的 MapReduce 框架及 MapReduce 的开源实现版本 Hadoop;然后

介绍 Hadoop 开源组件 Sentry；最后，介绍了同态加密技术和私有信息检索（PIR）问题及其解决思路。

（2）虚拟化技术及其安全隐私技术

该部分首先介绍了虚拟机技术和容器技术；然后分析了针对容器的安全攻击，介绍了应用容器规范（Application Container Specification）；最后介绍了虚拟机的安全问题和基于虚拟机技术解决安全问题的案例。

（3）安全多方计算的概念和方法

（4）大数据存储及其安全隐私

该部分首先介绍了大数据存储技术，重点讲解了 GFS 和 BigTable 技术；然后介绍了云存储系统的数据完整性机制；最后介绍了云存储带来的隐私保护问题，介绍加密数据去重技术和拥有权证明模型及其实现方案。

本章参考文献

[1]　Barroso L A，Dean J，Holzle U. Web search for a planet：the Google cluster architecture[J]. IEEE Micro，2003，23(2)：22-28.

[2]　Ghemawat S，Gobioff H，Leung S T，et al. The Google file system[C]// New York：ACM，2003：29-43.

[3]　Dean J，Ghemawat S. MapReduce：simplified data processing on large clusters[C]// Syposium on Operating Systems Design and Implementation. Berkeley：USENIX Association，2004：10.

[4]　Chang F，Dean J，Ghemawat S，et al. Bigtable (a distributed storage system for structured data)[C]//Symposium on Operating Systems Design and Implementation. Berkeley：USENIX，2006：15.

[5]　Burrows M. The chubby lock service for loosely-coupled distributed systems[C]//Proceedings of the 7th Symposium on Operating Systems Design and Implementation. Berkeley：USENIX Association，2006：335-350.

[6]　Dunlap G W，King S T，Cinar S，et al. ReVirt：Enabling intrusion analysis through virtual-machine logging and replay[J]. ACM SIGOPS Operating Systems Review，2002，36(SI)：211-224.

[7]　Apache. Apache Hadoop[EB/OL]. [2018-09-14]. http://hadoop. apache. org/.

[8]　Barroso L A，Clidaras J，Holzle U，et al. The datacenter as a computer：an introduction to the design of warehouse-scale machines：Second Edition[J]. Synthesis Lectures on Computer Architecture，2013，8(3)：1-154.

[9]　Dean J，Barroso L A. The tail at scale[J]. Communications of the ACM，2013，56(2)：74-80.

[10]　李振华，李健. 云存储价格战背后的科研缺失[J]. 中国计算机学会通讯，2014，10(8)：36-41.

[11]　Chor B，Goldreich O，Kushilevitz E，et al. Private information retrieval[C]// Pro-

ceedings of 36th Annual Symposium on Foundations of Computer Science. Milwaukee: IEEE, 1995: 41-50.

[12] Halevi S, Harnik D, Pinkas B, et al. Proofs of ownership in remote storage systems [C]//Proceedings of the 18th ACM Conference on Computer and Communications Security. New York: ACM, 2011: 491-500.

[13] Di Pietro R, Sorniotti A. Boosting efficiency and security in proof of ownership for deduplication[C]//Proceedings of the 7th ACM Symposium on Information, Computer and Communications Security. New York: ACM, 2012: 81-82.

[14] Duan Yitao. Distributed key generation for encrypted deduplication: achieving the strongest privacy[C]//Proceedings of the 6th edition of the ACM Workshop on Cloud Computing Security. New York: ACM, 2014:57-68.

[15] Gruss D, Maurice C, Fogh A, et al. Prefetch side-channel attacks: bypassing SMAP and kernel ASLR[C]//Proceedings of the 2016 ACM SIGSAC Conference on Computer and Communications Security. New York: ACM, 2016: 368-379.

[16] Paillier P. Public-key cryptosystems based on composite degree residuosity classes [C]// Proceedings of the 17th International Conference on Theory and Application of Cryptographic Techniques. Berlin: Springer, 1999: 223-238.

[17] Gentry C. Fully homomorphic encryption using ideal lattices[C]//STOC. New York: ACM, 2009: 169-178.

[18] Chen H, Zhang F, Chen C, et al. Tamper-resistant execution in an untrusted operating system using a virtual machine monitor: FDUPPITR-2007-0801[R]. [S. L.]: [s. n.], 2007.

[19] Chen X X, Garfinkel T, Lewis E C, et al. Overshadow: a virtualization-based approach to retrofitting protection in commodity operating systems[C]// Proceedings of the 13th International Conference on Architectural Support for Programming Languages and Operating Systems. New York: ACM, 2008: 2-13.

[20] Hofmann O S, Kim S, Dunn A M, et al. Inktag: Secure applications on an untrusted operating system[C]// Proceedings of the 13th International Conference on Architectural Support for Programming Languages and Operating Systems. New York: ACM, 2013: 265-278.

[21] Yang J, Shin K G. Using hypervisor to provide data secrecy for user applications on a per-page basis[C]//Proceedings of the Fourth ACM SIGPLAN/SIGOPS International Conference on Virtual Execution Environments. New York: ACM, 2008: 71-80.

[22] CVEdetails. com. Vmware: vulnerability statistics[EB/OL]. [2018-09-14]. http://www. cvedetails. com/vendor/252/Vmware. html.

[23] CVEdetails. com. Xen: vulnerability statistics[EB/OL]. [2018-09-14]. http://www. cvedetails. com/vendor/6276/XEN. html.

[24] 罗守山，陈萍，邹永忠，等. 密码学与信息安全技术[M]. 北京：北京邮电大学出版社，2009.

[25] Yao A C. Protocols for secure computations[C]//23rd Annual IEEE Symposium on

Foundations of Computer Science. Chicago：IEEE Press，1982：80-91.

［26］　Goldreich O，Micali S，Wigderson A. How to play any mental game —a completeness theorem for protocols with honest majority［C］//Proceedings of the 19th ACM Symposium on Theory of Computing. New York：ACM，1987：218-229.

［27］　BenOr M，Goldwasser S，Wigderson A. Completeness theorems for non-cryptographic fault-tolerant distributed computation［C］//Proceedings of the 20th ACM Symposium on the Theory of Computing. New York：ACM，1988：1-10.

［28］　Chaum D，Crépeau C，Damgard I. Multi-party unconditionally secure protocols（extended abstract）［C］//Proceedings of the 20th ACM Symposium on the Theory of Computing. New York：ACM，1988：11-19.

［29］　Rabin T，BenOr M. Verifiable secret sharing and multiparty protocols with honest majority［C］//Proceedings of the 21th Annual ACM symposium on Theory of Computing. New York：ACM，1989：73-85.

［30］　Kissner L，Song D. Privacy-preserving set operations［J］. Proceedings of Advances in Cryptology—CRYPTO 2005. Berlin：Springer，2005：241-257.

［31］　Ye Q，Wang H，Pieprzyk J. Distributed private matching and set operations［C］//International Conference on Information Security Practice and Experience. Springer：Berlin，2008：347-360.

［32］　Li Ming，Cao Ning，Yu Shucheng，et al. Findu：Privacy-preserving personal profile matching in mobile social networks［C］// 2011 IEEE Proceedings of INFOCOM. Shanghai：IEEE，2011：2435-2443.

［33］　Freedman M J，Ishai Y，Pinkas B，et al. Keyword search and oblivious pseudorandom functions［C］//Theory of Cryptography.［S. l.］：［s. n］，2005：303-324.

［34］　Hazay C，Lindell Y. Efficient protocols for set intersection and pattern matching with security against malicious and covert adversaries［J］. Journal of Cryptography，2010，23（3）：422-456.

［35］　Sheng B，Li Q. Verifiable privacy-preserving range query in two-tiered sensor networks［C］// IEEE INFOCOM 2008. The 27th Conference on Computer Communications. Phoenix：IEEE，2008：46-50.

［36］　He W，Liu X，Nguyen H，et al. PDA：Privacy-preserving data aggregation in wireless sensor networks［C］//IEEE INFOCOM 2007. Barcelona：IEEE，2007：2045-2053.

［37］　张兰. 保护隐私的计算及应用［D］. 北京：清华大学，2014.

［38］　孙茂华. 安全多方计算及其应用研究［D］. 北京：北京邮电大学，2013.

［39］　耿涛. 安全多方计算若干问题以及应用研究［D］. 北京：北京邮电大学，2012.

［40］　马敏耀. 安全多方计算及其扩展问题的研究［D］. 北京：北京邮电大学，2010.

第6章

大数据共享及其安全隐私

6.1 本章引言

从大数据整体态势上看,数据的规模将变得更大,出现了数据资源化的趋势。多源数据通过关联分析和深度开采,数据的价值才愈发凸显。因此,数据共享机制在大数据服务的发展中扮演着日益重要的角色。

随着大数据的发展,数据共享联盟将逐渐壮大成为产业的核心一环。阻碍数据大规模共享的一个重要问题就是隐私保护问题。

为了保护隐私,研究人员已经提出了很多的计算方法,包括同态加密、安全多方计算、函数加密,等等。加密能够解决很多安全隐私问题,但仅仅依靠加密技术是不够的。

在社交网络和其他的公共网站上,可以公开免费获得大量关于个人的数据,任何一个想要做坏事的人都可以从任意数量的在线资源通过交叉引用来建立关于他们的目标的轮廓(profile)。因此,对于需要公开的数据或者准备共享的数据,在数据发布之前需要进行匿名化处理以保护用户的隐私。

接下来,本章还会介绍差分隐私保护技术。这种方法使用一个自动化的数据管理系统,它可以在为数据请求者提供有用的信息的同时,保护数据集中的个人隐私。该技术允许研究人员提出关于有敏感信息数据库的任何问题,同时提供经过模糊化处理的答案,因此,该技术实际上不会暴露任何私人数据,即使某人是排在数据库中的首位也不会被暴露。

6.2 隐私的概念

随着互联网的兴起,网络隐私成为一个大家日益关注的问题。

那么,首先需要了解隐私的定义;接下来探讨如何度量隐私;最后总结人们在隐私保护方面面临的威胁。

6.2.1 定义

简单地说,隐私就是个人、机构等实体不愿意被外部世界知晓的信息。在具体应用中,隐私即为数据所有者不愿意被披露的敏感信息,包括敏感数据以及数据所表征的特性。通常所说的隐私都指敏感数据,如个人的薪资、病人的患病记录、公司的财务信息等。

那么,什么是敏感数据呢? 敏感数据就是,不是所有人都能够获得的公开数据。

因此,隐私的定义中包含主体(外界)和客体(敏感数据)两个概念,不同文化、不同个体对这两个概念的界定有很大差异。

① 外界如何定义? 例如,你的工资信息,对于公司的人力资源部门和你的家人来说,不是隐私;对于除此之外的人来说,就是隐私。不同的文化和个体,对这个范围的界定也会不同。

② 主观上对敏感数据的认定不同。当针对不同的数据以及数据所有者时,隐私的定义也会存在差别。例如保守的病人会视疾病信息为隐私,而开放的病人却不视之为隐私。

6.2.2　隐私的分类

一般地,从隐私所有者的角度而言,隐私可以分为两类。

(1) 个人隐私(Individual Privacy)

任何可以确认特定个人或与可确认的个人相关、但个人不愿被暴露的信息,都叫作个人隐私,如个人身份证号码、就诊记录等。

(2) 共同隐私(Corporate Privacy)

共同隐私不仅包含个人的隐私,还包含所有个人共同表现出但不愿被暴露的信息。如公司员工的平均薪资、薪资分布等信息,再如两个人之间的关系信息。

6.2.3　隐私的度量与量化表示

数据隐私的保护效果是通过攻击者披露隐私的多寡来侧面反映的。现有的隐私度量都可以统一用"披露风险"(Disclosure Risk)来描述。

披露风险表示攻击者根据所发布的数据和其他背景知识(Background Knowledge),可能披露隐私的概率。通常,关于隐私数据的背景知识越多,披露风险越大。

若 s 表示敏感数据,事件 Sk 表示"攻击者在背景知识 K 的帮助下披露敏感数据 s",则披露风险 $r(s,K)$ 表示为

$$r(s,K)=\Pr(\text{Sk})$$

对数据集而言,若数据所有者最终发布数据集 D 的所有敏感数据的披露风险都小于阈值 α,$\alpha\in[0,1]$,则称该数据集的披露风险为 α。

6.2.4　完美隐私

特别地,不做任何处理所发布数据集的披露风险为 1;当所发布数据集的披露风险为 0时,这样发布的数据被称为实现了完美隐私(Perfect Privacy)。

完美隐私实现了对隐私最大限度的保护,但由于对攻击者先验知识的假设本身是不确定的,因此实现对隐私的完美保护也只在具体假设、特定场景下成立,真正的完美保护并不存在。

6.2.5　威胁分析

那么,谁有可能侵犯大众的隐私呢?

(1) 政府

2013 年 7 月,美国国家安全局(NSA)前雇员斯诺登曝光了该局的"棱镜(PRISM)"监听项目。

PRISM 是一项由 NSA 自 2007 年开始实施的电子监听计划,正式名号为 US-984XN。

NSA 从九家互联网公司的数据中进行数据挖掘,从音频、视频、图片、邮件、文档以及连接信息中分析个人的联系与行动。监控的类型有 10 种:信息邮件、即时消息、视频、照片、数据、聊天、传输、会议、时间、网络资料,一是监听民众电话的通话记录,二是监视民众的网络活动。

"棱镜计划"的曝光,引发了全球各个国家对于美国政府间谍活动的警觉和抗议。美国的"棱镜计划",也让大众对美国政府侵犯个人隐私的可能性产生了警觉。

尽管美国政府宣称没有窃听数据的内容,只是采集通信的元数据[①],但事实上人们的隐私还是受到了侵犯。

(2) 企业

苹果、谷歌、BAT(指百度 B、阿里巴巴 A、腾讯 T)等互联网公司均掌握着大量的个人隐私数据。

(3) 黑客及一些犯罪组织

网络空间的黑色产业链发展很快:系统漏洞被明码标价;入侵工具容易购买;花钱购买"水军"就能够发起内容攻击;云计算技术使普通人的攻击能力日益增强。

6.3 节将分析几个实际发生的用户隐私泄露事件。

6.3 用户隐私泄露事件

6.3.1 美国在线(AOL)数据发布

2006 年 8 月 3 日,美国在线(AOL)宣布了一项名为"美国在线研究"的新举措。为了"实现开放式研究社区的愿景",美国在线研究公司在一个网站上发布了三个月用户的活动信息,其中包含近 65 万用户的 2 000 万条的搜索请求。互联网行为的研究者们很高兴地收到了这一珍贵的信息,这种信息通常被搜索引擎视为要严格保守的秘密。

在向公众发布数据之前,美国在线试图匿名化数据以保护隐私。该公司对发布的数据进行了匿名化处理,但仅仅是把用户的账号用一个随机号码代替,并没有对用户所提交的搜索关键字进行任何处理。在发布的数据中已经抑制任何明显的标识符信息,如 AOL 用户名和 IP 地址。然而为了保留研究数据的有用性,它用唯一的识别号取代了这些标识符,使研究人员能够将不同的搜索结果关联到单个用户。

《纽约时报》记者 Michael Barbaro 和 Tom Zeller 发现,从 AOL 发布的查询记录中发现了识别用户 4417749 的身份的线索。这些查询包含如下信息:住在乔治亚州 Lilburn 的园艺师,几个姓 Arnold 的人,在乔治亚州格威内特郡(Gwinnett County)影子湖地区出售的房屋。根据这些线索,他们迅速追踪到了 Thelma Arnold,一名来自乔治亚州 Lilburn 的六十二岁寡妇,她承认自己是这些搜索的发起人,搜索包括"麻木的手指"和"到处尿尿的狗"等一些稍微尴尬的问题。《纽约时报》成功地将部分数据反匿名化,并在经过当事人同意后,公开了其中一位搜索用户的真实身份。

这起隐私泄露事件引起了人们的广泛关注,并导致美国在线当即解雇了发布数据的研究

---

① 元数据,是指除手机、电子邮件外能够描述通信来源、目的地、时间长短的信息,根据元数据,可以绘制一张目标人物经常活动的区域地图。

员和他的主管,首席技术官 Maureen Govern 辞职。随后,美国在线公司因为此事件在北加州地方法院被起诉。

6.3.2　"Netflix 奖"数据研究

2006 年 10 月 2 日,在美国在线的数据隐私泄露事件发生两个月之后,全球最大的在线电影租赁服务公司网飞(Netflix)投资 100 万美元举办了一个为期三年的推荐系统算法竞赛,并发布了一些用户的影评数据供参赛者测试。出于隐私保护,Netflix 在发布数据前将所有用户的个人信息移除,仅保留了每个用户对各个电影的评分以及评分的时间戳。

Netflix 公开发布了一亿条记录,包括了从 1999 年 12 月到 2005 年 12 月近 50 万用户对一些电影的评价。在每条记录中,Netflix 都公布了电影级别,评分(从一星到五星)以及评分日期。与 AOL 一样,Netflix 首先对记录进行匿名化处理,删除诸如用户名等标识信息,但指定了一个唯一的用户标识符以保持评级的连续性。因此,研究人员能看出 1337 号用户在 2003 年 3 月 3 日对 *Gattaca* 的评分为 4 分,2003 年 11 月 10 日对 *Minority Report* 的评分为 5 分。

与 AOL 不同的是,Netflix 发布这些记录具有特定的利润动机。Netflix 通过给用户提供更精准的电影推荐而使自己的业务更加蓬勃发展。例如,如果 Netflix 知道喜欢 *Gattaca* 的人也会喜欢 *The Lives of Others*,那么就可以向用户推荐它,以此持续保持用户对该网站的关注。

为了提高推荐的准确性,Netflix 发布了上亿条记录来支持这个为期三年的推荐系统算法竞赛,并设立了"Netflix 奖"。第一个使用这些数据显著改善 Netflix 推荐算法的团队将赢得一百万美元。与 AOL 的发布一样,研究人员称赞"Netflix 奖"的数据发布对研究来说是一大福音,在算法竞赛中,许多研究者改进和发展了重要的统计理论。

然而,在数据发布两周后,来自得克萨斯大学奥斯汀分校的博士生 Arvind Narayanan 和 Vitaly Shmatikov 教授宣布了他们的发现:即使是对个人用户只了解一点的对手(计算机科学家使用的术语),也可以很容易地识别这个用户的记录,或者至少识别出一小部分用户记录,如果该记录存在于"Netflix 奖"数据集中。换句话说,对数据库中的人员进行再识别并且仅利用关于他们观看偏好的一些外部信息,就能够找出他们已经评分的所有电影。

这篇研究论文给出了大量令人吃惊的例子,证明人们可以轻易地在数据库中反匿名化出别的用户。论文的研究结果超出了很多计算机科学家的预料,被认为是新奇之举。如果一个对手(计算机科学家使用的术语)知道数据库中某个人对六部不知名的电影的确切评级,除此之外没有其他信息,他将能识别出 84% 的人。如果他大致知道数据库中的这个人何时(两周内)评价的这六部电影,无论这些电影有多么不知名,他将能识别出 99% 的人。事实上,知道什么时候评级被公布是如此有用以至于只知道一个评级用户已经看过两部电影(已给出精确的评级,评级日期在三天内),对手便可以再识别出 68% 的用户。

总而言之,如果下一次你的晚餐宴会主持人要求你列出你最喜欢的六部电影,除非你想要在场的每个人都知道你曾经在 Netflix 上评价过的每一部电影,否则什么都不要说。

为了将这些抽象的理论转化为具体的例子,Narayanan 和 Shmatikov 将 Netflix 的评分数据与互联网电影数据库(IMDb)中的类似数据进行了比较,IMDb 也为用户提供评价电影的机会。与 Netflix 不同的是,IMDb 在网站上公布这些评分,就像亚马逊用户提交的图书评分一样。

Narayanan 和 Shmatikov 获得了 50 名来自 IMDb 用户的评分。从这个小样本中,他们在 Netflix 数据库中从统计学角度上发现了两名可以识别的用户。因为这两个数据库都不是其他数据库的完整子集,所以只能从 IMDb 数据库中获得 Netflix 中没有的东西,反之亦然,其中包括这些用户可能不希望暴露的信息。

在宣布第一个"Netflix 奖"之后不久,该公司宣布将启动第二轮比赛,该比赛涉及"人口统计学数据和用户行为数据,包括有关用户的年龄、性别、邮政编码、体裁分级、之前选择的电影等信息"。

2009 年年底,一些 Netflix 客户就"Netflix 奖"发布的研究数据而导致的侵犯隐私的行为向该公司提起集体诉讼,诉讼 Netflix 涉嫌违反各州和联邦隐私法律。几个月后,在美国联邦贸易委员会(FTC)介入后,Netflix 宣布已经解决了诉讼,并搁置了第二次竞赛的计划。

6.3.3 社交网络上隐私泄露事件

社交网络能够帮助我们更方便地与朋友保持联系,更便捷地获取高质量的信息(经过朋友筛选的、可能是自己感兴趣的信息)。但同时社交网络也被隐私窥探、社会工程学攻击所青睐,因为社交网络是采集隐私信息的理想场所。

社交网络的成员在社交网络上的典型行为有:上传照片、更新状态信息、发博客/微博、广播消息、添加/批准新朋友、给朋友留言、转发朋友的消息、评论别人的照片/博客/消息、玩社交游戏或者仅仅是简单地点个"赞"。这些看似平常的信息收集和社交互动行为,其实已经涉及个人隐私保护问题。

通过手机随手拍张照片发微博或者朋友圈,已经成为很多人的生活习惯,殊不知其所发布的照片中包含了时间信息,还可能会包含地理位置信息。上传照片的可交换图像文件(EXIF,Exchangeable Image File)信息中可能包含拍照的时间、GPS 坐标等信息。

此问题被曝光后,大多数应用都已经采取了措施,对照片中的 EXIF 信息进行过滤;但即便如此,基于照片本身进行分析来确定照片拍摄的地理位置信息,很多时候也并不困难。

多数人的生活范围其实非常有限,家与工作单位两点一线,再加上为数不多的常去吃饭、娱乐的场所。用户之间的互动情况也是有规律可循的,比如与配偶/子女的互动比较多,结合在这些地点出现的时间信息、消息转发/评论信息,就可以给一个用户"画像";对多个用户进行关联分析,就可以发现一些用户的生活轨迹高度重叠。例如,在某互联网公司的大数据挖掘实验项目中,通过对该公司员工的新浪微博信息进行收集和分析,成功挖掘出公司员工之间的地下恋情信息。

6.4 数据匿名化技术

6.4.1 无处不在的匿名化

数据匿名化技术在现代数据处理中起着重要的作用,是存储或公开个人信息的标准程序的核心技术之一。

那么,什么是数据匿名化,为什么人们要进行数据匿名化操作,它到底应用有多广泛?

1. 什么是数据匿名化

数据匿名化是一个过程,通过这个过程将数据库中的部分信息隐匿,使数据主体难以被识别。

个人信息的属主被称为数据主体(data subjects)。数据主体可以是一个人,也可以是一个实体。数据管理员试图通过匿名数据来保护数据主体的隐私。

研究人员已经开发了许多不同的数据匿名化技术,这些技术在成本、复杂性、易用性和健壮性上各不相同。

首先,介绍一种非常常见的技术:抑制(Suppression)。

抑制是指数据管理员通过删除或完全省略部分数据,实现对数据主体的身份保护。例如,医院的数据管理人员在跟踪处方时,会在共享数据之前先删除病人的姓名以将其匿名化。

匿名化(Anonymization)的反面是再识别(Reidentification)或去匿名化(Deanonymization):攻击者通过将匿名记录与外部信息关联起来再识别匿名后的数据,并希望能够发现数据主体的真实身份。

2. 匿名化的原因

数据如果不进行共享和进一步的开发利用,其存储价值将大大降低。

数据管理者在存储或公开数据时,需要对数据进行匿名处理,以保护数据主体们的隐私。

披露数据的主体可以分为三类。

第一,他们向第三方发布数据,例如,健康研究人员与其他健康研究人员共享患者数据,网站向广告商出售交易数据,电话公司可能被迫向执法官员透露呼叫记录。

第二,数据管理员有时会向公众发布匿名数据,管理员越来越多地参与所谓的"众包"业务——试图利用大量的志愿者用户,这种模式能够比雇佣少量的有偿雇员更高效更彻底地分析数据。

第三,管理员向组织内的其他人员披露匿名数据,特别是在大型组织中。数据收集者可能希望保护数据主体的隐私甚至这些隐私不被组织内的其他人知道。例如,大型银行可能希望与其营销部门共享一些数据,但只有匿名后才能保护客户隐私。

3. 数据匿名化的广泛使用

道德规范约束经常要求通过匿名化来保护人们的隐私。例如,生物医学指南通常建议编码遗传数据,将存储的基因与随机数字相关联以保护隐私。类似的情况也出现在诸如电子商务、互联网服务提供、数据挖掘和国家安全数据共享等环境下相应的匿名化处理中。学术研究人员严重依赖匿名化来保护人类研究对象,他们的研究指南一般建议匿名化,特别是在教育、计算机网络监测和健康研究方面。专业统计人员有义务将数据匿名化作为职业道德的一部分。

市场压力有时会迫使企业匿名数据,例如,像 mint.com 和 wesabe.com 这样的公司提供基于网络的个人财务跟踪和计划。这些公司增值的一种方式是聚合和重新发布数据,以帮助它们的客户将他们的支出与类似人群的支出进行比较。为了让客户对这种数据共享感到满意,mint.com 和 wesabe.com 承诺在共享数据之前将数据匿名化。

人们在设计技术架构时,匿名化通常是默认的选择。举个例子,当你访问一个网站时,与你通信的远程计算机,也称为 Web 服务器,会记录一些有关你访问的信息,这些信息被称为日志文件。绝大多数 Web 服务器记录的信息远远少于有关你访问的最大信息量,因为该软件在默认情况下只保存了有限数量的信息。

6.4.2 匿名技术:发布-遗忘模型

1. 发布-遗忘模型

人们是如何对数据进行匿名化处理的呢?本节将介绍"发布-遗忘"模型(Release-and-Forget Model)。

"发布-遗忘"模型包含两部分内容。①发布:数据管理员对数据进行匿名化处理后发布数据,包括公开发布数据,秘密地向第三方发布数据,或者在自己的组织内部发布数据;②遗忘:然后数据管理员会忘记,这意味着数据管理员不会试图在发布后追踪记录的情况。而在数据发布之前,数据管理员并没有轻率地将要发布的数据对象置于危险之中,而是对敏感数据进行了处理。

学习"发布-遗忘"模型的原因有两个。首先,这种模型被广泛使用。其次,这种技术往往是有缺陷的。许多再识别技术的最新进展都是针对"发布-遗忘"模型的。

下面来看一个例子。表6-1所示为某医院简化的用于跟踪访问和投诉的数据库。

表6-1　原始(非匿名)数据

姓名	种族	出生日期	性别	邮政编码	疾病
Sean	黑人	9/20/1965	男	02141	呼吸短促
Daniel	黑人	2/14/1965	男	02141	胸痛
Kate	黑人	10/23/1965	女	02138	眼疼
Marion	黑人	8/24/1965	女	02138	喘息
Helen	黑人	11/7/1964	女	02138	关节疼痛
Reese	黑人	12/1/1964	女	02138	胸痛
Forest	白人	10/23/1964	男	02138	呼吸短促
Hilary	白人	3/15/1965	女	02139	高血压
Philip	白人	8/13/1964	男	02139	关节疼痛
Jamie	白人	5/5/1964	男	02139	发烧
Sean	白人	2/13/1967	男	02138	呕吐
Adrien	白人	3/21/1967	男	02138	背疼

我们把这个数据集合称为表格。每行被称为一条记录。每列被称为一个字段或属性,由一个称为字段名称或属性名称的标签来标识。对于一个给定的属性,每条记录都有一个特定的值。

为了保护本表中的人员隐私,医院数据库管理员将在发布此数据之前采取以下步骤对数据进行处理。

(1)识别身份信息

首先,管理员将挑选出他认为可以用来识别个人的任何字段。通常,他不仅要挑选像姓名这样的显式标识符,而且要考虑字段的组合,在组合的情况下可能将表中的记录与患者的身份关联起来。有时,管理员会自己选择潜在的标识字段,直观地(通过隔离可能识别的数据类型)或在分析(通过在特定数据中寻找唯一性)后选择。例如,该数据库中没有两个人的出生日期是一样的,则管理员必须将出生日期作为标识符。如果他不这样做,那么任何知道 Forest 出生日期（知道 Forest 已经入院）的人都可以在匿名数据中找到 Forest。

在另一些情况下，管理员会考虑另外的数据来源（如统计研究、公司政策或政府法规）来决定是否将特定字段用作身份识别。在这种情况下，假定管理员根据这些来源之一决定将以下四个字段视为潜在的标识符：姓名、出生日期、性别和邮政编码。

（2）抑制（Suppression）

接下来，管理员将修改识别字段。他可能会抑制这些识别字段，将其在表中删除。在本例中，管理员可能删除所有四个潜在的标识符，产生如表 6-2 所示的表格。

表 6-2　抑制四个标识符字段

种族	疾病
黑人	呼吸短促
黑人	胸痛
黑人	眼疼
黑人	喘息
黑人	关节疼痛
黑人	胸痛
白人	呼吸短促
白人	高血压
白人	关节疼痛
白人	发烧
白人	呕吐
白人	背疼

这里首先会面对一个根本的矛盾。一方面，有了这个版本的数据，我们不应该对隐私问题担心，即使有人知道了 Forest 的出生日期、性别、邮政编码和种族，仍然无法了解 Forest 的病症；另一方面，严重的抑制使数据对研究几乎毫无用处。虽然研究人员可以使用剩余的数据来跟踪疾病的发生率，但由于年龄、性别和邮政编码信息已经被删除，研究人员将无法得出许多其他有趣或有用的结论。

（3）泛化（Generalization）

为了更好地实现效用和隐私之间的平衡，管理员可能会泛化而不是抑制标识符。这意味着他将通过改变而不是删除标识符值以加强隐私，同时保持数据的实用性。例如，管理员可以选择简化姓名字段，将出生日期归纳为出生年份，并通过只保留前三位数字来概括邮政编码的方式泛化数据。结果数据如表 6-3 所示。

表 6-3　泛化

种族	出生日期	性别	邮政编码	疾病
黑人	1965	男	021*	呼吸短促
黑人	1965	男	021*	胸痛
黑人	1965	女	021*	眼疼
黑人	1965	女	021*	喘息

续 表

种族	出生日期	性别	邮政编码	疾病
黑人	1964	女	021 *	关节疼痛
黑人	1964	女	021 *	胸痛
白人	1964	男	021 *	呼吸短促
白人	1965	女	021 *	高血压
白人	1964	男	021 *	关节疼痛
白人	1964	男	021 *	发烧
白人	1967	男	021 *	呕吐
白人	1967	男	021 *	背疼

现在,即使有人知道 Forest 的出生日期、邮政编码、性别和种族,也很难找出 Forest 的具体病症。这种泛化数据(表 6-3)中的记录比原始数据(表 6-1)更难重新确定,但研究人员会发现这种数据比被抑制的数据(表 6-2)有用得多。

(4) 聚合(Aggregation)

通常,分析师只需要汇总统计数据,而不是原始数据。数十年来,统计人员一直在研究如何发布汇总后的统计数据,同时保护数据主体免于再识别。因此,如果研究人员只需要知道有多少人患有呼吸短促,数据管理员就可以发布这一点,如表 6-4 的所示。

表 6-4　聚合统计

呼吸短促的人	2

实际上,Forest 是这个统计描述的两个人之一:他患有呼吸短促病,但除此没有暴露他更多的信息,所以他的隐私是安全的。

隐私律师倾向于使用另外两个名字来描述"发布-遗忘"匿名技术:去标识和个人可识别信息(PII,Personally Identifiable Information)删除。去标识在健康隐私方面具有特别的重要性。实施"健康保险携带和责任法案"(HIPAA,Health Insurance Portability and Accountability Act)隐私条款的条例明确使用该术语,让那些在发布数据之前先对其进行去标识化操作的医疗保健提供者和研究人员从 HIPAA 许多繁重的隐私要求中解脱出来。

2. 技术挑战

数据管理员在与第三方共享数据时保护用户隐私,数据主体可以放心,他们的秘密将继续保持私密性;立法者可以通过解除对匿名记录交易的管制来平衡隐私和其他利益(例如知识的进步);监管者可以很容易地将数据处理人员分成两类:负责者(匿名者)和不负责任者(未保密者)。

然而,一系列经过匿名化处理的脱敏数据导致的隐私泄露事件,使人们对匿名化的效用产生了严重的怀疑。

6.5　匿名化技术与反匿名化技术的博弈

6.5.1　K 匿名隐私保护模型

20 世纪最著名的用户隐私泄露事件发生在美国马萨诸塞州。

20 世纪 90 年代中叶,该州团体保险委员会(Group Insurance Commission)决定发布州政府雇员的"经过匿名化处理的"医疗数据,以协助公共医学研究工作。在数据发布之前,委员会对潜在的隐私问题已有所认识,因此删除了数据中所有的敏感信息,如姓名、住址和社会安全号码。

然而 1997 年,麻省理工学院博士生拉坦娅·斯威尼 (Latanya Sweeney)(现任哈佛大学教授)成功破解了这份匿名数据,并找到了时任马萨诸塞州州长威廉·威尔德(William Weld)的医疗记录,还将该记录直接寄给了州长本人。

斯威尼的攻击手法非常简单。

首先,她下载了团体保险委员会的"匿名"数据。这份数据虽然删除了很多个人信息,但仍保留了三个关键字段:患者的出生日期、性别和邮政编码。

然后,她花 20 美元购买了一份公开的马萨诸塞州剑桥市的投票人名单(州长也在其中),名单中包含投票人的姓名、住址、邮政编码、出生日期、性别以及其他信息。

最后,斯威尼将投票人名单与匿名医疗数据进行匹配,如图 6-1 所示,发现医疗数据中仅有 6 人与州长的生日相同,而其中只有 3 人是男性,当中又仅有一人与州长的邮政编码相同。

由此,斯威尼准确地定位了州长的医疗记录。斯威尼进一步研究发现,87% 的美国人拥有唯一的出生日期、性别和邮政编码三元组信息;若同时发布三元组信息,事实上几乎等同于直接公布姓名。

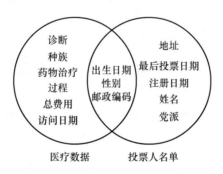

图 6-1　医疗记录与投票人名单

按照斯威尼的思路,可把数据记录的属性分为三类。

① 显式标识符(Explicit Identifier):能唯一标识单一个体的属性,如身份证号码、姓名等。

② 准标识符(QID,Quasi-Identifiers):联合起来能唯一标识一个人的多个属性,如邮政编码、生日、性别等联合起来则可能是准标识符。

③ 敏感属性(Sensitive Attribute):包含隐私数据的属性,如疾病、薪资等。

简单的匿名化处理只是把显式标识符过滤掉。但是,一个人的记录还是可以通过链接到他的准标识符而被识别出来的。若要执行相关攻击,攻击者需要两个前提:在泄露的数据中包含受害者的信息和受害者的准标识符。

例如,攻击者知道他的老板在住院,因此,他就知道他的老板的医疗记录将会出现在医院泄露出的患者数据库中,如表 6-5(a)和(b)所示,其中表 6-5(b)是经过匿名化处理后的数据集,并且,对于这个攻击者来说,得到他老板的邮政编码、出生日期和性别也不是难事,而这些就可以作为相关攻击时的准标识符。

例如,在表 6-5(c)中,攻击者知道 Frank 是一个 38 岁的男律师,并且这时数据集中包含 Frank 的数据,就能够推断出 Frank 的疾病是艾滋病。

这种攻击方式被称为记录链接式攻击(Attack of Record Link)。

表 6-5 数据集

身份证号	姓名	工作	性别	年龄	疾病
12345679	Steven	工程师	男性	35	肝炎
12345678	Frank	律师	男性	38	艾滋病
12345601	Andy	律师	男性	30	肝炎
12345603	Alice	作家	女性	30	艾滋病
12345610	Lily	舞蹈家	女性	30	艾滋病
12345670	Ellen	作家	女性	30	艾滋病
12345607	Gloria	舞蹈家	女性	30	艾滋病

(a)原始数据集

工作	性别	年龄	疾病
工程师	男性	35	肝炎
律师	男性	38	艾滋病
律师	男性	30	肝炎
作家	女性	30	艾滋病
舞蹈家	女性	30	艾滋病
作家	女性	30	艾滋病
舞蹈家	女性	30	艾滋病

(b)去除显式标识符

工作	性别	年龄	疾病
工程师	男性	35	肝炎
律师	男性	38	艾滋病
律师	男性	30	肝炎
作家	女性	30	艾滋病
舞蹈家	女性	30	艾滋病
作家	女性	30	艾滋病
舞蹈家	女性	30	艾滋病

(c)记录链接式攻击

要防止此类相关攻击,数据发布时应发布一个匿名的表。通过对原始数据表中的 QID 属性进行匿名操作得到原始 QID 属性的匿名版本。匿名操作隐藏了某些详细信息,以至于 QID′记录不具有可辨认性。

匿名操作可以通过原始数据表的统计性质得到一个匿名数据表 T 或在原始数据库中加入干扰噪声来形成匿名数据表 T。匿名操作用来产生一个匿名数据表 T 来满足被需要的隐私模型同时又保证尽可能多的数据可以被使用。信息衡量标准用来测量一个匿名数据表的可用程度。值得注意的是,如果非敏感属性对于数据挖掘任务来说是重要的话,那么非敏感属性也可以被公布。

数据匿名化技术中使用的主要方法包括泛化、抑制、分割和聚集。

下面重点介绍泛化和抑制。

泛化通常是将 QID 的属性用更概括、更抽象的值替代具体描述值的一种方法。泛化的核心思想就是一个值被一个不确切的值,但是忠于原值的值代替。泛化是指数据泛化,数据库中的数据和对象通常包含原始概念层的细节信息,数据泛化是将数据集中与任务相关的数据以较低的概念层次抽象到较高的概念层次的过程。

抑制是指针对标识符做不发布处理。因为标识符和某些属性有很强的查询能力,所以针对这些属性做抑制处理是比较恰当的选择。有时抑制方法可以降低或减小泛化的代价。

子类和超类的概念最先出现在面向对象技术中。在现实世界中,实体类型之间可能存在着抽象与具体的联系。当较低层上实体类型表达了与之联系的较高层上的实体类型的特殊情况时,称较高层上实体类型为超类型,较低层上实体类型为子类型。

子类与超类具有如下性质。

① 子类与超类之间具有继承性特点,即子类实体继承超类实体的所有属性,但子类实体本身还可以包含比超类实体更多的属性。

② 子类与超类的这种继承性是通过子类实体和超类实体有相同的实体标识符实现的。

泛化是对数据进行更加概括、抽象的描述,从子类到超类的抽象化过程就是一个泛化的过程。这是自下向上的概念综合,在图 6-2 中,"专业人士"是比"律师""工程师"更为抽象、泛化的概念。

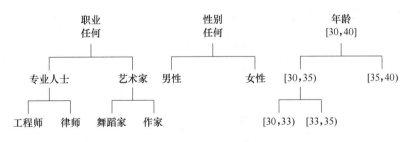

图 6-2　泛化和抑制方法

6.5.2　l-多样性隐私保护模型

表 6-6 所示是按照图 6-2 的处理规则经过泛化和抑制处理后的数据,工程师和律师被泛化为"专业人士",作家和舞蹈家被泛化为艺术家;前面三条记录的年龄被泛化为一个区间[30,40)。

经过匿名化处理的数据集可以抵御前述的记录链接式攻击。

但是,通过观察表 6-6,我们很容易发现一个新的问题,如果攻击者知道 Lily 是一名 30 岁的女性舞蹈家,并且该数据集中包含 Lily 的数据,从公开的数据集中能够推断出 Lily 的疾病是艾滋病。

这种攻击方式被称为属性链接(Attribute Linkage)类攻击。

当遭受属性链接类攻击时,攻击者也许不能精确地识别目标受害者的记录,但可能从被公布的数据中基于与受害者所属的团体相联系的一系列敏感值集合推断出受害者的敏感值。如果一些敏感值在群组中占了主导地位的话,即使满足 K 重匿名,一个成功的推断也会变得相对容易。

Machanavajjhala 等人给出了多样性原则,并称之为"l-多样性"来阻止属性链接攻击。l-多样性要求每个 QID 组至少包含 l 个有"较好代表性"的敏感值。"较好代表性"的最简单理解是确保每个 QID 组中的敏感属性都有 l 个不同的值。

表 6-6　经过 K 匿名处理后的数据集

工作	性别	年龄	疾病
专业人士	男性	[30,40)	肝炎
专业人士	男性	[30,40)	艾滋病
专业人士	男性	[30,40)	肝炎
艺术家	女性	30	艾滋病
艺术家	女性	30	艾滋病
艺术家	女性	30	艾滋病
艺术家	女性	30	艾滋病

6.5.3　T 相近隐私保护模型

满足 K 匿名和 l-多样性的要求,是不是就没有问题了呢?

再看一个例子。

表 6-7 中的数据满足 K 匿名和 l-多样性的要求,但是考虑一种情况:Ellen 是一名 30 岁的女性舞蹈家,她的收入是多少? 能否从表中推断出来?

表 6-7　概率分布问题

工作	性别	年龄	收入/万美元
*	男性	*	2.05
*	男性	*	5.19
*	男性	*	7.05
作家	女性	30	9.59
舞蹈家	女性	30	1.99
作家	女性	30	8.55
舞蹈家	女性	30	2.00

攻击者如果知道 Ellen 是一名 30 岁的女性舞蹈家,并且数据集中包含 Ellen 的数据,就能

够推断出 Ellen 收入是 1.99 万美元或者 2 万美元;由于这两个数值很接近,攻击者已经获得了想要的答案。

基于该问题,研究者提出了 T 相近(T-closeness)隐私保护模型。这个模型需 QID 上任一群组中的敏感值的分布接近于整体表中的属性分布。

T-closeness 模型存在几个局限性。首先,它缺乏对不同敏感值实施不同保护的灵活性。其次,不能有效抑制在数字敏感属性方面的属性链接。最后,实施 T-closeness 将会极大地降低数据的实用性,因为它需要所有被分布在 QID 组里面的敏感值是相同的。这将会极大地破坏 QID 和敏感属性间的关联。可以减小这种损害的方式是调整增加偏斜性攻击(Skewness Attack)风险的临界值,或者去使用概率性的隐私模型。

6.6　差分隐私技术

从 K 匿名开始的一系列工作(T 相近、l-多样性等)都陷入了一个"新隐私保护模型不断被提出但又不断被攻破"的循环中。从根本上说,这一系列工作的缺陷在于为简化隐私保护理论上的推导,它们对攻击者的背景知识和攻击模型都给出了相当多的假定。但是那些假定在现实中并不完全成立,因此人们总能找到各种各样的方法来进行攻击。

直到差分隐私技术被提出后,这一问题才得到较好的解决。

6.6.1　差分隐私模型简介

来自微软研究院的德沃柯(Dwork)等人于 2006 年提出了差分隐私模型。差分隐私是一种通用且具有坚实的数学理论支持的隐私保护框架,可以在攻击者掌握任意背景知识的情况下对发布的数据提供隐私保护。

差分隐私具有两个最重要的优点。①差分隐私严格定义了攻击者的背景知识:除了某一条记录,攻击者知晓原数据中的所有信息。这样的攻击者几乎是最强大的,而差分隐私在这种情况下依然能有效地保护隐私信息。②差分隐私拥有严谨的统计学模型,极大地方便了数学工具的使用以及定量分析和证明。

正是由于差分隐私的诸多优势,使其一出现便迅速取代了之前的隐私模型,成为隐私研究的核心,并引起理论计算机科学、数据库与数据挖掘、机器学习等多个领域的关注。

6.6.2　差分隐私技术工作原理

差分隐私技术的基本思路如下。

当用户(也可能是潜藏的攻击者)向数据提供者提交一个查询请求时,如果数据提供者直接发布准确的查询结果,则可能导致隐私泄露,因为用户可能会通过查询结果来反推出隐私信息。

为了避免这一问题,差分隐私系统要求从数据库中提炼出一个中间件,用特别设计的随机算法对中间件注入适量的噪声,得到一个带噪中间件;再由带噪中间件推导出一个带噪的查询结果,并返回给用户。

这样,即使攻击者能够从带噪的结果中反推得到带噪中间件,他也不可能准确推断出无噪中间件,更不可能对原数据库进行推理,从而达到了保护隐私的目的。

差分隐私技术的基本原理如图 6-3 所示。

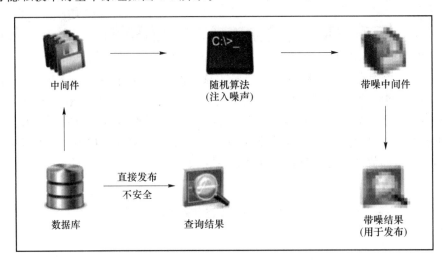

图 6-3　差分隐私技术的基本原理

定义:对于任意一对相邻数据库(定义为差别最多有一个记录的两个数据库)D_1 和 D_2,任意一个可能的带噪中间件 S,一个提供 ε-差分隐私保护的算法 A 必须满足:

$$\Pr[A(D_1)=S] \leqslant \exp(\varepsilon) \cdot \Pr[A(D_2)=S]$$

简单来说,定义的要求是,即便攻击者已经知道了原数据中的绝大部分记录(即 D_1 和 D_2 的相同部分)以及带噪中间件(即 S),他依然无法准确判断原数据到底是 D_1 还是 D_2。

换言之,即便攻击者已经知道了原数据中的绝大部分元组,他依然无法对剩余的元组做出准确的推断。这是因为对于输入 D_1 和 D_2,算法 A 输出 S 的概率是相近的。

对于任意一个可能的带噪中间件 S,$\Pr[A(D_1)=S]$ 和 $\Pr[A(D_2)=S]$ 的比率总是被约束在 $[\exp(-\varepsilon), \exp(\varepsilon)]$。

差分隐私的参数 ε 描述了上述两个概率分布的相似性。ε 越小,概率的相似性越高,也就越难区分 D_1 和 D_2,从而达到更高程度的隐私保护。值得一提的是,在实际应用中,选取多大的参数 ε 仍然是一个未解决的问题。

差分隐私的核心在于其随机算法的设计:设计者首先需要证明算法输出的带噪中间件满足定义,然后在满足上述标准的情况下尽量少地加入噪声。

德沃柯最先提出了差分隐私的通用随机算法:拉普拉斯机制(Laplace Mechanism)。

拉普拉斯机制的核心思想是通过向中间件加入拉普拉斯噪声来满足定义中的约束条件。具体来说,对于一个数据查询 F,拉普拉斯机制首先生成真实结果 $F(D)$ 作为中间件,然后通过发布带噪结果 $F(D)+\eta$ 来回答查询,其中噪声 η 服从拉普拉斯分布。

德沃柯等人证明了当 $\lambda \geqslant \Delta F/\varepsilon$ 时,拉普拉斯机制就能满足 ε-差分隐私机制,这样会使带噪结果中的噪声量过大。

此时需要运用各种技术手段来在保证隐私的同时进行降噪(如将带噪结果进行处理,或将 F 替换为一个结果与 F 相近但敏感度低的查询),以提高带噪结果的可用性。

麦克雪莉(McSherry)和图沃(Tulwar)所提出的指数机制(Exponential Mechanism),也是差分隐私的经典通用算法。该机制与拉普拉斯机制最大的不同在于,后者适用于当数据查询的返回值为实数值的场合,而前者则适用于数据查询的范围值域为离散值域的场合。

现有的许多差分隐私算法在很大程度上都可以认为是拉普拉斯机制与指数机制的组合与应用。

6.6.3　应用与挑战

差分隐私极强的隐私保护能力和严谨的数学定义使其自诞生起就得到了广泛应用。例如，苹果公司就宣称采用了差分隐私技术保护用户的数据。

差分隐私中，我们假设攻击者拥有非常强大的背景信息，即知晓除了一条记录外的所有原数据，并在这样的假定攻击下保护数据隐私。

这样的假设其实是一把双刃剑：一方面，差分隐私提供了绝对的安全——即使如此强大的攻击者真的存在，差分隐私算法依然能够保护隐私；而另一方面如此高强度的保护必然带来大量的噪声，影响带噪结果的可用性。

如果如此强大的攻击者在现实中并不存在，那么差分隐私就加入了过量的噪声，造成浪费。在对差分隐私的实际运用中，我们确实观察到对于某些查询，过量的噪声导致结果完全不可用的现象。所以在实际应用场景上，差分隐私是否过于严苛是经常讨论的话题，也出现了一些改进差分隐私、合理弱化假设的尝试。

6.7　本 章 小 结

本章首先学习了隐私的定义、分类和量化表示方法，然后探讨了隐私的价值和完美隐私的概念。接下来，介绍了匿名化技术的发布-遗忘模型和反匿名化技术给人们带来的困扰，学习了常用的数据匿名化技术和差分隐私保护的理论。

对相关理论的更深入学习，需要进一步阅读相关专著和论文，见本章参考文献[18—20]。

本章参考文献

[1] Acquisti A，John L K，Loewenstein G. What is privacy worth?[J]. The Journal of Legal Studies，2013，42(2)：249-274.

[2] Fung B，Wang K，Chen R，et al. Privacy-preserving data publishing：A survey of recent developments[J]. ACM Computing Surveys (CSUR)，2010，42(4)：14.

[3] 周水庚，李丰，陶宇飞，等. 面向数据库应用的隐私保护研究综述[J]. 计算机学报，2009，32(5)：847-861.

[4] Clifton C，Kantarcioglu M，Vaidya J. Defining privacy for data mining[C]//Proceedings of the National Science Foundation Workshop on Next Generation Data Mining. Baltimore：[s. n.]，2002：126-133.

[5] Directive，EU. Directive 95/46/EC of the European parliament and of the council of 24 October 1995 on the protection of individuals with regard to the processing of personal data and on the free movement of such data[J]. Official Journal of the European Communities，1995，I (281)：31-50.

[6] Data Protection Directive[EB/OL]. [2018-09-14]. https：//en. wikipedia. org/wiki/Data_Protection_Directive.

［7］ Deutsch A，Papakonstantinou Y. Privacy in database publishing［C］// International Conference on Database Theory. Edinburgh：Springer，2005：230-245.

［8］ Miklau G，Suciu D. A formal analysis of information disclosure in data exchange［C］// Proceedings of the 2004 ACM SIGMOD International Conference on Management of Data. New York：ACM，2004：575-586.

［9］ Machanavajjhala A，Gehrke J. On the efficiency of checking perfect privacy［C］//Proceedings of the Twenty-fifth ACM SIGMOD-SIGACT-SIGART Symposium on Principles of Database Systems. Chicago：ACM，2006：163-172.

［10］ 徐建良，胡海波，陈乾. 移动社交网络中的位置隐私保护［J］. 中国计算机学会通讯，2014，10(6).

［11］ 谢幸，祝烈煌. 社交网络中的隐私保护［J］. 中国计算机学会通讯，2014，10(6).

［12］ 谭晓生. 冰与火：社交网络与个人隐私保护［J］. 中国计算机学会通讯，2014，10(6).

［13］ 张俊，萧小奎. 数据分享中的差分隐私保护［J］. 中国计算机学会通讯，2014，10(6).

［14］ 张华平，孙梦姝，张瑞琦，等. 微博博主的特征与行为大数据挖掘［J］. 中国计算机学会通讯，2014，10(6).

［15］ 付艳艳，付浩，谢幸，等. 社交网络匿名与隐私保护［J］. 中国计算机学会通讯，2014，10(6).

［16］ 康海燕. 网络隐私保护与信息安全［M］. 北京：北京邮电大学出版社，2016.

［17］ 吴英杰. 隐私保护数据发布：模型与算法［M］. 北京：清华大学出版社，2015.

［18］ Aggarwal C C，Yu P S. Privacy-Preserving Data Mining：Models and Algorithms［M］. Berlin：Springer，2008.

［19］ Fung B C M，Wang K，Fu A W C，et al. Introduction to Privacy-Preserving Data Publishing：Concepts and Techniques［M］.［S. l.］：CRC Press，2010.

［20］ Dwork C，Roth A. The algorithmic foundations of differential privacy［J］. Foundations and Trends in Theoretical Computer Science，2014，9(3-4)：211-407.

［21］ Ohm P. Broken promises of privacy：responding to the surprising failure of anonymization［EB/OL］.（2009-08-13）［2018-09-14］. https：//papers. ssrn. com/sol3/papers. cfm?abstract_id＝1450006.

第 7 章

大数据算法及其安全

7.1 本章引言

大数据算法是一个广泛的范围:从搜索引擎算法、电子商务中产品的推荐算法,到 Alpha-Go 的深度学习算法、自动驾驶技术算法、基于大数据的安全检测,等等,这些算法都是基于大数据来工作的,都可以纳入大数据算法的范畴。

本章首先学习大数据算法的基础知识,然后介绍针对这些算法的一些攻击模式与防御措施。

7.2 大数据算法基础

本节首先介绍数学模型;然后介绍搜索引擎算法的基本原理,搜索引擎毋庸置疑是最早也是最成功的商业化大数据服务典范之一,非常具有代表性;最后介绍机器学习与众包。

7.2.1 数学模型

科学的发展是一个知识积累的过程。对于"知识",不仅"知道"其现象,还要深刻"认识"其本质。

知识的发现与构建,离不开基于实验与观察来提出假设、基于假设来构建模型、基于实践对模型进行验证、构建理论体系对其本质做出合理解释四个方面的工作。观察与实验能够帮助我们知道其现象,假设和模型是认识其本质的起点,实践帮助我们验证与修正从而不断完善我们的假设与构建的模型,理论解释试图对其本质给出最终的解释,并帮助我们克服这种方法的局限性并扩大其应用范围,让其在更大范围内获得成功。

几乎所有的科学领域都在用模型拟合数据。科学家们设计实验、进行观测并收集数据。然后,通过寻找能解释所观测数据的简单模型,尝试抽取知识。这个过程称为归纳(induction),它是从一组特别的示例中提取通用规则的过程。

数学模型在人类认知过程中扮演着重要的角色。

最广为人知的例子就是人类对宇宙的认知。人类对宇宙模型的认知,经历了从两千年前古罗马时代的托勒密提出的地心说到哥白尼提出的日心说、从牛顿的经典力学理论到爱因斯坦的相对论的演进过程。

我们注意到,数据和模型在演进过程中起到了重要的作用。

哥白尼发现,如果以太阳为中心来描述星体的运行,只需要 8~10 个圆,就能计算出一个行星的运动轨迹,比托勒密的模型简单很多。基于这个想法,他提出了日心说。尽管日心说这个假设可能更接近现实,很遗憾哥白尼正确的假设并没有得到比托勒密更好的结果,用哥白尼的模型计算出来的误差比托勒密的模型要大很多。

德国天文学家开普勒提出了一种彻底颠覆托勒密模型的宇宙模型。开普勒是怎么做的?很简单,他把天体运行的轨道改成了椭圆形。开普勒从他的老师第谷手中继承了大量的、在当时最精确的观测数据。开普勒很幸运地发现了行星围绕太阳运转的轨道实际是椭圆形的,这样不需要用多个小圆套大圆,而只要用一个椭圆就能将星体运动规律描述清楚了。

为什么行星的轨道是椭圆形的呢?问题的终结者是牛顿。伟大的科学家牛顿用万有引力,对该模型给出了一个漂亮的理论解释。

但是,人类对世界的认识是永无止境的。天文观测记录了水星近日点每百年移动 5 600 秒,人们考虑了各种因素,根据牛顿理论解释了其中的 5 557 秒,只剩 43 秒无法解释。爱因斯坦的相对论基于时空弯曲的假设解释了水星近日点的进动。广义相对论的计算结果与万有引力定律有所偏差,这一偏差刚好使水星的近日点每百年移动 43 秒。

从众所周知的例子中,可以总结出知识构建的四个要素:假设、模型、实践、理论解释。

(1)假设:决定了前进的方向

假设来源于猜想与直觉以及对现实问题的洞察力(insights),是一切工作的起点。洞察力与想象力是最宝贵的,它决定了我们的努力方向。

(2)模型:确定进行计算的方法

模型构建是一个发现规律的过程,需要去粗取精、去伪存真;"去粗取精"是提取关键特征的过程,"去伪存真"是过滤噪声的过程。

模型的选择至关重要。在日心说中,模型选择圆还是椭圆,决定了该模型工作的效果。

(3)实践:实践是检验真理的唯一标准

模型效果如何,需要回归到实践中去检验。最终用户只看结果,不问过程:理论,用户不关心;猜想、模型,用户不懂。但是,效果如何,用户很容易判定。

在工程实践中,需要在效果与成本间做一个权衡(tradeoff)。例如,在统计语言模型中,为了降低数据处理的复杂度,通常会基于马尔可夫假设把高阶模型简化为二元模型。对于条件概率的计算,可以简化为统计词和词对在语料库中出现的次数。根据大数定律(Law of Large Numbers),只要统计量足够,相对频度就等于概率。数据量和数据质量,很大程度上决定了该方法的效果。

(4)理论解释:推广

一个好的理论,能够解释规律,更好地预测未知领域的规律;能够解释模型与方法的原理,把握其本质规律。例如,万有引力定律,初步解释了椭圆形模型更有效的原因;广义相对论,构建了一个更严密精准的理论系统。

新思想、新方法、新技术,一开始不见得效果更好。"地心说"模型的基本假设是完全错误的,但随着不断的修改,却变得相当复杂,甚至可以说是精密。事实上,哥白尼的"日心说"远远不如托勒密的"地心说"深奥、巧妙。从这个例子中,我们也可以一窥工程与科学之间的微妙关系。

在数学建模领域,有一句精辟的总结:"All models are wrong ,but some are useful!(所

有的模型都是错的,但是有一些是有用的!)"。我们对世界本质的认识总是在不断深入的。我们在知识领域的任何进步,"无论是一大步,还是一小步,都是带动世界前进的脚步"。

7.2.2　搜索引擎算法的基本原理

下面以每天都在使用的搜索引擎为例,解读数学模型和算法的作用。

对于搜索引擎来说,评价其质量的基本要素是搜索结果的相关性和网页的质量。对于网页和查询的相关性,一般用单文本词频/逆文本频率指数(TF/IDF,Term Frequency/Inverse Document Frequency)模型来计算。评价网页的质量,一般用 PageRank 算法。那么给定一个查询,有关网页综合排名大致由相关性和网页排名(PageRank)乘积决定。

1. TF/IDF 模型

TF/IDF 的概念被公认为是信息检索中最重要的发明。

在相关性排序中,需要考虑以下几个要素。

(1)词频

包含关键词多的网页应该比包含关键词少的网页与用户希望的查询结果更相关。

(2)归一化

仅仅用关键词出现的次数来评价网页的相关性,有一个明显的漏洞,即长的网页比短的网页更占优势,因为长的网页总的来讲包含的关键词要多些。

常用的解决方案是根据网页的长度,对关键词的次数进行归一化,也就是用关键词的次数除以网页的总字数作为词频的度量。

概括地讲,如果一个查询包含关键词 $w_1, w_2, \cdots, w_N$,它们在一篇特定网页中的词频 F 分别是 $F_1, F_2, \cdots, F_N$。那么,这个查询和该网页的相关性就是 $F_1 + F_2 + \cdots + F_N$。

(3)权重

假定一个关键词 w 在 D_w 个网页中出现过,那么 D_w 越大,w 的权重越小,反之亦然。

在信息检索中,使用最多的权重是逆文本频率指数 I,它的公式为 $\log(D/D_w)$,其中 D 是全部网页数。

利用逆文本频率指数,上述相关性计算公式就由词频的简单求和变成了加权求和,即

$$F_1 \cdot I_1 + F_2 \cdot I_2 + \cdots + F_N \cdot I_N$$

下面用一个简单的例子来说明这个方法。

例如,查找关于"北邮的计算机学院"的网页。

现在任何一个搜索引擎都包含几十万个甚至上百万个与搜索关键词多少有点关系的网页。那么哪个应该排在前面呢? 显然应该根据查询的结果与"北邮的计算机学院"的相关性对这些网页进行排序。

比如,在某个一共有一千个词的网页中"北邮""的"和"计算机学院"分别出现了 2 次、35 次 和 5 次,那么它们的词频就分别是 0.002、0.035 和 0.005。将这三个数相加,其和 0.042 就是相应网页和查询"北邮的计算机学院"相关性的一个简单的度量。

假定中文网页数 $D = 10^9$,应删除词"的"在所有的网页中都出现,即 $D_w = 10^9$,那么 $I = \log(10^9/10^9) = \log(1) = 0$。

假如专有词"北邮"在 200 万个网页中出现,即 $D_w = 2 \times 10^6$,则它的权重 $I = \log(500) = 6.2$。又假定通用词"计算机学院",出现在 5 亿个网页中,它的权重 $I = \log(2)$ 则只有 0.7。该网页和"北邮的计算机学院"的相关性为 0.016 1,其中"北邮"贡献了 0.012 6,而"计算机学院"只贡

献了 0.003 5。这个比例和我们的直觉比较一致了。

最后,总结一下 TD/IDF 模型的假设、模型、计算方法、理论基础。

（1）假设与模型

TD/IDF 模型,把任意长度的文档简化为固定长度的数字列表,把搜索引擎的相关性排序问题简化为根据搜索关键词从文档的数字列表中选取相关的数字（相加）,计算文档的相关性度量的问题。

这种简化损失了什么？①文档的上下文信息；②TD/IDF 模型对文档的这种表示,只提取了词的频率与权重信息,忽略了词的顺序。

这个模型的一个潜在假设是,上下文信息和词序信息的损失对搜索结果的影响不大。这个假设对于互联网上的网页来说,应该是合理的。但是,对于微博之类的短文本搜索,显然是不合适的。

（2）计算方法

具体的计算方法,需要引入归一化和权重。

（3）理论基础

从信息论的角度来解释,IDF 的概念就是一个特定条件下、关键词的概率分布的交叉熵（Kullback-Leibler 散度,也叫相对熵）。

2. PageRank 算法

PageRank 又称网页排名,是一种由搜索引擎根据网页之间相互的超链接计算的技术,以谷歌公司创办人拉里·佩奇（Larry Page）的姓氏来命名。

PageRank 通过网络浩瀚的超链接关系来确定一个页面的等级。搜索引擎把从 A 页面到 B 页面的链接解释为 A 页面给 B 页面投票,搜索引擎根据投票来源（甚至来源的来源,即链接到 A 页面的页面）和投票目标的等级来决定新的等级。简单地说,一个高等级的页面可以使其他低等级页面的等级提升。

一个页面的“得票数”由所有链向它的页面的重要性来决定,到一个页面的超链接相当于对该页投一票。一个页面的 PageRank 是由所有链向它的页面（“链入页面”）的重要性经过递归算法得到的。一个有较多链入的页面会有较高的等级,相反如果一个页面没有任何链入页面,那么它没有等级。

PageRank 的计算基于以下两个基本假设。

① 数量假设:在 Web 图模型中,如果一个页面节点接收到的其他网页指向的入链数量越多,那么这个页面越重要。

② 质量假设:指向页面 A 的入链质量不同,质量高的页面会通过链接向其他页面传递更多的权重。所以越是质量高的页面指向页面 A,则页面 A 越重要。

利用以上两个假设,PageRank 算法刚开始赋予每个网页相同的重要性得分,通过迭代递归计算来更新每个页面节点的 PageRank 得分,直到得分稳定为止。

Larry Page 和 Sergey Brin 两人从理论上证明了不论初始值如何选取,这种算法都保证了网页排名的估计值能收敛到它们的真实值。

由于互联网上网页的数量是巨大的,该算法的计算量是非常大的。Larry Page 和 Sergey Brin 两人利用稀疏矩阵计算的技巧,大大简化了计算量。

3. 小结

除了相关性和网页质量的排序,影响搜索引擎质量的因素还有很多。比如,根据用户偏好提供个性化的搜索结果;基于用户位置等场景信息提供基于上下文的搜索结果;数据采集、完备的索引等基础架构,对于保障用户体验也是至关重要的。

7.2.3 电子商务中的推荐算法

解决推荐问题的传统方法有三种:①基于用户的协同过滤算法;②聚类模型;③内容搜索法。

协同过滤算法是诞生最早,并且较为著名的推荐算法。

1. 基于用户的协同过滤算法

基于用户的协同过滤算法的基本思想是如果用户 A 喜欢物品 a,用户 B 喜欢物品 a、b、c,用户 C 喜欢物品 a 和 c,那么认为用户 A 与用户 B 和 C 相似,因为他们都喜欢 a,而喜欢 a 的用户同时也喜欢 c,所以把 c 推荐给用户 A。该算法用最近邻居(nearest-neighbor)算法找出一个用户的邻居集合,该集合的用户和该用户有相似的喜好,算法根据邻居的偏好对该用户进行预测。

对于大数据集的处理,该算法存在两个重大问题。①数据稀疏性。一个大型的电子商务推荐系统一般有非常多的物品,用户可能买其中不到 1% 的物品,不同用户之间买的物品重叠性较低,导致算法无法找到一个用户的邻居,即偏好相似的用户。②算法扩展性。最近邻居算法的计算量随着用户和物品数量的增加而增加,不适合数据量大的情况。

2. 聚类模型

聚类模型基于"相似用户会购买相似商品"的思想,且需要计算用户间的相似度。它与协同过滤算法的不同之处在于寻找相似用户的方法上,剩余的步骤与协同过滤算法完全一致。

首先,利用用户相似度和无监督机器学习方法即聚类算法对所有用户聚类。将用户表示为向量,聚类算法可以将互相相似的用户归为一组,从而将用户划分为 N 个群组(N 是聚类算法根据用户数据自动得到的)。在聚类完成后,在所得到的群组中选择一个与当前用户最相似的群组,完成寻找与当前用户相似用户集合的任务。这种将当前用户 A 归为哪一个群组的问题,可以看作一个分类问题。这个问题可以采用多种方法解决,例如用群组中所有用户向量的平均值代表该群组,从而再计算与用户 A 的相似度。

该方法的缺点与协同过滤算法中降低计算复杂度方法的缺点类似。当聚类所得到的群组粒度较大时,推荐结果的准确率很低;但是若将聚类群组的粒度调小后,计算量又会变得很高,并不比协同过滤好多少。聚类问题是一个 NP 难(NP-hard)问题,因而不能通过计算得到其最优解,在实际中往往采用贪心法得到近似最优解,降低了给一个用户产生精准推荐结果的可能性。

3. 内容搜索法

内容搜索法将推荐问题看作一个寻找相关商品的问题。根据用户购买的一件商品,利用其某个属性构造一个查询条件,用该查询条件来搜索匹配的商品并作为推荐结果。例如,寻找同一作者、同一卖家、同一品牌、同一标签的商品等搜索。这种推荐算法其实就是一个搜索算法,其缺点是在用户当前已买过的商品数量很少时能产生较好的结果,但是在用户购买的商品数量很多时,无法构造一个有效的查询条件。

鉴于以上方法的局限性,亚马逊提出了基于物品的协同过滤算法(Item-based Collaborative Filtering)来解决其电子商务平台的商品推荐问题。

基于物品的协同过滤算法不仅实现了在大规模数据集上的实时响应,而且推荐质量也明显高于那些无目标内容的广告,如横幅标语广告(banner advertisements)和畅销排行榜(top-seller lists)。一般用点击率(click through)和转化率(conversion rate)来评价一个推荐算法的效果。

基于物品的协同过滤算法的基本思想是预先根据所有用户的历史偏好数据计算物品之间的相似性,然后把与用户喜欢的物品相类似的物品推荐给用户。例如,知道物品 a 和 c 非常相似,因为喜欢 a 的用户同时也喜欢 c,而用户 A 喜欢 a,所以把 c 推荐给用户 A。

因为物品直接的相似性相对比较固定,所以可以预先在线下计算好不同物品之间的相似度,把结果存在表中,推荐时进行查表,计算用户可能的打分值,可以同时解决基于用户的协同过滤算法存在的两个问题。

7.2.4　大数据时代的新需求

随着大数据时代的到来,各种各样的互联网服务都依赖于类似的数据分析算法。在很多场景中,这样的数据分析已经不能再依赖人工完成了,原因有两个:一是数据量巨大,场景多变,并且很多时候很难用手工编程来完成;二是能够做这种分析的人非常少而且人工分析又很昂贵。

因而,对于能够分析数据并自动从中提取信息的计算机模型,也就是说对于机器学习,人们的兴趣正在不断地增长。

7.2.5　机器学习算法

机器学习系统自动地从数据中学习程序。与手工编程相比,这非常吸引人。在过去的 20 年中,机器学习已经迅速地在计算机科学等领域普及。机器学习被用于网络搜索、垃圾邮件过滤、推荐系统、广告投放、信用评价、欺诈检测、股票交易和药物设计等领域。

本节简要介绍机器学习算法的基本概念和基本方法,将围绕着以下几个问题来展开:①为什么需要机器学习? ②机器学习的基本原理;③机器学习的常用方法。

1. 为什么需要机器学习?

对于许多问题,人们已经知道如何求解。例如,欧几里得告诉人们可以用辗转相除法求两个整数的最大公约数;迪可斯特朗告诉人们如何有效地求两点之间的最短路径;霍尔向人们展示了怎样将杂乱无章的对象快速排序;等等。对于这些问题,人们清楚地知道求解步骤。因此,让计算机求解这些问题只需要设计算法和数据结构,进行编程,而不需要让计算机学习。

还有一些问题,人们可以轻而易举地做好,但是却无法解释清楚是如何做的。尽管桌子千差万别、用途各异,但是我们一眼就能看出某个物体是否是桌子;尽管不同的人的手写阿拉伯数字大小不一、笔画粗细不同,但是我们还是可以轻易识别一个数字是不是 8;尽管声音时大时小,有时可能还有点沙哑,但是我们还是可以不费力气地听出熟人的声音;等等。因此,对于这些任务我们希望计算机能够像人类一样自己来学习怎么做。

2. 机器学习的基本原理

机器学习使用实例数据或过去的经验训练计算机,以优化计算机性能标准。当人们不能直接编写计算机程序解决给定的问题,而是需要借助于实例数据或经验时,就需要机器学习。

一种需要学习的情况是人们没有专门技术,或者不能解释他们的专门技术。以语音识别为例,这个任务需要将声学语音信号转换成 ASCII 文本。看上去我们可以毫无困难地做这件事,但是我们却不能解释我们是如何做的。由于年龄、性别或口音的差异,不同的人读相同的词发音却不同。在机器学习中,这个问题的解决方法是从不同的人那里收集大量发音样本,并学习将它们映射到词。

那么,机器如何来学习呢?简单地说,就是从经验中发现规律。我们知道桌子不是木材和各种材料的随机堆砌,手写数字不是像素的随机分布,熟人的声音也不是各种声波的随机混合。

现实世界总是有规律的。机器学习正是从已知实例中自动发现规律,建立对未知实例的预测模型并根据经验不断提高,不断改进预测性能。

所谓的"学习",其实就是模型训练;更简单点说,是根据一些东西,推导出了一个结论,这个结论是一个函数,函数的某些部分是一个常量,但是常量本身并不是已知的;我们需要基于大量数据,去进一步推断出缺失的这些常量。

3. 机器学习的常用方法

预测建模是建立一个具有预测功能的模型。通常情况下,这样的模型包括一个机器学习算法,以便从训练数据集中学习某些属性做出这些预测。预测建模可以进一步分成两类。①回归模型基于变量和趋势之间的关系的分析,以便做出关于连续变量的预测,如天气预报的最高温度的预测。②分类任务是分配离散的类标签到特定的实例作为预测的结果,如在天气预报中的模式分类任务可能是一个晴天、雨天或雪天的预测。

分类任务可被分成两个主要的子类别:监督学习和无监督学习。在监督学习中,用于构建分类模型的数据的类标签是已知的,如图7-1所示。无监督学习任务处理未标记的实例,并且这些未标记实例的类必须从非结构化数据集中推断出来。通常情况下,无监督学习采用聚类技术,使用基于一定的相似性(或距离)的度量方式来将无标记的样本进行分组。

还有一类学习算法使用"强化学习"这个概念来描述。在这种算法中,模型通过一系列的操作而最大化"奖励函数"来进行学习。奖励函数的最大化,可以通过惩罚"坏行为",和/或通过奖励"好行为"来实现。强化学习的一个常见的例子是根据环境反馈而进行学习自动驾驶的训练过程。

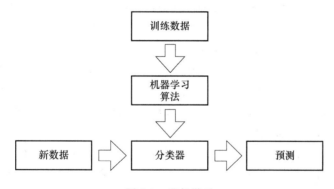

图7-1　监督学习

(1) 基本概念

① 分类:分配预先定义的类标签到特定实例,将它们分成不同的类别的一般方法。

② 实例:实例是"observation"或"样本"的同义词,描述由一个或多个特征(或称为"属性")组成的"对象"。

下面用一个简单的例子来解释这些基本概念。著名的"鸢尾花(Iris)"数据集可能是最常用的一个例子。1936年,费希尔创建了Iris数据集。Iris现在可以从UCI机器学习库中免费得到。

Iris 中的花被分为三类:Setosa,Virginica 和 Versicolor。而 Iris 数据集的 150 个实例中的每一个样本(单花)都有四个属性:①萼片的宽度;②萼片的长度;③花瓣的宽度;④花瓣的高度。

关于特征提取的方法可能包括花瓣和萼片的聚合运算,如花瓣或萼片宽度和高度之间的比率。

特征选择:相对于三种不同的花,花瓣包含的辨别信息相对于花萼来说要更多一些,因为花萼的宽度和长度差别更小一些。那么,该信息就可以用于特征选择,以去除噪声和减少数据集的大小。

可以使用 Iris 得到一个非常简单的决策树来完成对样本数据的分类,具体如图 7-2 所示。当花瓣长度小于 1 cm 时,判定为 Setosa。当花瓣长度大于等于 1 cm 时,继续用花瓣的宽度进行判定,当花瓣宽度小于 1.75 cm 时,判定为 Versicolor;当花瓣宽度大于等于 1.75 cm 时,判定为 Virginica。

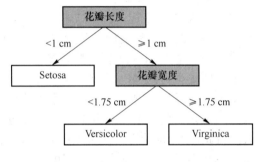

图 7-2　决策树

(2) 几种常用的监督学习算法

① 决策树分类器是树形图,其中,图中的节点用于测试某个特征子集的特定条件,然后分支把决策分割到叶子节点上。图 7-2 中的决策树的叶子节点表示最低级别,用于确定类的标签。

决策树的核心算法是确定决策树分枝准则,该准则涉及两个方面问题:①如何在众多的输入变量中选择出一个最佳的分组变量;②如何在分组变量的众多取值中寻找到最佳的分割值。

② 支持向量机(SVM)是利用采样超平面分隔两个或多个类的分类方法。最终,具有最大间隔的超平面被保留,其中"间隔"指的是从采样点到超平面的最小距离。组成间隔的采样点称为支持向量,从而建立起最终的 SVM 模型。

③ 贝叶斯分类器基于一个统计的模型(即贝叶斯定理:后验概率的计算基于先验概率和所谓的似然)。一个朴素贝叶斯分类器假定所有属性都是条件独立的,因此,计算似然可以简化为计算带有特定类标签的独立属性的条件概率的乘积就可以了。

④ 人工神经网络(ANN)是模仿人或动物"大脑"的图类分类器,其中相互连接的节点模拟的是神经元。

我们需要对训练出来的分类器的性能进行评估。混淆矩阵是一种用于性能评估的工具。通常,使用预测"准确率"或"差错率"来报告分类性能。准确率定义为正确分类的样本占总样本的比值,它经常被视为特异性/精密性的同义词,尽管它们的计算方法不同。准确率的计算公式是

$$\frac{TP+TN}{P+N}$$

其中,TP=真阳性,TN=真阴性,P=阳性,N=阴性。

分类性能的其他指标:灵敏度和精密性、特异性、查全率。灵敏度和精密性用来评估二元分类问题中的"真阳性率";特异性描述了二元分类问题中的"真阴性率",即对"假/阴性"情况做出正确预测的概率。

在一个典型的监督学习的工作流程中,为了能够选出一个具有满意性能的模型,我们将会评估特征子空间、学习算法和超参数的各种不同的组合。交叉验证法是一种好的方法,可以避免过度拟合训练数据。

把数据随机分成训练和测试数据集。训练数据集将被用于训练模型,而测试数据集的作用是评价每次训练完成后最终模型的性能。重要的是,我们对测试数据集只使用一次,这样在计算预测误差指标的时候可以避免过度拟合。

过度拟合导致分类器在训练的时候表现良好,但是泛化能力一般。例如,对人类特征的识别,如果训练集中都是黑人,过度拟合的分类器就会将白人识别为"非人类"。

机器学习的基本目标是对训练集合中样例的泛化。这是因为,不管有多少训练数据,在测试阶段这些数据都不太可能会重复出现。机器学习初学者最常犯的错误是在训练数据上做测试,从而产生胜利的错觉。如果这时将选中的分类器在新数据上测试,它往往还不如随机猜测准确。因此,如果你雇人来训练分类器,一定要自己保存一些数据,来测试他们给你的分类器的性能。

你的分类器可能会在不知不觉中受到测试数据的影响,例如你可能会使用测试数据来调节参数并做了很多调节;机器学习算法有很多参数,算法成功往往源自对这些参数的精细调节,因此这是非常值得关注的问题。当然,保留一部分数据用于测试会减少训练数据的数量。这个问题可以通过交叉验证(cross-validation)来解决。

交叉验证是评估特征选择、降维以及学习算法的不同组合的最有用的技术之一。交叉验证有许多种,最常见的一种很可能是 k 折交叉验证。在 k 折交叉验证中,原始训练数据集被分成 k 个不同的子集,其中,1 个被保留作为测试集,而另外的 $k-1$ 个被用于训练模型。例如,如果设定 k 等于 4(即,分为 4 份),原始训练集的 3 个不同的子集将被用于训练模型,而第 4 个子集将用于评价。经过 4 次迭代后,可以计算出最终模型的平均错误率(和标准差),这个平均错误率可以让我们看到模型的泛化能力如何。

当有了足够的内存和计算能力,我们可以使用相对简单的算法来完成很多任务;这里的技巧是学习,或者从实例数据中学习,或者通过试错来学习。如果机器可以自己学习,那么只要为机器提供足够的数据(不必是监督的)和计算能力,就不需要提出新的算法。在人工智能的许多领域这种态势都将继续,而关键是学习。

可以预见,机器学习技术将被应用到越来越多的领域,为研究者提供新的思路,还将给应用者带来更多的回报。

7.2.6　众包

很多任务对人类来说很容易,但是对于计算机来说,却很困难。例如,验证码的识别。

验证码(CAPTCHA)是全自动区分计算机和人类的图灵测试(Completely Automated Public Turing Test to Tell Computers and Humans Apart)的缩写。说起验证码的起源,还要

从一个故事开始。2001 年,雅虎公司为垃圾邮件问题所困扰,找到了卡内基梅隆大学(CMU)的教授,该教授把这个任务分给他刚刚入学的博士生 Luis von Ahn,该生想出了一个简单有效的解决方案:验证码。Luis von Ahn 就是验证码的发明人。

2007 年时,已经是教授的 Luis von Ahn 又来了一个点子。他认为人们输入验证码所花费的大量时间可以用得更有意义——帮助推进书籍数字化。

于是他发起了 reCAPTCHA 项目。事情的起因是《纽约时报》打算把古老的报纸进行数字化存档,但是由于这些报纸时间久远且字迹不清楚,其中有很大的比例不是计算机能认识的,而人却能非常轻松地凭着模糊直觉和"望文生义",识别其中的绝大多数字迹。于是就产生了 reCAPTCHA 这个新一代验证码系统,在验证的确是正常用户而不是机器在后台操纵的同时,用户对于污染、扭曲文字的识别能力被用来处理数字化古籍中不能被计算机自动识别的文字。reCAPTCHA 的应用效果非常好:它被超过 10 万家网站使用,每天数字化超过 4 千万个单词。《纽约时报》所保存的 130 年的资料的数字化工作,本来是一项需要大量的时间和人力资源的工程。通过 reCAPTCHA 系统,在几个月之内就由网友们完成了,而且是在网友们事前无知、事后惊讶中完成的。

reCAPTCHA 系统的创新之处在于让计算机去向人类求助。具体做法是,将 OCR 软件无法识别的文字扫描图传给世界各大网站,用以替换原来的验证码图片;那些网站的用户在正确识别出这些文字之后,其答案便会传回 CMU。解决方案的核心在于对"用户行为"(正确识别验证码)数据的二次开发。而获取用户行为数据几乎是没有成本的。

这个方案有问题吗?有人会问,既然机器都看不明白那它怎么判断你输入正确还是错误呢?针对这个问题,一个典型的方案是使用两个验证码,两个验证码里面有一个是正确的,被人审核过的,而另一个是未被审核的。当你把那个正确的输对以后就会默认另外一个也是对的,这样,你每输入一次验证码,就为人类的知识宝库里增加了一个单词。进一步,我们还可以通过把未被审核的验证码发给多个用户来提高结果的可靠性;如果 2 个用户的识别结果相同,无疑该结果会更为可靠。

Luis von Ahn 提出了基于人的计算(Human-based Computation)的概念,具体而言就是机器把要实现的功能分解为很多微任务,把其中某些步骤外包给人来完成。

众包(Crowdsourcing)就是一个典型的情况。

众包是指把一个问题分解为很多子问题,然后把这些问题外包给可能是一组分布在不同地域的大众,然后聚合其结果,计算出最终的答案的过程。

其基本流程如图 7-3 所示。

图 7-3　众包模型

例如,在对图片进行分类时,可以把待分类的图片分发给多个人,并整合其结果,按照算法计算出最终的结果,如图 7-4 所示。著名的数据集 ImageNet 就是通过众包的方式对图片进行标注的。

在此之前,人们对计算机的传统认识是计算机辅助人来完成任务,例如,计算机辅助设计

(CAD),计算机辅助制造(CAM)等。在众包计算中,人首次作为一个计算设备出现在计算机系统中,并且能够引入大量的人参与到任务中,来协助计算机完成其不能胜任的计算步骤。这种新的模式,有效地将计算机智能与人的智能结合,并通过巧妙的设计来低成本地完成任务。

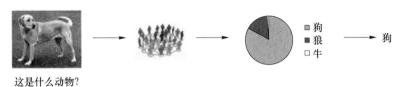

这是什么动物? 狗 狼 牛 狗

图 7-4 众包示例

7.3 对大数据算法的攻击

7.3.1 通过伪造共同访问对推荐系统进行攻击

推荐系统(Recommender System)在现代电子商务和广告平台中起着关键作用。面对数以万计的商品或服务,用户往往需要依赖推荐系统来找到自己真正感兴趣的东西。因此,商家也愈加依赖推荐系统作为用户入口。

在诸多推荐算法中,基于共同访问(Co-visitation)的推荐系统因其简洁、高效而被许多网站使用。简单来说,若用户在浏览网站的过程中,同时或先后访问(浏览商品页面、观看了视频或同时购买)了两个商品 A 和 B,我们就认为 A 和 B 被该用户共同访问了一次。根据商品浏览的历史记录,如果 A 和 B 曾被大量的用户共同访问过,则当一个新用户浏览 A 时,系统会向他推荐 B,反之亦然。

YouTube 的视频推荐系统、亚马逊及 eBay 上的"浏览/购买了该商品的用户也浏览/购买了……"等功能都属于基于共同访问的推荐系统。

因为这一类推荐系统基于对商品之间共同访问的统计,因此通过伪造共同访问,可以在一定程度上起到操控推荐结果的目的。例如,使用虚假账户反复点击两个商品 A 和 B 的页面,在系统中累积大量对 A 和 B 的共同访问,从而让 A 或 B 出现在对方的推荐列表中。

一般来说,推荐系统包含一组用户和一系列的商品,用户包括注册用户和非注册用户,商品可以是 YouTube 中的视频、亚马逊中的商品等。推荐系统的目的是向用户推荐符合用户偏好的商品。推荐系统的研究与应用非常多,此处主要关注基于共同访问的推荐系统。YouTube 和亚马逊在正式发表的论文中均表明其使用基于共同访问的推荐系统。

基于共同访问的推荐系统中非常重要的数据结构是共同访问图(Co-visitation Graph)。如图 7-5 所示,共同访问图可以表示为 $G=(V,E)$,其中 V 是所有节点的集合,每个节点 i 表示一个商品,节点的权重 w_i 表示节点的关注度;E 是所有边的集合,每条边 (i,j) 表示至少有一个用户共同访问节点 i 和节点 j,边的权重记为 w_{ij},表示节点 i 和节点 j 被共同访问的次数。

基于共同访问的商品到商品推荐系统的工作流程主要有如下三个步骤。

① 计算共同访问图中商品到商品之间的相似性。

例如,YouTube 中的相似性计算函数为

$$S_{ij} = w_{ij}/f(w_i, w_j) = w_{ij}/(w_i \cdot w_j)$$

② 对与商品 i 相似性程度从高到低进行排序。

③ 生成最终的推荐列表,但是必须满足某些条件。如满足关注度阈值 τ。因为对某些相似性计算函数来说,如果共同访问的数量不变,则节点关注度值 w_i 或者 w_j 越低,相似度值越高。为了避免不受欢迎的商品更容易被推荐,所以一般会设置一个阈值来过滤掉关注度值低的商品。

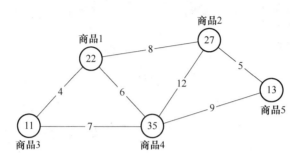

图 7-5　共同访问图

一般来说,具备不同攻击背景知识的攻击者可以达到不同的攻击效果。所以首先需要根据攻击者的背景知识不同将攻击者分为三类,如图 7-6 所示。

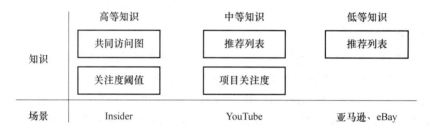

图 7-6　攻击者背景知识的三种分类

事实上,高等知识攻击者的要求非常高,需要了解推荐系统的共同访问图 G 和关注度阈值,一般只能是公司内部人员实施攻击。中等知识攻击者比较常见,可以了解到推荐系统中的推荐列表和所有商品的关注度,符合该攻击条件的推荐系统如 YouTube 视频网站等。最后一类是低等知识攻击者,一般只能获得推荐系统中的推荐列表,符合该攻击条件的推荐系统也很多,如亚马逊、eBay 等网站。

由于攻击者的资源有限,如 IP 地址、计算资源等,所以攻击的主要目标是在攻击者伪造共同访问数量有限的情况下,将攻击效果最大化。

如何衡量攻击效果? 在这里,攻击效果的度量方式是计算未来用户对商品增加或减少用户印象(UI,User Impression)的数量。具体来说,用户印象表示为对未来一个随机的用户而言,目标商品获得 Top-k 的用户印象的可能性。由于用户印象计算的是未来用户访问的可能性,无法真实地计算,可以采用的方法是利用过去该商品的受欢迎程度来估计未来的该商品的访问情况。

根据攻击造成的效果不同,可以将针对推荐系统的伪造共同访问攻击分成两类:提升攻击(Promotion Attack)和降级攻击(Demotion Attack)。

给定一个目标商品和一个有特定关于推荐系统背景知识的攻击者,Promotion Attack 可以使推荐系统向尽可能多的用户推荐该目标商品。刷好评的攻击基本方法是通过伪造多个用户或 IP,把锚定商品和目标商品的关联通过多个伪造用户的购买行为增强。

Demotion Attack 与 Promotion Attack 类似,不同的是,它的目的是使推荐系统尽可能少地向用户推荐目标商品。

针对攻击者对推荐系统背景知识的高低,可以设计相应的优化方法,主要目标是获得可以成功攻击的锚定商品列表:

① 对于了解共同访问图 G 和关注度阈值 τ 的高等知识攻击者,可以利用线性优化的算法取得一组可以成功入手攻击的锚定商品列表,然后进行攻击;

② 对于可以获得每个商品的关注度阈值和对应的推荐列表的中等知识攻击者,可以通过这些值推算或估计共同访问图 G 和关注度阈值 τ,把问题转化为高等知识。

③ 对于只能获得推荐列表的低等知识攻击者,问题困难得多,需要从已有推荐列表推算每个商品的关注度阈值和对应的推荐列表然后转化为高等知识。

对于以上三种情况,随着推算数据缺失程度不同,其攻击效果也不同。

由于攻击者的资源有限,所以在实际应用过程中要实施这种攻击,会遇到两个非常关键的挑战。第一,给定目标商品后,如何选择锚定商品? 第二,对于锚定商品,需要注入多少虚假的共同访问才能达到攻击目标?

解决方法是将该攻击问题转化成一个优化问题。将一个高等知识的 Promotion Attack 转化成一个优化问题;然后再通过估计共同访问图中边的权重值将中等知识攻击者转化为高等知识攻击者;接着通过估计共同访问图中节点值,从而将低等知识攻击者转化为中等知识攻击者。

使用本章参考文献[1]的算法,可以成功攻击包括 YouTube,亚马逊在内的数个网站。结果表明这一基于伪造共同访问的攻击在这些网站上都是有效的,并可以在一定程度上操控其推荐结果。

针对这一攻击方式的防御策略,包括利用 CAPTCHA 验证码来减少伪造数据的注入;对伪造公共访问进行检测;只使用注册用户的共同访问数据。

攻击防护的关键点在于保护可以影响目标商品排名的一组强关联的锚定商品列表,这些列表获取难度和泄露的背景知识程度相关,在系统设计的时候,可以通过良好的系统设计降低泄露背景知识的概率。

7.3.2　搜索引擎优化

搜索引擎优化(SEO)是指通过了解各类搜索引擎如何抓取互联网页面、如何进行索引以及如何确定其对某一特定关键词的搜索结果排名等技术,来对网页内容进行相关的优化,使其符合用户浏览习惯,在不损害用户体验的情况下提高搜索引擎排名,从而提高网站访问量,最终提升网站的销售能力或宣传能力的技术。所谓"针对搜寻引擎优化处理",是为了要让网站更容易被搜索引擎接受。搜索引擎会将网站彼此间的内容做一些相关性的资料比对,然后再由浏览器将这些内容以最快速且接近最完整的方式,呈现给搜索者。

在国外,SEO 开展较早,那些专门从事 SEO 的技术人员被谷歌称为"搜索引擎优化工程师(SEOers, Search Engine Optimizers)"。由于谷歌是世界最大搜索引擎提供商,所以谷歌也成为全世界 SEOers 的主要研究对象,为此谷歌官方网站专门有一页介绍 SEO,并表明谷歌对 SEO 的态度。对于任何一家网站来说,要想在网站推广中取得成功,搜索引擎优化是最为关键的一项任务。科学规范的 SEO 对搜索引擎是一种人性化的完善。

由于不少研究发现,搜索引擎的用户往往只会留意搜索结果最开始的几项条目,所以不少商业网站都希望透过各种形式来干扰搜索引擎的排序,在网站里尤以各种依靠广告为生的网站最甚。SEO技术被很多目光短浅的人,用一些SEO作弊的不正当手段,牺牲用户体验,利用搜索引擎的漏洞,来提高排名。

自从有了搜索引擎,就有了针对搜索引擎网页排名的作弊(SPAM)。因此,有时候用户会发现在搜索结果中排名靠前的网页不一定提供高质量的信息。

搜索引擎作弊的方法有很多,目的只有一个,就是采用不正当手段提高自己网页的排名。早期最常见的作弊方法是重复关键词。比如一个卖数码相机的网站,重复地罗列各种数码相机的品牌,如尼康、佳能和柯达,等等。为了不让浏览者看到众多讨厌的关键词,聪明一点的作弊者常用很小的字体和与背景相同的颜色来掩盖这些关键词。其实,这种做法很容易被搜索引擎发现并纠正。

在有了网页排名以后,作弊者发现一个网页被引用的链接越多,排名就可能越靠前,于是就有了专门卖链接和买链接的生意。比如,有人自己创建成百上千个网站,这些网站上没有实质的内容,只有到客户网站的链接。这种做法比重复关键词要高明得多,但是还是不太难被发现。因为那些所谓帮别人提高排名的网站,为了维持生意需要大量地卖链接,所以很容易露马脚。

随着网络水军的出现,还有一些人开始雇佣水军,在博客和论坛上注入垃圾评论,把链接注入排名高的博客网站和论坛,从而欺骗搜索引擎,获得更好的排名。2005年年初,谷歌为网页链接推出一项新属性nofollow,使得网站管理员和网络博客作者可以做出一些谷歌不计票的链接,也就是说这些链接不算作"投票"。nofollow的设置可以抵制垃圾评论。

除了人工手段,搜索引擎公司还提出了自动化防作弊方案,其基本的思路和信号处理中的去噪声的办法很相似。

在信号处理技术中,原始的信号混入了噪声,在数学上相当于两个信号做卷积。那么,去除噪声的过程就是一个解卷积的过程。只要噪声的频率是固定的,由于噪声总是重复出现,那么采集几秒钟的信号就可以利用解卷积算法把噪声消除。从理论上讲,只要噪声不是完全随机的并且前后有相关性的,就可以被检测到并且消除。

搜索引擎的作弊者所做的事,就如同在原始信号中加入噪声,打乱了搜索结果的正确排名。但是,这种人为加入的噪声并不难消除,因为作弊者的方法不可能是随机的,否则就无法提高排名了。而且,作弊数据在时间上是具有前后相关性的,因为作弊方法不可能总变,不然作弊的成本太高,如果作弊成本高于收益,作弊者自然就放弃作弊了。因此,搜索引擎排名算法的技术人员可以在搜集一段时间的作弊信息后,将作弊者抓出来,还原原有的排名。

由于作弊信息的采集过程需要时间,在这段时间内作弊者可能会尝到些甜头。因此,有些人看到自己的网站通过作弊,排名在短期内靠前了,以为这种所谓的优化是有效的;但是,过不了多久就会发现排名又掉下去了。

当然,作弊者也会不断改进自己的方法,降低成本,延长有效时间,以达到作弊的目的。作弊与反作弊和所有安全问题一样,是一种相生相伴、长期对抗的关系,至今还没有一个一劳永逸地解决作弊问题的方法。

7.3.3 诱导分类器产生错误分类

机器学习在很多应用领域取得了成功。

很多安全领域的难题也用到机器学习技术来解决,如垃圾邮件分类、僵尸号检测、恶意软件分类等。2015 年微软在 Kaggle 上赞助了一个 Windows 恶意软件分类比赛,冠军队赛前并没有任何恶意软件知识,仅凭基本的机器学习技能就赢得第一名,模型准确率接近 100%。

2016 年,在安全领域的著名会议 NDSS 上有一篇论文(本章参考文献[6])指出,用机器学习做安全只是看起来很美。该论文采用遗传编程(Genetic Programming)随机修改恶意软件的方法,成功攻击了两个号称准确率极高的恶意 PDF 文件分类器:PDFrate 和 Hidost。实验中所有 500 个恶意 PDF 样本被稍加修改后都被判为无害,然而其携带的恶意代码照样在目标平台中运行。值得注意的是,这些逃逸检测的恶意文件都是算法自动修改出来的,并不需要 PDF 安全专家介入。两个受攻击的分类器 PDFrate 和 Hidost 分别采用 PDF 文件内容和 PDF 文件结构作为分类特征,在原测试数据集中均显示出极佳的分类性能。然而,该论文的攻击实验结果表明,不论是文件内容还是文件结构都不能训练出可靠的恶意 PDF 分类器。尽管在训练数据中确实可以观察到两类样本在文件结构(内容)上的差异,这些差异往往并非必然,以此训练出来的分类器将存在很大盲区。举个例子,现实中收集到的恶意 PDF 样本往往文件尺寸都比较小,因为攻击者通常只要把一小段可执行代码植入 PDF 就够了,并不需要真正的 PDF 页面。用机器学习训练分类器时,把文件尺寸作为特征或许可以在特定的数据集中帮助区分恶意/无害样本,然而这并非恶意软件的真正特征,攻击者只需简单地植入更多 PDF 内容页就可以迷惑分类器。

本章参考文献[6]的作者在宣讲论文时还披露了 Gmail 内嵌的恶意软件分类器更加脆弱,只需 4 行代码修改已知恶意 PDF 样本就可以达到近 50% 的逃逸率,10 亿 Gmail 用户都受到影响。然而谷歌安全团队表示恶意软件检测是个大难题,他们暂时也无能为力。

这些事例都体现了安全领域的特殊性。攻击者会不断改变策略,至少不能以传统的机器学习视角来看待安全类问题了。在安全领域应用机器学习构建分类器,不仅仅需要关注准确率、误报率之类的传统度量,更需要深入分析其分类特征是否能够有效地应对攻击者的挑战,否则用机器学习做安全只是看起来很美而已。

7.3.4　诱骗视觉分类算法

以往的对抗攻击需要进行复杂的数据处理。本章参考文献[2]的作者 Evtimov 的发现表明在物理世界中的图像进行轻微的改变,就能成功地诱骗视觉分类算法。

如图 7-7 所示,你只需要在停车标志上加一点喷漆或一些贴纸,就能够"愚弄"一个深度神经网络分类器,让神经网络将停止标志看成限速标志。

人类非常难以理解机器人是如何"看"世界的。机器的摄像头像人类的眼睛一样工作,但在摄像头拍摄的图像和对于这些图像能够处理的信息之间的空间里,充满了黑盒机器学习算法。训练这些算法通常包括向机器显示一组不同的图像(如停止标志),然后看看机器能否从这些图片中提取足够的常见特征,从而可靠地识别那些没有在训练集中出现过的停止标志。

这样做很好,但机器学习算法识别出的停止标志具有的特征,往往不是"里面有字母 STOP 的红色八角形",而是所有停止标志都共享的特征,不过人类是看不懂的。这个事实实际上反映了人类的大脑和人工神经网络在解释和理解这个世界时的根本差异。

而结果就是,对图像进行轻微的改动就可能导致机器学习算法识别出与原本完全不同的(有时甚至是莫名其妙的)结果。一般而言,这些轻微的改动是人类肉眼所无法察觉的,而且通常需要相对复杂的分析和图像处理才能实现。因此,通过一些手段,能够让神经网络分类器产生错误识别的结果。

图 7-7 喷漆-贴纸攻击

在自动驾驶的情况下，神经网络能够在不同距离和不同的角度分析一大堆符号的图像。而对抗图像往往会在整个图像（即道路标志和图像中的背景）中都包含增加的改动。

为了实施这些攻击，研究人员使用公开的道路标志数据集，在 TensorFlow 上对他们的道路标志分类器进行了训练。他们认为，攻击者会对分类器有"白盒"访问，这意味着攻击者不会混淆或篡改数据，而是把"杂物"添加进去，看看会出来什么。这样，即使无法直接入侵分类器，攻击者仍然可以使用这种反馈来创建一个相当准确的模型来分类它们。最后，研究人员将想要攻击的带有标志的图像加上他们的分类器，并将其加入攻击算法中，这样算法就能输出对抗图像了。

当然，自动驾驶汽车使用的分类器会比研究人员成功骗过的分类器更加复杂，稳健性更高。在实验中，研究人员只使用了大约 4 500 个标志作为训练输入。尽管如此，也无法否认像这样的攻击会奏效——即使是最先进的基于深度神经网络的算法，也可能做出很愚蠢的判断，而原因并不能轻易被察觉。

自动驾驶汽车最好使用多模态系统进行道路标志识别，就跟自动驾驶汽车使用多模态系统进行障碍物检测一样；仅依靠一种传感器（无论是雷达、激光雷达还是摄像头）都是十分危险的。要同时使用多种传感器，确保它们涵盖彼此的特定漏洞。因此，如果要为自动驾驶汽车做一个视觉分类器，那么也加入一些 GPS 位置的信号或者可以添加专用的红色八角形检测系统。

在未来的自动驾驶中，人为因素将被完全去除。因此，还有一个解决方案就是把全部的道路标志都撤销（彻底不依靠道路标志），把人类因素完全剔除，把所有的道路完全交给机器人。

7.4　本　章　小　结

本章首先学习了数学模型的几个要素:假设、模型、实践、理论解释;并通过人类对宇宙模型的认知这个最广为人知的例子,解释了各个要素的作用和关系。然后,以人们每天都在使用的搜索引擎为例,介绍了搜索算法的基本原理,并解读了数学模型和算法在其中发挥的作用。

接下来,介绍了机器学习的基本概念和常用方法,围绕着以下三个问题来详细展开:①为什么需要机器学习? ②机器学习的基本原理;③机器学习的常用方法。

针对人工智能的不足,介绍了众包的思想与应用案例。

最后,介绍了几种针对典型的大数据服务的安全问题:①针对电子商务系统中的推荐算法的攻击;②针对搜索引擎的作弊与防范手段;③针对恶意软件分类器的攻击;④针对视觉分类器的攻击。

关于搜索算法的更多知识,可以进一步阅读本章参考文献[8]和[9]。关于机器学习的更多知识,可以阅读本章参考文献[10]和[11]。

本章参考文献

[1]　Yang Guolei, Gong Zhenqiang, Cai Ying. Fake co-visitation injection attacks to recommender system[C]// Proceedings of the Network and Distributed System Security Symposium. [S. l.]: [s. n.], 2017.

[2]　Evtimov I, Eykholt K, Fernandes E, et al. Robust physical-world attacks on machine learning models[J]. arXiv preprint arXiv:1707.08945, 2017.

[3]　Ackerman E. Slight street sign modifications can completely fool machine learning algorithms[J]. IEEE Spectrum, 2017.

[4]　Windows 恶意软件分类比赛[EB/OL]. [2018-09-14]. https://www.kaggle.com/c/malware-classification/.

[5]　Is robust machine learning possible? [EB/OL].[2018-09-14]. http://www.EvadeML.org.

[6]　Xu Weilin, Qi Yanjun, Evans D. Automatically evading classifiers[C]//2016 Network and Distributed System Security Symposium. San Diego: [s. n.], 2016.

[7]　Xu Weilin, Evans D, Qi Yanjun. Feature squeezing: detecting adversarial examples in deep neural networks[C]// 2018 Network and Distributed System Security Symposium. San Diego: [s. n.], 2018:18-21.

[8]　吴军. 数学之美[M]. 2 版. 北京:人民邮电出版社,2014.

[9]　李晓明,闫宏飞,王继民. 搜索引擎:原理、技术与系统[M]. 北京:科学出版社,2005.

[10]　周志华. 机器学习[M]. 北京:清华大学出版社,2016.

[11]　Alpaydin E. 机器学习导论[M]. 2 版. 北京:机械工业出版社,2014.

［12］ 李航. 统计学习方法［M］. 北京：清华大学出版社，2012.

［13］ 佩德罗·多明戈斯. 机器学习那些事［J］. 刘知远，译. 中国计算机学会通讯，2012，8
（11）：74-86.

［14］ Smith B，Linden G. Two decades of recommender systems at Amazon. com［J］. IEEE
Internet Computing，2017，21（3）：12-18.

［15］ Linden G，Smith B，York J. Amazon. com recommendations：Item-to-item collabora-
tive filtering［J］. IEEE Internet Computing，2003，7（1）：76-80.

第 8 章

大数据服务的认证与访问控制

8.1 本章引言

随着云服务的广泛应用,不知不觉间人们的数据已经越来越多地开始存储在云中。人们日益频繁地通过在线账号来访问自己存储在云端的数据。这些数据记录了日常生活的点点滴滴。

随着数据的增多,这些账号的价值也随着时间而不断增长。这些账号及其所蕴含的价值,使其成为攻击者的目标,账号劫持(Account Theft 或 Account Hijacking)现象日益严重。

大数据服务的身份认证与访问控制,是保护数据安全的重要技术手段。

本章首先介绍身份认证技术的发展与现状,然后介绍大数据时代的访问控制技术。

8.2 身份认证技术

身份认证是数据安全的大门。

8.2.1 身份认证技术基础

身份认证是确保信息系统安全的第一道防线。

人们通常把传统的身份认证基本方式分为三类。①知道什么(Something you know);例如,用户名和口令。②拥有什么(Something you have);比如,你在 ATM 机器上取款时不仅需要知道口令,还需要携带银行卡;再比如,USB 安全密钥、一次性口令(OTP)硬件、一次性口令软件令牌(Token)、手机号码(SIM 卡)。③你是谁(Who you are):基于生物特征的身份认证,例如,指纹、掌纹、虹膜、语音、人脸等。

这些认证方法中,用户名和口令方式是使用最为广泛的身份认证方式。其优点是简单灵活。简单,是指无须携带任何设备,只要记住用户名和口令即可;灵活,是指能够随时修改。

然而,随着互联网服务数量的激增,每个用户拥有账户的数量随之不断增加,很多用户都拥有上百个账户。由于人的记忆能力有限,人们通常的做法是选择几个口令,在不同的服务中循环使用。但当口令泄露时,这种做法就会带来严重的后果,如撞库攻击(Password Reuse Attack)。撞库是一种黑客攻击方式,即黑客会收集在网络上已泄露的用户名、密码等信息,之后用技术手段前往一些网站逐个试着登录,最终"撞大运"地"试"出一些可以登录的用户名、密码。撞库攻击在本身拥有大量用户名密码的基础上,可以在不攻破目标系统的前提下,对目标系统的账户进行账户入侵,实现账号劫持。

8.2.2　基于生物特征的认证

生物特征识别(Biometrics)技术,是指通过计算机利用人体所固有的生理特征(指纹、虹膜、面相、脱氧核糖核酸(DNA)等)或行为特征(步态、击键习惯等)来进行身份认证的技术。

指纹、虹膜、人脸、静脉这些生物特征,是人生下来就有的,并且具有不重复唯一性,可以用来很精准地对一个人进行识别判断。同时,相对于密码输入,生物特征具有验证便捷的特点。但是,这些生物特征数量少而且无法更改,一旦泄露就会存在安全风险。

随着指纹识别、人脸识别、语音识别等生物特征认证技术的应用,针对此类技术的攻击模式也不断涌现。

在 2017 年的 Geekpwn 大赛上,百度安全实验室介绍了针对手机指纹识别的攻击方法,该方法能够在 5 分钟内以 5 角钱的成本完成假指纹的制作,成功欺骗手机指纹识别系统。

美国斯坦福大学的研究团队研发出一款人脸跟踪软件 Face2Face,它可以通过摄像头捕捉用户的动作和面部表情,然后使用该软件驱动视频中的目标人物做出一模一样的动作和表情,效果极其逼真。有了这项黑科技,你可以驱使普京、奥巴马、布什等大人物在视频中做出任何你想要的怪表情。这款软件的根本原理是使用一种密集光度一致性方法(Dense Photometric Consistency Measure)来实时跟踪源视频和目标视频中的面部表情。研究人员们称,由于源素材与被拍摄者之间快速而有效的变形传递,从而使复制面部表情成为可能。由于嘴形与其所说的内容高度匹配,因此可以产生非常准确、可信的契合。该技术对人脸识别身份认证系统的安全性是一个很大的挑战。

上述研究表明,现有的技术手段能够使攻击者以很低的成本快速获得具有很高攻击能力的假体。

由此可见,现有的生物特征认证系统迫切需要引入活体检测技术来提高系统的安全性。

活体检测是指为了防止恶意者将伪造的他人生物特征用于身份认证,在生物特征识别过程中,针对待认证样本是否具有生命特征进行检测的技术。活体检测是将具有生命特征的人的样本,与仿制的人造样本进行区分的过程,是欺骗检测中的一种。

例如,苹果公司的专利提出了使用固定角度的偏振光对手指进行照射,根据获取到的手指中的氧合血红蛋白和脱氧血红蛋白、β-胡萝卜素等光谱情况来判断手指真假。汇顶科技的官方网站介绍了通过血液、心率信号检测来识别假指纹的技术。

8.2.3　多因子认证

多因子认证(MFA,Multiple Factor Authentication)是应对撞库攻击的重要措施之一。

随着账号劫持现象的增多,很多互联网服务都开始支持两步认证(Two-Step Authentication),一般第一步采用最为常用的用户名和口令进行身份验证;第二步的验证引入短信验证码、电话验证码、一次性口令软件令牌、基于数字证书的 USB 安全密钥、备份验证码(如写在纸上的一次性验证码)等多种方式。这些方式有各自的优缺点,用户可以根据自身喜好和应用场景进行选择。

数字证书最安全,但是为了私钥的安全,需要用户携带额外的硬件设备;并且,设备在实际使用中存在各种兼容性问题,用户体验成为数字证书广泛应用的主要障碍。

令牌是实现两步验证的最早的方式。1994 年出现了基于物理令牌(Physical Token)的双因子验证模式(2FA,Two-factor Authentication)。这是一种硬件令牌,能够产生 n 位数字的 PIN 码,作为一次性口令使用。随着计算机技术和网络通信技术的发展,随后出现一系列各种形式的一次性口令令牌,包括电子邮件令牌、软件令牌、短信令牌、语音呼叫令牌,等等。

软件令牌采用 RFC 标准产生一次性口令。2FA 中使用的是一次性密码(OTP,One Time Password),也被称作动态密码。一般 OTP 有两种策略:基于 HMAC 的一次性口令(HOTP,HMAC-based One Time Password)和基于时间的一次性口令(TOTP,Time-based One Time Password)。对应的 RFC 标准分别为 RFC 4226 和 RFC 6238。目前被广泛使用的正是后者这种基于时间的动态密码生成策略。

软件令牌的优点在于无须记忆,不会产生口令泄露问题;并且它对网络无要求,离线下仍可正常使用。

软件令牌的不足表现在需要用户针对每个账户进行安装配置。

在实际使用中,会遇到使用遍历所有 6 位数数字进行暴力破解 OTP 的情况,因此,需要对错误次数进行限制。限制其错误次数能有效避免暴力破解的出现。除了暴力破解,也存在针对特定令牌实现漏洞的破解案例。

软件令牌是被广泛使用的一种认证令牌,例如,谷歌、微软、腾讯等大型互联网服务商都提供自己专用身份认证器。DuoMobile 是一种被广泛使用的软件令牌,采用公开的标准算法,能够支持多种互联网服务的一次性口令认证服务,也被广泛用于企业信息系统的多因子认证。

无论是软件令牌,还是硬件令牌,由于其产生一次性口令的秘密集中存储在一个数据库中,如果这个数据库被入侵,就会给令牌的安全带来极大的威胁。例如,2011 年世界著名安全公司 RSA 被入侵,导致著名的双因素身份验证用户令牌系统 RSA SecurID 遭受数据泄露。RSA SecurID 在一些大型企业和政府机构拥有良好口碑,这个系统长期以来一直被认为是无法攻破的系统。那么,究竟发生了什么事情呢? 概括地说,一封网络钓鱼电子邮件被发送给某些低级别的员工,邮件标题是"2011 年招聘计划",其中包含一个 excel 电子表格,里面具有零日漏洞利用的 flash 文件。一位员工或者更多位员工打开了这个文件,认为这是合法邮件;然后这个漏洞利用程序就检索到用户账号和密码,并建立了到 SecurID 服务器的链接,将从那里收集到的数据文件移交到托管供应商提供的受攻击的服务器上。从那里,数据被转移到一个远程服务器。

按需令牌(On-demand Token)通过电子邮件或者手机短信发送一个验证码,用户输入收到的验证码,完成身份认证。

随着移动通信的普及,手机成为比个人计算机更普及的个人计算设备,"永远在线"在现实生活中已经不是问题。因此,手机成为完成身份验证的重要手段。

手机不仅成为实现两步认证的最佳候选方式,甚至成为替代口令的身份认证方式。基于短信的一次性口令,成为使用最为广泛的身份验证方式。用户只需输入手机号码和手机短信中的验证码,就能够完成身份验证。这样不仅免去了密码泄露的风险,也免去了用户记忆用户名和口令的负担。具体流程如图 8-1 所示。

图 8-1　短信验证码工作示意图

用户不需要安装任何软件,也不需要做复杂的配置;并且,对所有应用都可以使用同一种方式完成认证。和软件令牌相比,对用户而言,基于短信的一次性口令技术门槛更低,使用更简单。

基于语音呼叫的一次性口令,与基于短信的一次性口令的使用模式类似,是身份验证的重要候选方式。

按需令牌也面临着各种安全挑战。

基于电子邮件的身份验证,实际上是把自身的安全交给另外一个账号,电子邮箱;然而,这个电子邮箱的安全又怎么来保证呢?

对于短信验证码,由于其使用最为广泛,也吸引攻击者最多的关注。从发送端,到网络,到终端,一直都存在着各种恶意攻击。在服务器端,短信网关被入侵的事件时有发生;短信传输过程中,由于七号信令的缺陷和电信网络日益走向开放,使得短信拦截更容易实施;在接入端,由于 GSM 网络使用单向鉴权技术,且短信内容以明文形式传输,导致短信很容易被攻击者窃听,并结合 GSM 劫持技术实施账号劫持;在终端,手机应用商店存在着大量的恶意软件,能够悄无声息地监控和转发用户的短信验证码。

基于语音呼叫的一次性口令,和短信一样,也面临着基于七号信令缺陷的呼叫拦截和手机恶意软件的威胁。

所有的认证方式,都还面临着钓鱼攻击和社会工程学攻击。

安全性和易用性是影响一种安全技术的最重要的两个方面。很多安全技术,都是由于用户体验差而被大家所遗忘。

所有的多因子认证,在应用中还面临两个共性问题:①应用软件的兼容性问题;②多步验证带来用户体验下降问题。

很多老的应用都不支持两步验证,例如,一些电子邮件客户端软件。解决办法是针对特定设备和特定应用设置专用密码,用户只需要在该设备上为该应用设置一次,以后就可以自动完成身份认证。

很多研究表明,用户对两步验证的接受率不是很高,例如,2015 年谷歌账户中只有 6.4% 的用户启用了两步认证服务。其主要原因还是用户体验问题。

多因子认证方式与常用设备管理功能相结合,能够简化用户的身份认证操作,提升用户体验。其基本思路是在用户管理的可信任设备上发起身份认证请求时,无须两步验证。例如,用户使用浏览器第一次登录某个账号需要进行两步验证,身份认证成功后,服务器在浏览器中设置一个永不过期的 cookies,将这个浏览器识别为用户的可信任计算设备,作为下次身份认证的第二个因子。当用户再次用此浏览器访问这个服务器时,就无须进行两步验证了。这种设计显著改善了两步验证的用户体验,对两步验证的推广起到很大作用。

8.2.4 把身份认证视为一个分类器

随着大数据和人工智能技术的应用,新的身份认证模式正在涌现:基于行为的身份认证(Someway you behave),基于位置的身份认证(Somewhere you are)。这些模式都为实现更安全更智能的身份认证提供了更多的思路。

关于身份认证开始出现一些新的思想。例如,从机器学习技术的角度来看,可以把身份认证系统建模为一个分类器,把用户每次认证输入的各种信息作为一个实例。

许多大型网站已经采用以风险为基础的模型对用户身份进行认证。这种方法在 21 世纪初出现在在线金融网站上。虽然错误的口令意味着拒绝访问,但正确的口令只是一个信号。分类器可以利用口令以外的许多信号,如用户的 IP 地址,地理位置,历史记录,包括 cookies、登录时间、如何输入口令以及正在请求的资源。与口令不同,这些隐式信息是可用的,用户无须付出额外的努力。移动设备引入了许多来自传感器的新信号来测量与用户的交互。虽然这些信号都不是不可伪造的,但每个信号都是有用的,都会增加攻击者的成本。例如地理定位可以被对手伪造;而浏览器指纹识别技术一直面临着指纹伪造问题。尽管如此,由于在实践中伪造所有信号的难度可能很大,因此,大大提高了账号的安全性。

与传统的口令认证不同,分类器的结果不是二元的 0 或者 1 的关系,而是一种可能性,是一个实数值。这个数字必须被离散化为 0 或者 1,才能够决定是否授予用户访问权限。任何分类器将不可避免地产生错误接受(False Accept)和错误拒绝(False Reject)的错误。我们需要继续改进机器学习技术以减少这些错误,并尽可能地采用新技术引入更多更可靠的认证因子,以增加可用信号的数量和质量。

在错误接受和错误拒绝之间,很难做出权衡。对于金融网站,错误接受转化为欺诈,但通常可以通过撤销任何欺诈性付款来收回。但是对于错误接受导致敏感用户数据泄露的网站,保守违规行为永远不能撤销,这可能会造成非常大的成本损失。与此同时,错误拒绝令用户感到烦恼,他们可能会转向你的竞争对手。

获得大量的基础事实来训练分类器是另一个挑战。

出于经济动机的攻击者可能也是最容易对付的,因为他们的攻击通常需要考虑可伸缩性,从而导致大量攻击,这些会带给我们大量的训练数据。

非经济动机的攻击者可能更难在算法上检测到。有针对性的攻击,包括技术上复杂、针对单个用户账户的“高级持续威胁”(APT,Advanced Persistent Threats)是最困难的挑战,因为攻击者可以为受害者量身定制技术,并为分类器留下相对较少的信号。

8.2.5　持续认证

身份验证可以是一个更灵活更智能的过程。

如果分类器的可信度较低或用户试图进行特别敏感的操作,则需要更多的信息,例如,如果站点注意异地账户可疑的活动,则可以要求用户通过短信或电话确认其身份。

多级身份验证(Multi-level Authentication)成为可能:当分类器的可信度相对较低时,用户可以获得有限的访问权限。例如,在英国一些银行仅通过口令提供账户的只读方式,但需要安全令牌才能将资金转出。网站也可能会要求用户输入较少的信息,比如不要求用户输入口令,这是因为网站此时依然有认证功能,它可以利用辅助信号来验证用户的身份。例如,通过使用持久会话 cookies,允许用户在预定的时间内不使用口令登录,由一个分类器来决定何时重新检查口令。

持续认证(Continual Authentication)是指分类器不只是在入口处检查口令,而是可以在允许用户进入后监视用户的行为,并根据这些附加信号改进其决策。最终,持续认证可能意味着认证过程将会与其他的滥用检测系统(Abuse-Detection System)交织在一起。

8.2.6　认证信息的存储

近年来,用户信息泄露事件层出不穷,从 2011 年 CSDN 的 600 万用户账号和明文密码泄露的事件,到 LinkedIn、雅虎等互联网巨头的数亿用户数据被窃。雅虎在 2013 年以前一直使用脆弱的算法 MD5 保存用户账号,LinkedIn 采用 SHA-1 算法,其安全程度都远远低于人们的期望。

认证信息(如口令)如何安全地存储,是所有服务提供商必须认真对待的问题。

最初的口令存储模式,始于 1961 年麻省理工学院的分时系统;其在使用中暴露出很多安全问题,很多用户互相猜测口令,而且管理员能够有权限解密用户的口令。

20 世纪 60 年代,剑桥大学的 Roger Needham 和 Mike Guy 发明利用哈希算法来加密口令的方法,并将之应用于 MULTICS 操作系统。通过哈希算法的保护,服务器不再保存用户的原始口令;即使是系统管理员,也只能通过破解哈希算法来获得用户的口令。利用安全哈希算法的单向特性,用户口令的安全性得到很大提升。

由于计算机的普及,很多攻击者具有更强大的计算能力。1979 年,Robert Morris 和 Ken Thompson 提出了哈希加盐(Hashing and Salting)的方法来抵抗字典攻击和暴力破解,并将其应用于 Unix 操作系统。

随着万维网和电子商务的流行,人们企图用基于公钥密码的 SSL 客户端证书来取代口令这种传统的身份验证模式。然而,由于客户端管理证书和私钥困难,这种想法在现实中并未取得成功。人们和 Web 服务器之间的基于 SSL 的认证是单向的,在 SSL 层只是用证书来验证服务器的身份;而用户身份验证的主流方式仍然是基于文本的口令。

目前常用方案的基本思路是:故意增加密码计算所需耗费的资源和时间,使任何人都不可获得足够的资源建立暴力破解所需的彩虹表(rainbow table)。这类方案有一个特性:算法中都有个因子,用于指明计算密码摘要所需要的资源和时间,也就是计算强度。计算强度越大,攻击者建立彩虹表越困难,以至于不可继续。

这类方案的常用算法有以下三种。

(1) PBKDF2(Password-Based Key Derivation Function)

PBKDF2 简单而言就是将加盐哈希进行多次重复计算,这个次数是可选择的。如果计算一次所需要的时间是 $1\mu s$,那么计算 100 万次就需要 1 s。假如攻击一个密码所需的彩虹表有 1 000 万条,建立所对应的彩虹表所需要的时间就是 115 天。这个代价足以让大部分的攻击者望而生畏。

美国政府机构已经将这个方法标准化,并且用于一些政府和军方的系统。这个方案最大的优点是标准化,实现容易,同时采用了久经考验的 SHA 算法。

密码管理器厂商 LastPass 采用了 PBKDF2-SHA256 算法。

(2) BCRYPT

BCRYPT 是专门为密码存储而设计的算法,它是由 Blowfish 加密算法变形而来,由 Niels Provos 和 David Mazières 发表于 1999 年的 USENIX 会议上。

BCRYPT 最大的优势是有一个叫 work factor 的参数,这个参数可用于调整计算强度,而且 work factor 包括在输出的摘要中。随着攻击者计算能力的提高,使用者可以逐步增大 work factor,而且不会影响已有用户的登录。

BCRYPT 经过了很多安全专家的仔细分析,使用在以安全著称的 OpenBSD 中,一般认为它比 PBKDF2 更能承受随着计算能力加强而带来的风险。BCRYPT 也有广泛的函数库支持,因此得到了广泛的应用。

Dropbox 在遭受到用户口令泄露事件后,就宣称被泄露的口令都采用了 BCRYPT 算法进行加密,能够保证用户口令的安全。

因此,这种密码存储方式被建议使用。

（3）SCRYPT

SCRYPT 是由著名的 FreeBSD 黑客 Colin Percival 为他的备份服务 Tarsnap 开发的。和上述两种方案不同,SCRYPT 不仅所需计算时间长,而且占用的内存也多,使得并行计算多个摘要异常困难,因此利用彩虹表进行暴力攻击变得更加困难。

2018 年在 IEEE SP(IEEE Symposium on Security and Privacy)会议上发表的研究结果表明,SCRYPT 能够更好抵御离线攻击。

但是,SCRYPT 没有在生产环境中大规模应用,并且缺乏仔细的审察和广泛的函数库支持。

8.3　大数据时代的访问控制技术

8.3.1　访问控制的基本概念

访问控制可以定义为主体(Subject)依据某些控制策略或权限对客体(Object)本身或是其资源进行授权访问。

主体是提出请求访问的实体,客体是接受主体访问的实体,访问控制策略(Access Control Policies)是主体对客体的访问规则集,也就是主体能对哪些客体执行什么操作,授权是指资源的所有者或控制者准许他人访问资源。

8.3.2　访问控制的常用方法

访问控制技术通过对用户访问资源的活动进行有效监控,使合法的用户在合法的时间内获得有效的系统访问权,并防止非授权用户访问系统资源。

传统的访问控制模式有如下三类。

（1）自主访问控制

自主访问控制(DAC,Discretionary Access Control)是指对某个客体具有拥有权(或控制权)的主体能够将对该客体的一种访问权或多种访问权自主地授予其他主体,并在随后的任何时刻能够将这些权限回收的访问控制模式。

这种模式一般使用访问控制列表来实现。尽管实现方式较为简单,但是在用户量很大的时候,访问控制列表也很庞大,对于用户权限变更的情况,资源所有者的维护负担较重。

这种控制是自主的,即指具有授予某种访问权力的主体(用户)能够自己决定是否将访问控制权限的某个子集授予其他的主体或从其他主体那里收回他所授予的访问权限。

自主访问控制中,用户可以针对被保护对象制定自己的保护策略。这种机制的优点是具有灵活性、易用性与可扩展性,缺点是控制需要自主完成,这带来了严重的安全问题。

（2）强制访问控制(MAC,Mandatory Access Control)

强制访问控制是指计算机系统根据使用系统的机构事先确定的安全策略,对用户的访问权限进行强制性的控制。也就是说,系统独立于用户行为强制执行访问控制,用户不能改变他们的安全级别或对象的安全属性。

强制访问控制在自主访问控制的基础上,增加了对网络资源的属性划分,规定不同属性下的访问权限。

这种机制的优点是在安全性方面比自主访问控制要高，缺点是灵活性要差一些。

（3）基于角色的访问控制

基于角色的访问控制（RBAC，Role Based Access Control）将用户映射到角色，用户通过角色享有许可。该模型通过定义不同的角色、角色的继承关系、角色之间的联系以及相应的限制，动态或静态地规范用户的行为。作为现今访问控制模型研究的基石，该模型在实际系统中得到了广泛的应用。例如，数据库系统可以采用基于角色的访问控制策略，建立角色、权限与账号管理机制；操作系统可以将用户按照角色进行分组（Group），针对分组进行授权，从而简化了系统管理员的系统管理工作。

基于角色的访问控制方法的基本思想是在用户和访问权限之间引入角色的概念，将用户和角色联系起来，通过对角色的授权来控制用户对系统资源的访问。这种方法可根据用户的工作职责设置若干角色，不同的用户可以具有相同的角色，在系统中享有相同的权力，同一个用户又可以同时具有多个不同的角色，在系统中行使多个角色的权力。

基于角色的访问控制的基本概念包括以下几个。① 许可，也叫权限（privilege），就是允许对一个或多个客体执行操作。②角色（role），就是许可的集合。③会话（session），一次会话是用户的一个活跃进程，它代表用户与系统交互。每个会话是一个映射，一个用户到多个角色的映射。当一个用户激活他所有角色的一个子集的时候，建立一个会话。④活跃角色（active role）：一个会话构成一个用户到多个角色的映射，即会话激活了用户授权角色集的某个子集，这个子集称为活跃角色集。

由于基于角色的访问控制不需要对用户一个一个地进行授权，而是通过对某个角色授权来实现对一组用户的授权，因此简化了系统的授权机制，可以很好地描述角色层次关系，能够很自然地反映组织内部人员之间的职权、责任关系。

利用基于角色的访问控制可以实现最小特权原则，基于角色的访问控制机制可被系统管理员用于执行职责分离的策略。

基于角色的访问控制的出现基本解决了 DAC 由于灵活性造成的安全问题和 MAC 缺乏灵活性的问题。

随着信息技术的发展以及分布式计算的出现，各种信息系统通过因特网互联互通的趋势越来越明显。单纯的基于角色的访问控制模型已经不能适应这种新型网络环境的要求：①基于角色的访问控制以用户为中心，而没有对额外的资源信息，如用户和资源之间的关系、资源随时间的动态变化、用户对资源的请求动作（如浏览、编辑、删除等）以及环境上下文信息进行综合考虑；②在开放式网络环境下，信息系统之间安全互联与数据共享的要求，对跨管理域的开放授权提出了需求。

为了保证信息访问的合法性、安全性以及可控性，访问控制模型需要考虑环境和时态等多种因素。访问控制技术向细粒度、多安全等级、跨域的方向发展，授权依据开始逐渐面向主、客体的安全属性，出现了基于信任、基于属性和基于行为等一系列基于安全属性的新型访问控制模型及其管理模型。

基于属性的访问控制（ABAC，Attribute Based Access Control）将各类属性，包括用户属性、资源属性、环境属性等组合起来用于用户访问权限的设定。它通过对全方位属性的考虑，以实现更加细粒度的访问控制。

大数据环境下，越来越多的信息存储在云平台上。根据云平台的特点，基于属性集加密访问控制、基于密文策略属性集的加密、基于层次式属性集合的加密等相继被提出。这些模型都以数据资源的属性加密作为基本手段，采用不同的策略增加权限访问的灵活性，如通过层次化的属性加密，可以实现云平台上数据更加细粒度的访问控制，层次化也使模型更加灵活，具有更好的可扩展性。除了提供属性加密访问控制之外，ABAC 也被当作云基础设施上访问控制中的一项服务。

8.3.3　终端数据的访问控制技术

随着手机等智能终端使用的广泛普及，用户将越来越多的数据保存在这些终端中。这些数据不仅包括照片、信息、邮件等包含个人隐私的内容，也包括用户名和密码这些直接影响用户利益的数据。目前的终端操作系统，包括安卓、苹果、微软等都只提供粗粒度的文件访问权限，意味着终端应用程序可以获得超过支持它们功能所需的数据，而用户只能对这些应用程序赋予"获取全部"或"绝不"的权限。

可以使用云计算作为提供细粒度访问权限的平台，为不同安全等级的数据分级，提供不同的访问控制权限。同时，不需要用户进行额外的权限授予的操作，保护用户的隐私数据。

同时，利用语义网技术，针对移动与计算的主动式安全访问控制机制（P2DS，Proactive Dynamic Secure Data Scheme），从而以用户数据为中心，以用户属性为约束，利用语义网技术识别用户身份，实现访问控制安全性能的提升，达到数据保护的目的。

8.3.4　云环境下的细粒度访问控制技术

传统的访问控制采用访问控制列表（ACL，Access Control List）来管理用户的访问权限。这种访问授权机制在用户和服务器之间设置访问策略，用户通过 ACL 获得授权，这就要求数据存储服务器是安全可信的。

在云环境中，服务器并不是完全可信任的，而且如果服务器被入侵，用户的所有数据都将泄露。如果对用户的敏感数据进行加密存储，那么云服务器便不能从密文中获取明文信息，即使服务器被入侵，仍可保证用户数据的保密性。

但很多时候，用户存储这些大数据是为了实现数据的共享，使被授权的用户可以获得数据。传统的加密机制很难在确保用户数据的机密性的同时为数据共享实现细粒度的访问控制特性。

函数加密（FE，Functional Encryption）丰富的表达式使它可以在云环境中应用，在保证数据机密性的同时提供一种非常灵活的对加密密文可解密的访问控制方法。

基于函数加密，任何人都能够用主公钥（MPK，Master Public Key）加密数据；主私钥（Master Secret Key）的持有者能够为特定函数生成对应的私钥，例如，给函数 f 生成私钥 skf。任何拥有 skf 和明文 x 的密文 c 的人，都能够获得明文 x 的函数 $f(x)$ 的明文计算结果。函数加密保证对手只能够获得 $f(x)$，而不泄露明文 x 的任何信息。

函数加密方案将用户密钥和密文分别与特定的谓词和属性相对应，只有属性满足特定谓词的用户才是满足访问结构的，也就是可以授权解密相关密文的用户。

8.3.5　开源系统 CryptDB

尽管人们用大量的努力来保护敏感数据，黑客还是能够经常设法窃取到敏感数据。例如，黑客们曾经成功地从 Target 公司窃取了约 4 000 万张借记卡和信用卡记录，还有 Home

Depot 的 5 600 万张银行卡记录,以及来自住院医生社区健康系统的 500 万条病人记录。甚至连美国政府部门也不能幸免:2015 年 6 月,有关数百万联邦雇员的个人信息从美国人事管理部门被窃取。

现在大量信息集中在各种云服务提供商的服务器上。大多数时候,我们甚至不知道这些机器在哪里,我们怎么可能觉得数据是安全的?最直接的方法就是在数据被存储之前加密。这样一来,即使攻击者设法突破云提供商的系统并窃取数据,他们也将获得无意义的乱码。这似乎是一个简单的解决方案,但它有一个很大的缺点,即当数据被加密时,它对想要窃取数据的攻击者是无用的,但是在许多情况下,加密也会给被授权使用这些数据的人带来很多麻烦。例如,我们需要利用云服务提供计算资源,在数据上执行不同种类的有用的计算,如进行数据统计、分析趋势,甚至需要使用非常复杂的机器学习技术来开发利用这些数据,但是,如果数据被加密了,就没有人可以做任何有意义的计算了。

比如 Facebook 可能会在你的照片上运行一个面部识别的算法,如果它的图像被加密了,那怎么办?亚马逊无法理解你的购买历史记录,还怎么给你推荐商品?所以对于除了简单的数据存储之外的其他任何东西来说,对数据进行加密似乎都是不现实的。然而,在过去的几年中,一种技术已经出现,实现了看似不可能的一件事:它使云提供商能够对已经加密的数据进行许多种类的计算。

该技术依赖某些加密方案的特殊数学性质,使云提供商能够进行有用的计算并产生加密的结果。然后,该用户可以解密该结果以获得其正在寻找的答案。这种方法的优点是云计算提供商的数据总是被加密的,即使有人从云服务的机器窃取数据,他也只能得到加密后的数据,这在本质上是毫无价值的。

基于加密数据的计算技术已经有了很久的历史,可以追溯到 40 年前。但是这样的计算现在才变得实用,这在一定程度上要归功于麻省理工学院计算机科学和人工智能实验室开发的软件工具。

先考虑一个假设的例子。Alice 喜欢使用在云端运行的医疗 Web 应用程序,使用浏览器在提供商的网站上输入各种敏感信息——疾病症状、身体活动、饮食、信用卡信息等;Alice 希望根据她之前的健身水平获取饮食建议,或者什么别的服务。该公司推出这项服务是非常安全的:Alice 的个人信息在她的本地机器上被加密,然后被发送到云服务提供商,云端只存储加密后的数据。云服务可以使用 Alice 的加密数据进行这些计算;Alice 的机器上运行的软件会自动解密云端的计算结果,并呈现在 Alice 的浏览器上。所以从她的角度来看,与 Web 应用程序的交互看起来是寻常的。

想象一个授权访问该服务的医生会询问在一周内有多少病人生病,对于接触某些疾病人群的人来说危险因素是什么,或者什么其他信息。这个医生也可以获得用加密数据计算的结果,并以加密形式返回到他的机器,此时它们被自动加密和显示。

总之,Alice 和医生享受着与常规 Web 应用程序相同的用户体验。不同之处在于,敏感信息永远不会暴露于可能破解服务提供商的数据库或监听网络通信的黑客眼前,这是如何做到的?为了更具体一些,考虑一个非常简单的计算。想象一下,医生想要知道在过去的几年里使用系统并患有特定疾病的人的总数。假设云服务在一年中每个月报告了这种疾病的人数,但是它将信息以加密形式存储。为了回答医生的查询,云提供者需要以某种方式加起来 12 个加密数字并返回结果。这似乎是不可能的,但如果选择正确的加密方案,则可以做到这一点。

计算加密数据的想法首先在 1978 年出现,当时 Ronald Rivest,Leonard Adleman 和

Michael Dertouzos 写了一篇题为《数据银行和隐私同态》(*On Data Banks and Privacy Homomorphisms*)的开创性文章。在这篇文章中,他们介绍了在数据加密的同时计算数据的方法。他们称可以支持这种计算的加密方案为"同态加密"。他们当时不知道如何执行允许进行各种计算的加密,而且也没有其他人知道——但是他们和其他计算机科学家都渴望找到一种方式去实现它。

1999 年,Pascal Paillier 开发了一个具有奇妙特性的加密系统:如果你有一组加密后的数字,你将获得原始数据总和的加密版本。但是,Paillier 的加密算法只能支持加法运算,例如,它可以非常快速地计算加密值的总和。而现实中,仅仅是加法运算显然是不够的。

直到 2009 年,Craig Gentry 取得了重大突破。他想到了一种允许计算机在加密之后计算数据的任何运算的加密模式。这种方案被称为全同态加密。从数学角度来说,Gentry 的解决方案是非常棒的。之后,其他研究人员继续努力,主要是为了提高 Gentry 的加密方法的性能和安全性。尽管人们取得了一些进展,但性能仍然是一个巨大的问题:最完整的同态加密方案所需时间比相应的未加密的计算长数十亿倍。如果一个网站通常用 1 s 就能计算出的结果,使用同态加密则需要 12 天!

全同态加密旨在支持单一加密方案中的所有功能,这导致简单操作变得更为缓慢。就目前而言,设计实用技术方案的关键是要摆脱"一个加密系统将适用于所有内容"的想法。

为了支持各种操作,需要使用各种专门的加密机制。每种机制只能做一件事,但是它们加在一起就涵盖了相当多的领域。目前,对于许多常见操作有专门并且迅速的算法,可以支持加法、乘法、比较等式或按顺序设置交集、多项式计算、机器学习分类任务、搜索加密文本等。使用所需的机制来加密数据,并因此存储多组不同的加密数据,从而允许使用加密的数据进行各种不同的计算。只需在加密数据集之间进行切换,在每个实例中使用与需要完成的操作相对应的数据集就可以了。CryptDB 正是基于这个思路来设计的,如图 8-2 所示。

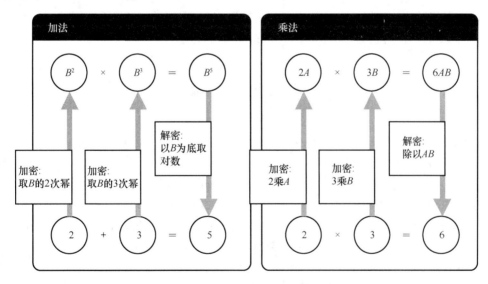

图 8-2　在加密数据上实现加法和乘法

CryptDB 是来自 MIT 的一个开源项目,它不是某种数据库,而是加密数据库查询技术的一种,可以在加密的数据库(目前支持 MySQL)上进行简单的操作。正常来说,一个应用是直接连接数据库的,配置了 CryptDB 后,CryptDB 作为应用和数据库的中间代理,以明文的方式与应用交互,以密文的方式与数据库交互,如图 8-3 所示。有关 CryptDB 的进一步介绍见附录 1。

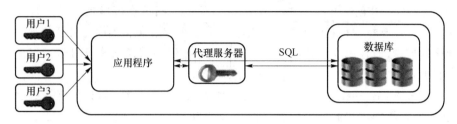

图 8-3　系统架构

CryptDB 在工业界获得了发展和应用。例如,借鉴 CryptDB 的设计思路,谷歌部署了 BigQuery 的系统,谷歌的 BigQuery 数据库能够支持对加密数据的查询。软件巨头 SAP 实现了一个名为 Search Over Encrypted Data(加密数据上的搜索)的系统,该系统在 SAP 的高性能分析应用程序服务器上使用 CryptDB。此外,MIT 的林肯实验室的研究人员使用 CryptDB 开发了一个特殊版本的开放源代码共享数据库。

存储信息的安全性是一个重要的问题,而对加密数据的计算是解决该问题的关键技术之一,这项技术能够保护敏感信息以防被窃取。原因很简单,即使是持有数据的公司也不能明白加密后信息的意义,黑客们就更没有什么值得窃取的了。

8.4　本章小结

本章首先学习了身份认证技术:基本的身份认证模式,常用的多因子认证以及新的身份认证方法。

然后,介绍了访问控制技术的基本概念和常用方法,重点学习了终端数据的访问控制技术和云端细粒度访问控制技术,最后介绍了开源系统 CryptDB。

本章参考文献

[1]　Bonneau J, Herley C, Van Oorschot P C, et al. The quest to replace passwords: a framework for comparative evaluation of web authentication schemes[C]// 2012 IEEE Symposium on Security and Privacy. San Francisco: IEEE, 2012: 553-567.

[2]　Bursztein E, Benko B, Margolis D, et al. Handcrafted fraud and extortion: manual account hijacking in the wild[C]// Proceedings of the 2014 Conference on Internet Measurement Conference. New York: ACM, 2014: 347-358.

[3]　Weidman J, Grossklags, J. I like it, but I hate it: Employee perceptions towards an institutional transition to BYOD second-factor authentication[C]// Proceedings of the 33rd Annual Computer Security Applications Conference. New York: ACM, 2017: 212-224.

[4]　Bonneau J, Herley C, Van Oorschot P C, et al. Passwords and the evolution of imperfect authentication[J]. Communications of the ACM, 2015, 58(7): 78-87.

［5］　Williamson G D. Enhanced authentication in online banking［J］. Journal of Economic Crime Management，2006，4(2).

［6］　Riva O，Qin C，Strauss K，et al. Progressive authentication：deciding when to authenticate on mobile phones［C］// 21st USENIX Security Symposium. ［S. l.］：［s. n.］，2012.

［7］　cnBeta. com. RSA 承认 SecureID 令牌已被攻破［EB/OL］. (2011-06-08)［2018-09-14］. https：//www. cnbeta. com/articles/tech/145118. htm.

［8］　RSA_SecurID［EB/OL］. ［2018-09-14］. https：//en. wikipedia. org/wiki/RSA_SecurID.

［9］　The OAuth 2. 0 Authorization Framework［EB/OL］. (2012-10-01)［2018-09-14］. https：//tools. ietf. org/html/rfc6749.

［10］　徐洁. 函数加密方案设计及其在云计算中的应用［D］. 北京：北京邮电大学，2016.

［11］　Boneh D，Sahai A，Waters B. Functional encryption：definitions and challenges［C］//Theory of Cryptography Conference. Berlin：Springer，2011：253-273.

［12］　Popa R A. Building practical systems that compute on encrypted data［D］. Cambridge：Massachusetts Institute of Technology，2014.

［13］　Popa R A，Redfield C，Zeldovich N，et al. CryptDB：protecting confidentiality with encrypted query processing［C］//Proceedings of the Twenty-Third ACM Symposium on Operating Systems Principles. New York：ACM，2011：85-100.

［14］　Popa R A，Zeldovich N. How to compute with data you can't see［J］. IEEE Spectrum，2015，8(52)：42-47.

［15］　Popa R A，Zeldovich N，Balakrishnan H. Guidelines for Using the CryptDB System Securely［J］. IACR Cryptology ePrint Archive，2015：979.

［16］　彭海朋. 网络空间安全基础［M］. 北京：北京邮电大学出版社，2017.

［17］　李凤华，苏铓，史国振，等. 访问控制模型研究进展及发展趋势［J］. 电子学报，2012，40(4)：805-813.

［18］　Li Yibin，Dai Wenyun，Ming Zhong，et al. Privacy protection for preventing data over-collection in smart city［J］. IEEE Transactions on Computers，2015，65(9)：1339-1350.

［19］　Gai Keke，Qiu Meikang，Thuraisingham B，et al. Proactive attribute-based secure data schema for mobile cloud in financial industry［C］// 2015 IEEE 17th International Conference on High Performance Computing and Communications. New York：IEEE，2015：1332-1337.

［20］　Qiu Meikang，Gai Keke，Thuraisingham B，et al. Proactive user-centric secure data scheme using attribute-based semantic access controls for mobile clouds in financial industry［J］. Future Generation Computer Systems，2018，80：421-429.

［21］　Gai Keke，Qiu Meikang，Zhao Hui. Intercrossed access controls for secure financial services on big multimedia in cloud systems［J］. ACM Transactions on Multimedia Computing Communications and Applications，2016，12(4).

［22］　Boneh D. Twenty years of attacks on the RSA cryptosystem［J］. Notices of the

AMS，1999，46(2)：203-213.

[23] 王馨宁. 生物特征识别中的"活体检测"概念及分析[J]. 中国科技术语，2014(s1)：77-79.

[24] Thies J，Zollhöfer M，Stamminger M，et al. Face2face：real-time face capture and re-enactment of RGB videos[C]// 2016 IEEE Conference on Computer Vision and Pattern Recognition. Las Vegas：IEEE，2016：2387-2395.

[25] Blocki J，Harsha B，Zhou S. On the economics of offline password cracking[C]// 2018 IEEE Symposium on Security and Privacy (SP). IEEE：[s. n.]，2018：35-53.

[26] Herley C，Van Oorschot P. A research agenda acknowledging the persistence of passwords[J]. IEEE Security & Privacy，2012，10(1)：28-36.

[27] Provos N，Mazièeres D. Bcrypt algorithm[C]//USENIX. [S. l.]：[s. n.]，1999.

[28] Kaliski B. Pkcs♯5：Password-based cryptography specification version 2. 0[EB/OL]. (2000-09-01)[2018-09-14]. https://tools. ietf. org/html/rfc2898.

[29] Breech L. Lastpass security notice[EB/OL]. (2015-06-15)[2016-10-11]. https://blog. lastpass. com/2015/06/lastpass-security-notice. html/.

[30] Meyer D. How to check if you were caught up in the dropboxbreach[EB/OL]. (2016-08-31)[2016-10-11]. http://fortune. com/2016/08/31/dropbox-breach-passwords/.

[31] Percival C. Stronger key derivation via sequential memory-hard functions[C]// BSDCan. [S. l.]：[s. n.]，2009.

第9章

大数据采集及其安全隐私

9.1 本章引言

随着移动互联网、电子商务、社交网络等互联网新兴技术的普及和应用,图像、视频、日志等网络数据呈现爆炸性增长。淘宝网近 4 亿会员每天产生的商品交易数据约 20 TB,Facebook 约 10 亿用户每天产生的日志数据超过 300 TB。

大数据时代已然来临,大数据领域也成为当今热门的研究课题。而数据是实现大数据研究的基础,传统的数据采集技术方案已经难以满足快速采集高质量的数据集的需求。所以如何高效地采集海量的高质量数据对大数据应用与研究具有极其重要的作用。数据采集是提供大数据服务的基础,也是数据整个生命周期中的核心环节之一。

本章首先介绍常用的数据采集与管理技术,然后从网络接入、网络传输、网络应用多个角度介绍相关的安全隐私防护技术和面临的问题。

9.2 大数据采集与管理

互联网刚兴起时,美国杂志《纽约客》(*The New Yorker*)曾刊登了一幅著名漫画,标题为《在互联网上,没人知道你是一条狗》(*On the Internet*, *nobody knows you're a dog*),如图 9-1 所示。从那时起,由于网络的虚拟性和匿名性,每个人都可以选择成为"双面人"。

大数据时代,每一家互联网公司以近乎贪婪的态度,去收集所有自己可能触及的数据。例如,用户点击了哪个按钮,在哪个页面停留时间更长,分享了什么,赞了什么,哪些内容被转发,哪些内容被评论,把什么东西加到购物车,付钱购买了什么,等等。

所有的一切,都被记录。新一代的互联网公司们致力于为每一个个体提供定制的产品,你看到的页面,和你的朋友看到的页面可能完全不一样,甚至你看到的商品价格,和你朋友看到的也未必一样。这些都是基于你自己的行为产生的,由程序计算出来的结果,多数情况下,其中并没有人工参与。只从体验上看,这不是一件坏事,毕竟,按照用户习惯定制的内容,可以让他们使用起来更舒服,节约更多时间,人们也更喜欢这样的产品。

大数据时代的到来迅速打破了在互联网初期人们对网络隐私的认识。

随着搜索引擎的广泛应用,我们每天几乎都离不开百度或者谷歌。人们发现,很多事情自己都忘记,但搜索引擎记录下了你曾经点滴的想法。因为人们不会对搜索引擎撒谎,这些数据甚至比朋友、情人或是家人更与自身联系紧密,因为我们总是尽可能准确地告诉搜索引擎,我们在想什么。搜索引擎知道人们内心深处的担心和秘密。如果搜索引擎想知道某一个网民心里面正在想什么,它就能知道。曾经有人说,搜索引擎比自己的妻子还了解自己。但实际上还可以更进一步,应该说搜索引擎比你自己还了解自己,因为它能毫无改变、永远地记住你曾经在那个长条框里输进去的东西,不管它是什么。搜索引擎记录的网络行为会真实地展现出你过去的所思所想。

On the Internet, nobody knows you're a dog.

图 9-1　互联网初期的隐私

其实,不仅仅是搜索行为,每个人在网络空间的任何网络行为都无时无刻不被网络所记录。通过搜索记录、浏览记录,可以知道我们在什么时间,搜索过什么关键字,浏览过哪些网页;我们的电子邮件都保存在电邮供应商的日志文件中;我们的通话记录都被加上时间标记备份在电话公司的大容量硬盘上;还有信息发布与社交网络,我们所有的个人网页、朋友圈、微博、博客的信息都被保存在腾讯、新浪、Facebook、Twitter 等的服务器上;通过阿里巴巴和京东的购物记录,能够详尽地了解我们何时何地买了什么东西,我们的喜好、品位以及支付能力都被信用卡提供商编目归档。

这还不是全部:在物理空间,我们的行为数据一样被网络时时刻刻地采集。例如,我们的即时行踪完全被手机供应商掌握;我们的出行已经离不开定位服务、WiFi 服务,使用这些服务的同时,我们的位置信息都会被采集和使用。甚至我们的容貌和穿着打扮,都被安装在各大商场和街角的摄像头捕捉并记录。

谷歌地球、谷歌街景对个人隐私的侵犯,还有苹果手机收集用户位置信息事件,都已经引起了大众对隐私的担忧。

9.2.1　传统的数据采集技术

传统的数据采集来源单一,且存储、管理和分析数据量也相对较小,大多采用关系型数据库和并行数据仓库即可处理。对依靠并行计算提升数据处理速度方面而言,传统的并行数据库技术追求高度一致性和容错性。

9.2.2　大数据给数据采集带来新的挑战

大数据时代,企业面临着数据量的大规模增长的情况。例如,国际数据公司(IDC, International Data Corporation)最近的报告预测称,全球数据领域将从 2018 年的 33 泽字节增长到 2025 年的 175 泽字节,全球数据量将扩大约 50 倍。目前,大数据的规模尚是一个不断变化的指标,单一数据集的规模范围从几十太字节到数拍字节不等。简而言之,存储 1 PB 数据将需要两万台配备 50 GB 硬盘的个人计算机。此外,各种意想不到的来源都能产生数据。

大数据会呈现出多变的形式和类型。相较传统的业务数据,大数据存在不规则和模糊不清的特性,使得传统的应用软件很难甚至无法对其进行分析。传统业务数据随时间演变已拥有标准的格式,能够被标准的商务智能软件识别。目前,企业面临的挑战是处理并从各种形式呈现的复杂数据中挖掘价值。

数据多样性的增加主要是由于新型的非结构化数据,包括网络日志、社交媒体、互联网搜索、手机通话记录及传感器网络等数据类型的出现。其中,部分传感器安装在火车、汽车和飞机上,每个传感器都增加了数据的多样性。

高速描述的是数据被创建和移动的速度。在高速网络时代,通过基于实现软件性能优化的高速计算机处理器和服务器,创建实时数据流已成为流行趋势。企业不仅需要了解如何快速创建数据,还必须知道如何快速处理、分析并返回给用户,以满足他们的实时需求。根据 IMS 研究院关于数据创建速度的调查,据预测,到 2020 年全球将拥有 220 亿部设备连接到互联网。

9.2.3　大数据采集技术

1. 系统日志采集方法

很多互联网企业都有自己的海量数据采集工具,多用于系统日志采集,如 Hadoop 的 Chukwa,Cloudera 的 Flume,Facebook 的 Scribe 等,这些工具均采用分布式架构,能满足每秒数百兆字节的日志数据采集和传输需求。

2. 网络数据采集方法

网络数据采集是指通过网络爬虫或网站公开 API 等方式从网站上获取数据信息。该方法可以将非结构化数据从网页中抽取出来,将其存储为统一的本地数据文件,并以结构化的方式存储。它支持图片、音频、视频等文件或附件的采集,附件与正文可以自动关联。除了网络中包含的内容之外,对于网络流量的采集可以使用深包检测(DPI,Deep Packet Inspection)技术或动态流检测(DFI,Deep/Dynamic Flow Inspection)技术等技术进行处理。

3. 私有数据交换与采集方法

对于企业生产经营数据或学科研究数据等保密性要求较高的数据,可以通过与企业或研究机构合作,使用特定系统接口等相关方式来采集。

9.2.4　数据的非法采集现象

随着互联网的高速发展,其已经渗入人们生活的方方面面,对经济和社会有着重大的影响。各大网站也以用户流量大小为评估标准,形成流量为王的竞争态势,网站以网址后面加推广链接的方式进行流量推广和导流。

流量劫持者利用网站流量的二级分销政策,将用户劫持到网站本身的流量推广链接上,再和网站去结算流量费用。这种模式已经形成了一条相当长的地下黑色产业链。

从运营商网络侧分光劫持，到终端软件、浏览器插件、盗版系统软件内置，甚至网站自身内部人员联合 IDC 进行劫持等各种各样的方式在现实中都有人在做。运营商骨干网的分光流量信息被非法采集与使用，在黑色产业链上反复买卖，严重侵犯了用户隐私，给用户、运营商、网站方都造成了困扰和重大经济利益损失。

网络侧分光劫持已经成为一种非法数据采集的常见手段，如图 9-2 所示。其基本原理如下：通过在骨干路由器旁部署一台旁路的设备，采集分光流量信息监听所有流过的流量。这个设备按照某种规律或者策略，对于某些请求进行特殊处理。当一个请求流过：①如果是 TCP 协议，这个设备根据该请求的 seq 和 ack，把准备好的数据作为回应包，发送给客户端；②如果是 UDP 协议，则直接把准备好的数据作为回应包，发送给客户端。因为回应包比服务器端的正常包提前响应，所以，真正的服务器端数据过来的时候，会被当作错误的报文而不被接受。HTTP 劫持的提前响应最常见的是 302 跳转，即通过回一个 302 跳转引导客户端跳转到新的链接。

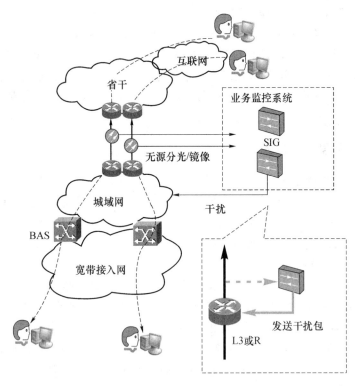

图 9-2　网络侧分光劫持的原理（原图见本章参考文献[2]）

除了网络劫持，还有很多非法数据采集的手段，例如，利用免费 WiFi 窃取接入用户的数据，通过网络流量数据采集用户通信的元数据，利用 SSL 的漏洞窃取通信内容，通过伪造非法证书骗取用户的信息，非法追踪用户网络浏览行为，利用钓鱼网站、钓鱼邮件骗取用户信息，等等。在本章后续部分，将介绍与这些相关的技术。

9.2.5　数据采集平台软件

常用的数据采集软件包括以下几种。

1. Apache Flume

Flume 是 Apache 旗下的一款开源、高可靠、高扩展、容易管理、支持客户扩展的数据采集系统。Flume 使用 JRuby 来构建,所以依赖 Java 运行环境。

2. Fluentd

Fluentd 是另一个开源的数据收集框架。Fluentd 使用 C/Ruby 开发,使用 JSON 文件来统一日志数据。它的可插拔架构,支持各种不同种类和格式的数据源和数据输出。最后它也同时提供了高可靠性和很好的扩展性。Treasure Data 公司对该产品提供支持和维护。

3. Logstash

Logstash 是著名的开源数据栈 ELK(Elasticsearch,Logstash,Kibana)中的那个 L。Logstash 用 JRuby 开发,所以运行时依赖 JVM。

4. Splunk Forwarder

Splunk 是一个分布式的机器数据平台,主要有三个角色:Search Head 负责数据的搜索和处理,提供搜索时的信息抽取;Indexer 负责数据的存储和索引;Forwarder 负责数据的收集、清洗、变形,并将数据发送给 Indexer。

9.3 无线接入网络的安全

本节首先介绍最常用的无线网络标准 IEEE 802.11x,然后介绍相应的认证与加密技术。

9.3.1 无线接入网络的技术标准

目前最常见的无线网络标准以 IEEE 802.11x 系列为主。它是 IEEE 制定的一个通用的无线局域网标准。最初的 IEEE 802.11 标准传输速率最高只能达到 2 Mbit/s;由于速度慢不能满足数据应用发展的需求,所以后来 IEEE 又推出了 IEEE 802.11b、802.11a、802.11g、802.11n、802.11ac 等新的标准。

如表 9-1 所示,IEEE 802.11 协议族中不同协议的差异主要体现在使用频段、调制模式、信道差分等物理层技术。IEEE 802.11 协议中典型的使用频段有 2 个,一个是 2.4~2.485 GHz 公共频段,另一个是 5.1~5.8 GHz 高频频段。由于 2.4~2.485 GHz 是公共频段,微波炉、无绳电话、无线传感器网络也使用这个频段,因此信号噪声和干扰可能会稍大。5.1~5.8 GHz 高频频段的传输主要受制于视线传输和多径传输效应,一般用于室内环境中,其覆盖范围要稍小。不同的调制模式决定了不同的传输带宽,在噪声较高或无线连接较弱的环境中可减小每个信号区间内的传输速率来保证无误传输。

表 9-1 IEEE 802.11 协议对比

IEEE 802.11 协议	发布时间	频宽/GHz	最大带宽/Mbit·s^{-1}	调制模式
IEEE 802.11—1997	1997.6	2.4~2.485	2	DSSS
IEEE 802.11a	1999.9	5.1~5.8	54	OFDM
IEEE 802.11b	1999.9	2.4~2.485	11	DSSS
IEEE 802.11g	2003.6	2.4~2.485	54	DSSS 或 OFDM
IEEE 802.11n	2009.10	2.4~2.485 或 5.1~5.8	100	OFDM
IEEE 802.11ac	2014.1	5.1~5.8	866.7	OFDM

9.3.2　无线接入网络的认证和加密

由于无线局域网采用公共的电磁波作为载体,电磁波能够穿过天花板、楼层、墙等物体,因此在一个无线局域网接入点所服务的区域中,任何一个无线客户端都可以接收到此接入点的电磁波信号,这样那些非授权用户也能接收到数据信号。相对于有线局域网来说,窃听或干扰无线局域网中的信息就容易得多。为了阻止这些非授权用户访问无线网络,应该在无线局域网中引入相应的安全措施。

通常数据网络的安全性主要体现在用户访问控制和数据加密两个方面。访问控制保证敏感数据只能由授权用户进行访问,而数据加密保证发射的数据只能被所期望的用户接收和理解。

1. 认证

在无线客户端和中心设备交换数据之前,必须先对客户端进行认证。在 IEEE 802.11b 中规定,在一个设备和中心设备对话后,就立即开始认证工作,在通过认证之前,设备无法进行其他关键通信。

目前 Wi-Fi 推荐的无线局域网安全解决方案 Wi-Fi 网络安全接入(WPA,Wi-Fi Protected Access)的认证分为两种。

第一种采用 IEEE 802.1x＋EAP 的方式。IEEE 802.1x 是一种基于端口的网络接入控制技术,在网络设备的物理接入级对接入设备进行认证和控制。IEEE 802.1x 提供一个可靠的用户认证和密钥分发框架,可以控制用户只有在认证通过以后才能连接网络。IEEE 802.1x 本身并不提供实际的认证机制,需要和上层的扩展认证协议(EAP,Extensible Authentication Protocol)配合来实现用户认证和密钥分发。EAP 允许无线终端支持不同的认证类型,能与后台不同的认证服务器,如远程接入拨号用户服务(RADIUS,Remote Authentication Dial in User Service)进行通信。在大型企业网络中,通常采用这种方式。

802.1x 验证涉及三个部分:申请者(Supplicant)、验证者(Authenticator)和验证服务器(Authentication Server),如图 9-3 所示。

申请者是一个需要连接 LAN/WAN 的客户端设备(如便携机),同时也可以指运行在客户端上,提供凭据给验证者的软件。

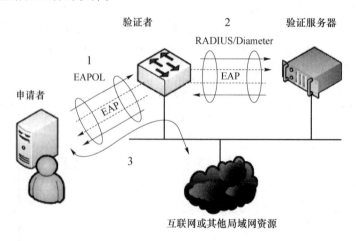

图 9-3　IEEE 802.1x 的身份验证原理(原图见本章参考文献[1])

验证者是一个网络设备,如以太网交换机或无线接入点。

验证服务器通常是一个运行着支持 RADIUS 和 EAP 协议的主机。

验证者就像一个受保护网络的警卫。申请者(如客户端设备)不允许通过验证者访问受保护一侧的网络,直到申请者的身份被验证和授权。这就像允许进入一个国家之前要在机场的入境处提供一个有效的签证一样。

使用 802.1x 基于端口的验证,申请者向验证者提供凭据,如用户名/密码或数字证书,验证者将凭据转发给验证服务器进行验证。如果验证服务器认为凭据有效,则申请者就被允许访问被保护侧网络的资源。

但是对于一些中小型的企业网络或家庭用户,架设一台专用的认证服务器未免代价过高,维护也很复杂。因此 WPA 提供了第二种简化的模式,它不需要专门的认证服务器。这种模式叫作 WPA 预共享密钥(WPA-PSK),仅要求在每个 WLAN 节点(如 AP、无线路由器、网卡等)预先输入一个密钥即可实现。只要密钥吻合,客户就可以获得 WLAN 的访问权。这种方式通常用于家庭网络。

2. 数据加密

数据加密可以通过有线等效保密(WEP,Wired Equivalent Privacy)协议来进行。WEP 是 IEEE 802.11b 协议中最基本的无线安全加密措施。WEP 是所有经过 Wi-Fi 认证的无线局域网络产品都支持的一项标准功能。

WEP 加密采用静态的保密密钥,各 WLAN 终端使用相同的密钥访问无线网络。WEP 也提供认证功能,当加密机制功能启用,客户端要尝试连接上 AP 时,AP 会发出一个挑战包给客户端,客户端再利用共享密钥将此值加密后送回存取点进行认证比对,如果正确无误,才能获准存取网络的资源。

WEP 虽然通过加密提供网络的安全性,但也存在一些缺点,导致具有中等技术水平的入侵者就能非法接入 WLAN。首先,用户的加密密钥必须与 AP 的密钥相同,并且一个服务区内的所有用户都共享同一把密钥。倘若一个用户丢失密钥,则将殃及整个网络。其次,WEP 在接入点和客户端之间以"RC4"方式对分组信息进行加密,密码很容易被破解。

802.11i 是新一代 WLAN 安全标准。现在使用的 WPA2,就是 802.11i 标准的实现。802.11i 是 IEEE 为弥补 802.11 脆弱的安全加密功能而制定的修正案,802.11i 提出了强健安全网络(RSN)的概念,增强了 WLAN 中的数据加密和认证性能,并且针对 WEP 加密机制的各种缺陷做了多方面的改进。802.11i 标准中所建议的身份验证方案是以 802.1x 框架和可扩展身份验证协议(EAP)为依据的。加密运算法则使用的是高级加密标准(AES,Advanced Encryption Standard)加密算法。

目前 Wi-Fi 推荐的无线局域网安全解决方案 WPA 采用了暂时密钥集成协议(TKIP,Temporal Key Integrity Protocol)作为一种过渡性安全解决方案。TKIP 与 WEP 一样基于 RC4 加密算法,且对现有的 WEP 进行了改进,在现有的 WEP 加密引擎中追加了"密钥细分(每发一个包重新生成一个新的密钥)""消息完整性检查(MIC)""具有序列功能的初始向量"和"密钥生成和定期更新功能"四种算法,极大地提高了加密安全强度。

IEEE 802.11i 中还定义了一种基于 AES 的全新加密算法,以实施更强大的加密和信息完整性检查。AES 是一种对称的块加密技术,提供比 WEP/TKIP 中 RC4 算法更高的加密性能,为无线网络带来更强大的安全防护。

9.4 匿 名 通 信

9.4.1 基本概念

匿名通信是指采取一定的措施隐藏通信流中的通信关系,使窃听者难以获取或推知通信双方的关系及内容的通信模式。匿名通信的目的就是隐蔽通信双方的身份或通信关系,保护网络用户的个人通信隐私,实现对用户在网络层的元数据的隐私保护。

9.4.2 匿名通信的基本框架

匿名通信的基本框架可以从三个方面加以阐述:匿名属性(Anonymity Property)、对手能力(Adversary Capability)和网络类型(Network Type)。

1. 匿名属性

匿名属性包括不可辨识性(Unidentifiability)和不可联系性(Unlinkability)。不可辨识性是指对手无法识别用户的身份和行为;不可联系性是指对手无法通过观察系统将消息、行为和用户相关联。

不可辨识性由发送者匿名、接收者匿名、相互匿名和位置匿名四个部分构成。发送者匿名是指不能辨识消息发送者的身份;接收者匿名是指不能辨识消息接收者的身份;相互匿名是指既不能辨识消息发送者的身份,也不能辨识消息接收者的身份;位置匿名是指无法辨识消息发送者和消息接收者的位置、移动、路由或拓扑信息。

不可联系性主要是指通信匿名。通信匿名是指特定的消息不能和任意通信会话相关联,或者特定的通信会话不能和任意的消息相关联。通信匿名的匿名程度要低于发送者匿名和接收者匿名。

2. 对手能力

对手是意图降低、消除通信匿名的通信网络用户或用户的集合。匿名通信系统一般通过提出威胁模型(Threat Model)来表明该系统能够抵抗的对手能力。对手能力分为三个方面:可达能力(Reachability)、攻击能力(Attackability)和适应能力(Adaptability)。

对手的可达能力分为全局(Global)和本地(Local)两种。具有全局能力的对手可以访问网络中所有的节点和链路,而具有本地能力的对手只能访问网络中部分的节点和链路。攻击能力分为被动(Passive)和主动(Active)两种。攻击的目的是识别消息的发送者或接收者。被动攻击一般由匿名通信网络的外部观测者发起,其主要行为为观测网络中传输的消息、网络中数据的流量,并通过对消息和流量的分析达到攻击的目的。主动攻击一般由匿名通信网络的内部节点发起,其主要行为为通过其控制的部分通信节点修改通信消息、追溯通信行为、修改通信行为来达到攻击的目的。适应能力分为动态和静态两种。在匿名通信系统中,对手的适应能力一般是动态的,动态地跟踪网络的变化,实时地收集路径选择算法信息,实时地监控网络传输的消息和流量的变化。

3. 网络类型

匿名通信系统的网络类型由以下三个因素确定,分别为路径拓扑(Path Topology)、路由机制(Route Scheme)和路径类型(Path Type)。

匿名通信系统的路径拓扑有两种,分别为瀑布型(Cascade)和自由型(Free)。在瀑布型的网络中,发送者从匿名通信网络中选择固定的通信路径进行消息的传输;在自由型的网络中,发送者可以选择任意长度的通信路径进行消息的传输。一般意义上,自由型的网络拓扑比瀑布型的网络拓扑具有更强的匿名性。

匿名通信系统的路由机制分为单播(Unicast)、组播(Multicast)、广播(Broadcast)和任意播(Anycast)。目前基于系统效率和系统部署等实际问题的考虑,大多数实际部署的匿名通信系统的路由机制都是单播的机制。

匿名通信系统的路径类型分为简单(Simple)和复杂(Complex)两类。简单的路径类型不允许出现路径的循环,中继的节点在整个路径中只能出现一次;复杂的路径类型可以出现路径的循环,中继的节点在整个路径中可以出现多次。

9.4.3　技术方案

现阶段匿名通信的技术方案主要分为三类:基于 Mix 算法的匿名通信系统、基于洋葱路由(Onion Routing)算法的匿名通信系统和基于泛洪算法的匿名通信系统。

基于 Mix 算法的匿名通信系统是在匿名通信算法基础上发展起来的。该类通信系统的核心思想是利用单个 Mix 节点或瀑布型的多个 Mix 节点实现匿名通信。Mix 节点是指网络中向其他节点提供匿名通信服务的节点,它接收用其公钥加密的数据,并对数据进行解密、批处理、重序、增加冗余字节等处理,然后将数据传输给下一个 Mix 或最终接收者。基于 Mix 算法的匿名通信系统具有以下特点:

① 匿名通信系统网络中一部分节点为其他节点提供匿名通信服务;

② 发起者需要在发起匿名通信之前确定整个通信的传输路径,该路径在传输中不会改变;

③ 发起者需要在发起匿名通信之前,得到整个传输路径中各个 Mix 节点的信息,包括地址、密钥信息等;

④ Mix 节点对来自多个发送者的通信信息进行解密、复用、批处理、重序、增加冗余字节等处理,系统匿名较高,但通信传输的时延较高,一般不适合实时的数据通信。

基于 Mix 算法的匿名通信系统包括 Babel、Cyberpunk(Type Ⅰ)、Mixmaster(Type Ⅱ)、Mixminion(Type Ⅲ)等。

基于洋葱路由算法的匿名通信系统是在 Reed 等人 1998 年提出的洋葱路由算法基础上发展起来的。相比于基于 Mix 算法的匿名通信系统,基于洋葱路由算法的匿名通信系统更注重数据通信的实时性以及系统的简单性、有效性和可实施性,其特点为:①基于洋葱路由算法的匿名通信系统建立在 TCP 传输的基础上,节点之间通常通过 SSL 方式传输;②基于洋葱路由算法的匿名通信系统在路径建立时采用非对称密钥算法加密,在数据通信时采用对称密钥算法加密,以提高数据传输效率,降低时延;③基于洋葱路由算法的匿名通信系统采用实时复用并转发的方式,不对通信数据进行乱序、固定输入输出流量等批处理。基于洋葱路由算法的匿名通信系统包括 Tor、FreeNet 等。Tor 是目前互联网中最成功的公共匿名通信系统。目前,Tor 在全球具有超过 1 300 个中继节点,大部分的节点位于美国和德国;正常状态下,全球有超过 20 Gbit/s 的匿名通信传输数据流量。

基于洪泛算法的匿名通信系统是近年匿名通信传输领域新的研究热点,主要基于 flooding、epidemic 等类洪泛算法实现匿名通信,目前仍处于实验室研究阶段,没有实际部署的成熟的匿名通信系统。基于洪泛算法的匿名通信系统一般具有以下特点:①发起者在发起匿名传输之前完全不清楚匿名传输的路径,也无须得到传输中间节点的任何信息;②发起者的每一次匿名传输路径并不固定;③匿名通信网络中的任何一个中间节点都不知道匿名通信的发起者和接收者。

基于洪泛算法的匿名通信系统主要面临的挑战是系统会产生大量的网络传输流量,对于网络带宽的需求较大;同时在目前的状态下,系统算法的稳定性和可靠性还不够。

9.5 应用层隐私保护

现今大多数在线服务提供加密功能。比如 Gmail 和 Hotmail 支持 SSL 加密标准。如果在访问一个网站时,地址栏右侧显示一个锁头图标,这说明该网站做了 SSL 加密。

9.5.1 什么是 HTTPS?

HTTPS(Hyper Text Transfer Protocol over Secure Socket Layer),是以安全为目标的 HTTP 通道,简单讲是 HTTP 的安全版。即在 HTTP 下加入 SSL 层,HTTPS 的安全基础是 SSL。

很多网站开始不愿意采用 HTTPS,主要原因是 HTTPS 要消耗更多的计算资源。并且,由于时延加长,会给用户体验带来一定的影响,特别是移动端的用户。另外,使用证书会增加网站的运营成本。

2016 年是国内站点使用 HTTPS 激增的一年,从谷歌趋势(Google Trends)上也可以看出该关键词的搜索热度从 2016 年开始飙升。不仅如此,所有从事互联网 Web 技术相关的开发人员,也应该能够明显感受到,身边使用 HTTPS 的网站越来越多了。

为什么近两年来 HTTPS 被大家更广泛地应用?

一方面是运营商层出不穷的各种劫持,致使用户每天被来自各种广告联盟漫天的广告所包围。不仅如此,随着互联网公司流量不断被劫持导流到其他地方,致使这些公司苦心经营的市场受到冲击;所以业务上拥有 HTTPS 和 HTTP DNS 解决方案,也就顺理成章地成了技术公司生存的必备技能之一。

另一方面,从安全角度讲,互联网上通过明文传输数据本身就是一件高风险的事情,数据泄露、中间人攻击、用户被盗号、App 下载被劫持等现象也是屡见不鲜。

9.5.2 计算资源问题

很多网站开始不愿意采用 HTTPS,主要原因是 HTTPS 要消耗更多的计算资源。

HTTPS 其实就是建构在 SSL/TLS 之上的 HTTP 协议,所以要比较 HTTPS 比 HTTP 多用多少服务器资源,主要看 SSL/TLS 本身消耗多少服务器资源。

HTTP 使用 TCP 三次握手建立连接,客户端和服务器需要交换 3 个包,HTTPS 除了 TCP 的 3 个包,还要加上 SSL 握手需要的 9 个包,所以一共 12 个包。测试结果表明,HTTP 建立连接耗费 114 ms;HTTPS 建立连接耗费 436 ms,其中 SSL 部分花费 322 ms,包括网络延时和 SSL 本身加解密的开销(服务器根据客户端的信息确定是否需要生成新的主密钥;服务器恢复该主密钥,并返回给客户端一个用主密钥认证的信息;服务器向客户端请求数字签名和公开密钥)。

当 SSL 连接建立后,之后的加密方式就变成了 3DES 等对于 CPU 负荷较轻的对称加密方式。相对前面 SSL 建立连接时的非对称加密方式,对称加密方式对 CPU 的负荷基本可以忽略不计。所以问题就来了,如果频繁地重建 SSL 的会话(session),对于服务器性能的影响将会是致命的,尽管打开 HTTPS 保活(keep alive)可以缓解单个连接的性能问题,但是对于并发访问用户数极多的大型网站,基于负荷分担的独立的 SSL 终点代理(SSL Termination Proxy)就显得必不可少了,Web 服务放在 SSL 终点代理之后。SSL 终点代理既可以是基于硬件的,如 F5;也可以是基于软件的,如维基百科用到的就是 Nginx。

采用 HTTPS 后,到底会多用多少服务器资源呢?2010 年 1 月 Gmail 切换到完全使用 HTTPS,前端处理 SSL 机器的 CPU 负荷增加不超过 1%,每个连接的内存消耗少于 20 KB,网络流量增加少于 2%。

现在,更多的网站开始采用 HTTPS 来实现浏览器与 Web 服务器之间的数据安全传输。

9.5.3　时延问题

在 Web 领域,传输延迟是 Web 性能的重要指标之一,低延迟意味着更流畅的页面加载以及更快的 API 响应速度。而一个完整的 HTTPS 连接的建立大概需要以下四个步骤。

第一步:DNS 查询

浏览器在建立连接之前,需要将域名转换为互联网 IP 地址。一般默认是由用户的 ISP DNS 提供解析。ISP 通常都会有缓存的,一般来说花费在这部分的时间很少。

第二步:TCP 握手

和服务器建立 TCP 连接,客户端向服务器发送 SYN 包,服务端返回确认的 ACK 包,这会花费 1 个往返时间(RTT,Round-Trip Time)

第三步:TLS 握手

该部分客户端会和服务器交换密钥,同时设置加密链接,对于 TLS 1.2 或者更早的版本,这步需要 2 个 RTT。

第四步:建立 HTTP 连接

一旦 TLS 连接建立,浏览器就会通过该连接发送加密过的 HTTP 请求。

假设 DNS 的查询时间忽略不计,那么从开始到建立一个完整的 HTTPS 连接大概需要 4 个 RTT,如果是浏览刚刚已经访问过的站点,通过 TLS 的会话恢复机制,第三步 TLS 握手能够从 2RTT 变为 1RTT。

建立新连接的时延:4RTT+DNS 查询时间;访问刚浏览过的连接:3RTT+DNS 查询时间。那么 TLS 1.3 以及 0RTT 是如何减少延迟的?

先看一下 TLS 1.2 建立新连接的工作流程,如图 9-4 所示。

① 在一次新的握手流程中,ClientHello 总是客户端发送的第一条消息,该消息包含客户端的功能和首选项,与此同时客户端也会将本身支持的所有密码套件(Cipher Suite)列表发送过去。

② ServerHello 将服务器选择的连接参数传送回客户端,同时将证书链发送过去,进行服务器的密钥交换。

③ 进行客户端部分的密钥交换,此时握手已经完成,加密连接已经可以使用。

④ 客户端建立 HTTP 连接。

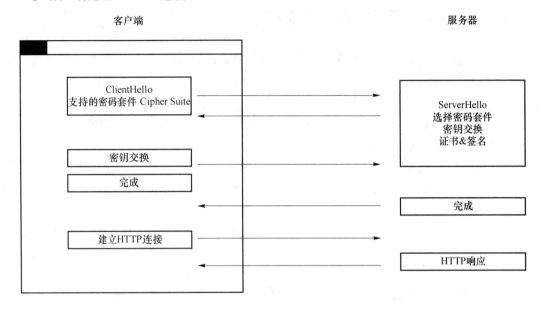

图 9-4　TLS 1.2 建立新连接

会话恢复流程如图 9-5 所示。在一次完整协商的连接断开时,客户端和服务器都会将会话的安全参数保留一段时间。希望使用会话恢复的服务器会为会话指定唯一的标识,称为会话 ID。

① 希望恢复会话的客户端将相应的会话 ID 放入 ClientHello 消息中,提交给服务器。

② 服务器如果愿意恢复会话,将相同的会话 ID 放入 ServerHello 消息返回,使用之前协商的主密钥生成一套新密钥,切换到加密模式,发送完成信息。

③ 客户端收到会话已恢复的消息,也进行相同的操作。

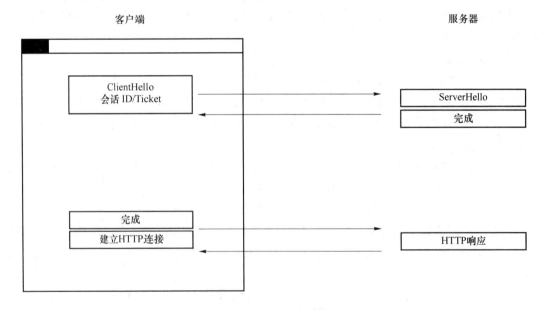

图 9-5　TLS 1.2 会话恢复

TLS 1.3 建立新连接的流程如图 9-6 所示。

① 在一次新的握手流程中,客户端不仅会发送 ClientHello,同时也会将支持的密码套件以及客户端密钥发送给服务端,相比于 TLS 1.2,该步骤节约了 1 个 RTT。

② 服务端发送 ServerHello、服务端密钥和证书。

③ 客户端接收服务端发过来的信息,使用服务端密钥,同时检查证书完整性,此时加密连接已经建立可以发送 HTTP 请求,整个过程仅仅 1 个 RTT。

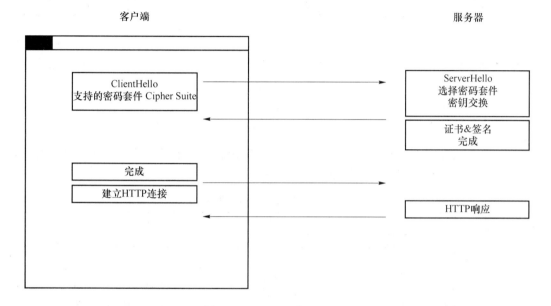

图 9-6　TLS 1.3 建立新连接

TLS 1.2 中通过 1 个 RTT 即可完成会话恢复,那么 TLS 1.3 是如何做到 0RTT 连接的?

当一个支持 TLS 1.3 的客户端连接到同样支持 TLS 1.3 的服务器时,客户端会收到服务器发送过来的 Ticket,通过相关计算得到新的预共享密钥(PSK,Pre Shared Key)。客户端会将该 PSK 缓存在本地,会话恢复时在 ClientHello 上带上 PSK 扩展,同时通过之前客户端发送的完成(finished)消息计算出恢复密钥(Resumption Secret),通过该密钥加密数据发送给服务器。服务器会从会话 Ticket 中算出 PSK,使用它来解密之前发过来的加密数据。

至此完成了该 0-RTT 会话恢复的过程,如图 9-7 所示。

以上简单描述了 TLS 1.3 建立连接的大致流程,也解释了 TLS 1.3 相比之前的 TLS 1.2 有更出色的性能表现的原因。

OpenSSL 官方宣布即将发布的新版本(OpenSSL 1.1.1)将会提供 TLS 1.3 的支持,而且还会和之前的 1.1.0 版本完全兼容。

HTTPS Everywhere 是一个自由且开源的浏览器插件,支持 Chrome、Mozilla Firefox 和 Opera 浏览器,由非营利组织 The Tor Project 和电子前哨基金会(EFF)共同开发。该插件会在网站支持的情况下自动转用更安全的 HTTPS 连接,减少使用 HTTP 的情况。

TLS 1.3 将是 Web 性能以及安全的一个新的里程碑,TLS 1.3 带来的 0-RTT 握手,淡化了大家之前对使用 HTTPS 性能上的隐忧。与此同时,在未来随着 HTTP/2 的不断普及,强制性使用 HTTPS 将成为一种必然。

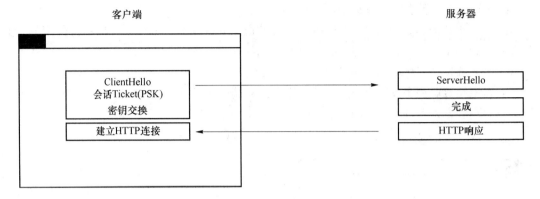

图 9-7　TLS 1.3 会话恢复

9.5.4　SSL 安全证书

SSL 安全证书又叫"SSL 证书""HTTPS 证书""SSL 数字证书",目前应用广泛,发展迅速。表 9-2 所示是几种不同类型的 SSL 安全证书的对比。

表 9-2　不同类型证书的对比

证书类型	审核	用户体验	功能
DVSSL	无须人工审核,快速颁发	证书只包含域名信息	支持单个域名申请
OVSSL	需要经过人工审核企业资质,资料全部提交审核部后 2~3 个工作日内可以颁发	证书包含公司信息和申请的域名信息	支持一个主域名申请,后续还可以绑定其他域名或 IP 在一张证书里面,单独绑定要单独收费
EVSSL	需要经过人工严格审核企业资质,资料全部提交审核部后 7 个工作日内颁发	证书里面有公司详细信息和申请的域名信息,地址栏会变成绿色增强效果,地址栏直接显示贵公司全称	支持一个主域名申请,后续还可以绑定其他域名在一张证书里面,单独绑定要单独收费
通配符 DVSSL	无须人工审核,快速颁发	证书只包含域名信息	支持 *.domain.com 来申请,二级子域名增加不需要再单独申请证书
通配符 OVSSL	需要经过人工审核企业资质,资料全部提交审核部后 2~3 个工作日内可以颁发	证书包含公司信息和申请的域名信息	支持 *.domain.com 来申请,二级子域名增加不需要再单独申请证书,另外还可以单独绑定其他主域名,单独绑定要单独收费

在购买 SSL 证书时,根据资料验证方式的不同,可以把 SSL 证书分为以下三类。

域名型 SSL 证书(DVSSL,Domain Validation SSL),即只对域名的所有者(一般是域名管理员邮箱,如 admin@hotmail.com)进行在线检查,具体是发送验证邮件给域名管理员或以该域名结尾的邮箱。至于该域名的管理员是真实注册的单位还是另有其人,就不得而知了。

企业型 SSL 证书(OVSSL,Organization Validation SSL),是要购买者提交组织机构资料和单位授权信等在官方注册的凭证,认证机构在签发 SSL 证书前不仅要检验域名所有权,还必须对这些资料的真实合法性进行多方查验,只有通过验证的购买者才能颁发 SSL 证书。

增强型 SSL 证书(EVSSL,Extended Validation SSL),与其他 SSL 证书一样,都基于 SSL/TLS 安全协议,都是用于网站的身份验证和信息在网上的传输加密。它跟普通 SSL 证书的区别也是明显的,安全浏览器的地址栏变绿,如果是不受信的 SSL 证书则拒绝显示,如果是钓鱼网站,地址栏则会变成红色,以警示用户。

一张数字证书能够同时保护多个子域名,节省数量庞大的子域名逐个申请证书的时间、费用,也可统一管理证书的有效期,严格确保网站信息完全。

9.5.5　证书的使用成本

HTTPS 的推广也离不开一些公益性的组织,如 Let's Encrypt。Let's Encrypt 推动了基础 DVHTTPS 证书的普及,让互联网上的中小站长和独立博客用户很容易地用上 HTTPS。

Let's Encrypt 是免费的自动化 X.509 证书机构,它是为简化网站 TLS 加密的设置与维护而创建的。Let's Encrypt 于 2015 年第三季度被推出,目的是创建一个更安全的和尊重隐私的 Web。在 Web 服务器上运行的软件可以与 Let's Encrypt 交互,以便轻松获取证书,安全地配置它以供使用,并自动进行续订。

Let's Encrypt 由互联网安全研究小组(ISRG,Internet Security Research Group)提供服务。主要赞助商包括电子前哨基金会、Mozilla 基金会、Akamai 以及思科。2015 年 4 月 9 日,ISRG 与 Linux 基金会宣布合作。

2015 年 9 月 7 日发布首个证书。2015 年 12 月 3 日,服务进入公测阶段,正式面向公众。2016 年 3 月 8 日,ISRG 宣布已经签发了第一百万张证书。

2017 年 6 月 28 日,ISRG 宣布已经签发了一亿张证书。

Let's Encrypt 证书自动签发的工作原理如下。

① 用以实现新的数字证书认证机构的协议被称为自动证书管理环境(ACME,Automated Certificate Management Environment)。GitHub 上有这一规范的草案,且提案的一个版本已作为一个互联网草案发布。

② 2015 年 6 月,Let's Encrypt 得到了一个存储在硬件安全模块中的离线的 RSA 根证书。这个由 IdenTrust 证书签发机构交叉签名的根证书,被用于签署两个证书。其中一个就是用于签发请求的证书,另一个则是保存在本地的证书,这个证书在上一个证书出问题时做备份证书之用。因为 IdenTrust 的 CA 根证书目前已被预置于主流浏览器中,所以 Let's Encrypt 签发的证书可以从项目开始时就被识别并接受,甚至在用户的浏览器没有信任 ISRG 的根证书时也没问题。

而对于企业来说,域名型 SSL 证书(DVSSL)是不能满足要求的。需要信任等级更高、安全级别更强的企业型 SSL 证书(OVSSL)以及增强型 SSL 证书(EVSSL),相比于域名型 SSL 证书,后两者价格虽会更贵一些,而带来的安全性保证却是域名型 SSL 证书不能相比的。

9.5.6　安全问题

理论上是不安全的,实践中当然是不可靠的。但是,理论上是安全的,在实践中还会有很多工程实现和管理上的安全问题;而且,随着新技术的引入,以前安全的机制在新的场景下也许会发现新的安全问题。

加密和数字证书是 SSL 的主要组成,可以有效地保护该服务器所收发的数据。

1. SSL 工程实现的安全问题

斯坦福大学的 Dan Boneh 教授,1999 年发表论文(见本章参考文献[4])综述了针对 RSA 的各种攻击,实践和理论都证明了公开密钥在原理上是非常可靠的。但是很多加密系统在实现上却出现了不少漏洞。因此,很多攻击者从攻击算法转而攻击实现方法。安全的重任从数学家转移到工程师身上,安全挑战的重心从理论转移到工程。知名的"心脏流血"(Heartbleed)漏洞,就是这样的一个例子。

多数 SSL 加密的网站都使用名为 OpenSSL 的开源软件包。用户或许认为,Gmail 和 Facebook 等网站使用了 SSL 加密技术,可以保护它们不受监听,但美国国家安全局(NSA)却可以借助"心脏流血"漏洞获取解密通信信息的私钥。

2014 年 4 月 9 日 OpenSSL 的"心脏流血"漏洞被发现的时候,这一缺陷大约已经存在两年了。

Heartbleed 的出现和 HTTPS 的关系还不小。由于频繁重建 SSL/TLS 会话对于服务器的影响是致命的,2012 年 RFC 6520 提出了 TLS 的心跳扩展。这个协议本身是简单和完美的,通过在客户端和服务器之间来回发送心跳的请求和应答,保证 TLS 会话是活跃的,减少重建 TLS 会话的性能开销。令人遗憾的是,OpenSSL 在实现这个心跳扩展时,犯了一个低级的错误,没有对收到的心跳请求进行长度检查,直接根据心跳请求长度复制数据区,导致简单的心跳应答中可能包含了服务器端的核心数据区内容,如用户名、密码、信用卡信息,甚至服务器的私有密钥都有可能泄露。如果攻击者获取了服务器的私有密钥,便可读取其收到的任何信息,甚至能够利用密钥假冒服务器,使用户泄露密码和其他敏感信息。

具体而言,这项严重缺陷的产生是由于未能在 memcpy() 调用受害用户输入内容作为长度参数之前正确进行边界检查。攻击者可以追踪 OpenSSL 所分配的 64 KB 缓存、将超出必要范围的字节信息复制到缓存当中再返回缓存内容,这样一来受害者的内存内容就会以每次 64 KB 的速度泄露。

该漏洞是由 Codenomicon 和谷歌安全部门的研究人员各自发现的。为了将影响降到最低,研究人员已经与 OpenSSL 团队和其他关键的内部人士展开了合作,在公布该问题前就已经准备好修复方案。

除此之外,还有很多针对 SSL/TLS 的攻击方式。

① 基于 CBC 填充模式(padding)的相关攻击,包括 Lucky Thirteen 攻击、POODLE 攻击、Bleichenbacher 攻击和 DROWN 攻击。

② Garman 等人在 2015 年发现 RC4 加密还是占了约 30% 的 TLS 流量比例。他们在 2015 年 3 月发布了在 TLS 中对 RC4 的攻击细节。因此,推进 RC4 在 TLS 上的禁用是非常必要的。研究者们建议 Web 应用程序管理员应考虑在其应用程序的 TLS 配置中禁用 RC4,鼓励 Web 浏览器在 TLS 配置中禁用 RC4。

③ 利用 TLS 协议的 RSA/DH 密钥交换缺陷和会话恢复的缺陷来绕过防护措施。

④ 随着近几年对 TLS 研究的深入,很多以前隐藏在实现中的问题,隐藏在库中的漏洞正在逐步被发现。

经过 20 年的演变,TLS 具有很多版本、扩展和密码套件,而且其中的一些已经不被使用或者已经被确认为不安全。但是,由于客户端和服务器端的实现过程要求具有灵活性、互操作性,导致在部署中通常会支持不安全的密码套件。

2. 非法证书和伪造证书

除了软件设计与实现的漏洞,还有证书的安全问题。

本部分将介绍 HTTPS 与 Web PKI 的关系、互联网的信任模型、证书管理与使用中的安全问题。

HTTPS 的安全依赖于加密和认证技术,而加密和认证依赖于证书。X. 509 证书是 HTTPS 的关键要素。

单独看每一个认证中心(CA,Certification Authority),它所签发证书的这个信任链就像是棵树。因为世界上有许多这样的 CA,所以整个互联网的信任模型是一个森林状的结构。

Web PKI 工作机制是基于国际互联网工程任务组(IETF)制定的 Web PKI 标准。Web PKI 的工作原理是,署名用户(Subscriber)提交 CSR(Certificate Signing Request);RA (Registration Authority)/CA 验证 Subscriber 身份;CA 签发证书;Subscriber 在 Web 服务器上部署证书。

几乎所有商务应用都依赖 CA/ HTTPS/TLS。目前各种浏览器或操作系统预置了上百个根 CA,每个根 CA 可以为无数个中间 CA 签发证书。这些根 CA 和中间 CA 所签发的证书都被视为合法。

当通过浏览器访问网站时,服务器在 TLS 握手过程中出具证书,浏览器验证证书链的有效性;如果验证通过,则协商会话密钥,继续通信;如果验证不通过,弹出告警。

证书的安全问题主要有以下几种情况:①机制问题;②技术问题;③管理问题。

下面展开详细阐述。

(1) 颁发未经授权的证书

任何一个 CA 都可以为任何一个网站签发证书,无须该网站的同意。拿到这种非授权的证书,可以构造一个假冒的网站,用户的浏览器在访问这种服务器时不会产生告警。

CA 机构并不总是可靠的,CA 签发未经授权证书的事件时有发生。主要有以下几种情况。

- CA 中心的自动化审批流程有漏洞。例如,Zusman 在 2008 年的 DEFCON 上展示了他从 CA 厂商 Thawte 骗取的一个 Login. live. com 的证书,因为 Thawte 认为邮箱 sslcertificate@live. com 应该属于 live. com 的管理员。而实际上 live. com 是用户可以自由申请的公用邮箱。2015 年类似的事件再度重演,一个芬兰人用 hostmaster@ live. fi 信箱从 Comodo 骗取了一个签发给 live. fi 网站的证书。

- 内部人员违规操作。例如,2015 年 9 月,谷歌发现世界最大的 CA 赛门铁克签发了几个域名为 www. google. com 和 google. com 的证书,后来赛门铁克开除了这些违反公司操作程序的员工。

- CA 中心被入侵。例如,2011 年荷兰 CA DigiNotar 被攻破,伊朗用户在伊朗发现大量伪造的 *. google. com 证书。这一事件导致 DigiNotar 公司的根 CA 证书被主流浏览器或操作系统厂商删除,并最终彻底破产。在 2001 年就出现 Comodo 的其中一个注册机构被"完全入侵"的情况,给 7 个网站签发了 9 张证书,连 google. com 也受到了影响。

（2）不可信证书的使用

2013 年的中美银行网站的数据表明，中国 300 多家银行网站中，32％使用了不可信的 CA 签发的证书。

颁发证书是为了在有一个可信的第三方之后，用户可以通过是否弹出告警以区别好的网站和问题网站。而不可信证书在公共服务领域的大量使用，将有问题变成一个常态，用户真的遇到问题的时候，却不知道实际上已经被攻击了。

如果攻击者仿冒了这些网站，用户访问时同样也会弹出一个告警，这导致用户无从区分这个网站究竟是真实的还是来自攻击者的。

（3）中级 CA 滥用证书

2015 年 3 月，谷歌威胁要从可信 CA 列表中删除 CNNIC CA 的根证书，原因是 CNNIC 为埃及公司 MCS Holding 签发的中级 CA 证书被部署到防火墙中，用于动态伪造任何网站证书并劫持所有 HTTPS 通信。

（4）公钥证书签名的弱密码算法问题

在公钥证书的签名算法中使用 MD5 或 SHA-1 早在 2005 年前后就已经被证实为不安全的，但是仍有 CA 使用这两种算法。

2005 年王小云教授展示了可以产生两个具有同样签名的、不同的证书，2006 年 Marc Stevens 等人指出可以利用选择前缀碰撞的方法构造两个 ID 不同、密钥也不同的证书。直到 2008 年，他们用这种方法从一个商业 CA 真正获得了一个假冒的 CA 证书，证实了这种攻击在现实中是可行的。2015 年 10 月，Marc Stevens 领导的一组研究人员发表了一篇文章，概述了创建 SHA-1 碰撞攻击（Freestart Collision）的实用方法。2017 年 2 月 23 日谷歌宣布，谷歌研究人员和阿姆斯特丹 CWI 研究所合作发布了一项新的研究，详细描述了成功的 SHA-1 碰撞攻击，他们称之为"SHAttered"攻击。作为实现攻击的证明，谷歌发布了两个具有相同 SHA-1 哈希值但内容不同的 PDF 文件。研究人员介绍称，"SHAttered"攻击比暴力破解攻击速度快 10 万倍，在亚马逊的云计算平台上执行成本仅为 11 万美元。

2012 年，在中东大规模传播的火焰（Flame）病毒就是利用这种技术构造了一个微软的证书，用它对补丁更新文件进行签名，从而入侵 Windows 系统。

在 HTTPS 证书方面，Chrome、火狐、Safari 等主流浏览器已经宣布，2017 年年初开始停止信任 SHA-1 签名的 HTTPS 证书。

统计显示，在 2017 年 2 月仍有 11 万份左右的 SHA-1 证书，这占所有公开信任证书的 0.7％，低于一年前的 13.3％。

（5）内容分发网络（CDN，Content Delivery Network）中间人引发的信任威胁

现在主流的网站大部分都是通过 CDN 提供用户服务，而通过 CDN 之后，互联网原先端到端的模式，有了一个中间人：CDN。

清华大学的段海新教授团队调研了世界上主流的约 20 个 CDN 服务商，揭示出当前 HTTPS 在 CDN 部署中的许多问题（见本章参考文献[5]）：①CDN 节点和后台源服务器之间的通信很容易受到中间人攻击问题；②浏览器和 CDN 节点之间的授权认证问题；③现有 CDN 厂商使用的方案——共享证书（shared certificate）或者客户证书（client certificate）存在管理复杂、无法撤销等问题。

针对上述 CDN 的证书问题，IETF 已经提出了标准草案。

SSL 使用的证书是由 CA 签发的,基于可信的第三方来保证通信的安全。在以前只有少数几个证书颁发机构的时候,可以通过保证自己的根证书的安全来保证颁发的证书的安全。但是,随着目前市场上的证书颁发机构增多,颁发的要求也参差不齐,导致有不少伪造的证书被使用,严重威胁到通信的安全。而且之前也出现过根证书被攻破的情况,颁发了不少看似合法的证书。

对于不合法证书的吊销并清出市场一直是比较困难的事情,实施起来有难度。并且在吊销证书到证书被 CRL(Certificate Revocation List)或者 OCSP(Online Certificate Status Protocol)更新,也存在空档期,在缓存期间,这些伪造的证书仍能被正常使用。

有一些研究人员认为应该忽略证书过期的问题,他们表示证书过期是一件很常见的事情,如果经常给用户提示,会降低用户对告警的重视性。但是这样会导致一些伪造的过期证书被允许通过,也会带来严重的安全隐患。

研究者们针对全球知名网站 Facebook 的 SSL 中间人攻击检测,分析了超过 300 万以上条实时的 SSL 连接,发现存在 0.2% 左右的 SSL 连接是使用的伪造证书。其中有大量的防毒软件,内容过滤器,也有一些是恶意软件使用的不合法证书。通过对收集到的伪造证书的特征分析发现,其中大部分的伪造证书非常小,通常没有超过 1 KB,只有很少部分超过 5 KB;而且伪造证书链比较短,链长大部分为 1,通常是一些自签名证书,极少含有中间证书。通过分析伪造证书的主体,发现大部分采用的是合法的域名,只有少部分使用了一些不相关的域名。其中大部分伪造证书都是选择好目标后,预先生成,而不是复制 Facebook 的合法证书。检查发行者时发现大量的伪造证书来源于防毒软件、防火墙、广告软件和恶意软件。该研究表明,在实际的网络中,不安全的证书是确实存在的,而且存在的数量还不少。

时至今日,还没有完美的解决方案来解决所有这些问题。为了实现不可信环境下的可靠通信,我们还需要继续努力。

9.5.7　端到端的加密

SSL 加密是用来从普通黑客处保护数据的,并不能从互联网公司手中保护数据。因为 SSL 加密标准仅仅保护用户的设备和互联网公司服务器之间的数据传输。由于这些互联网公司拥有用户的这些加密数据的非加密版本,它们可以无障碍访问用户的所谓加密数据。

如果用户愿意使用端到端加密通信,那么上述问题便可以得到解决。

信息发送者在本地将信息加密,信息接收者在收到加密信息后本地解密。谷歌、微软等信息传输媒介仅仅能够访问加密信息,这样它们便无法为相关机构提供你的信息拷贝。

例如,最古老的是电子邮件加密软件 PGP,它诞生于 1991 年。还有加密即时通信软件,可以提供加密互联网电话服务。

在 20 世纪 90 年代赛博朋克运动曾经预言,在未来,用户友好的加密软件将会在互联网普及,相关机构将在技术上不可能监控普通人的私人通信。

然而,用户友好这个属性与加密软件的天然属性似乎在本质上便存在冲突。即使已经过去 20 多年,现今的加密软件也并不比 20 年前的加密软件更加用户友好。

当安全性与易用性发生冲突时,用户就必须在方便易用和安全性之间做出抉择。绝大多数用户优先选择方便易用。比起加密通信软件,主流通信软件对用户更加友好,拥有很多加密软件难以支持的功能。

9.6　浏览器的 DNT 标准

　　HTTP 协议是无状态的,也就是说,来自客户的每个请求,即使是同一会话中访问相同服务器的请求,也被看作一个全新的请求。这给 Web 应用程序的设计带来了一些麻烦。

　　利用 Cookie,能够解决 HTTP 协议无状态的问题。Cookie 是存储在客户机上的文本文件。当用户浏览互联网时,服务器端的代码就可以在用户的计算机上创建一个很小的文本文件,称为 Cookie。当该用户再次访问同一站点时,服务器就可以根据 Cookie 来识别该用户。Cookie 可以是瞬态的,即与一个会话的生存期相同;Cookie 也可以是持久的,其生存期可以超过一个会话的生存期而保留在用户的计算机上。

　　Cookie 本身不会对用户的计算机造成任何损害,因为它们没有任何可执行的代码。但是,Cookie 经常被用于第三方网站跟踪。

　　从定义上来说,Do Not Track("请勿追踪",以下简称 DNT)是一个能避免用户被来自从未访问过的第三方网站跟踪的浏览器功能,DNT 并不采用手段过滤或阻止追踪 Cookies,而是当用户提出"Do Not Track"请求时,具有"Do Not Track"功能的浏览器会在 HTTP 数据传输中添加一个"头字段"(headers),这个头字段会告诉商业网站的服务器用户不希望被追踪。DNT 目前支持三个值:"1"表示用户不允许被追踪(即选择退出),"0"表示用户允许被追踪(即选择加入),而空值(即不发送头字段的默认设定)表明用户并未表达出特定的喜好。

9.6.1　DNT 的历史

　　DNT 的起源可以追溯到 2007 年。

　　2007 年,有个民间隐私保护团体要求美国联邦贸易委员会(FTC)为网络广告商列出一份"请勿追踪"的名单。这一提议的内容大致是:网络广告商必须向联邦贸易委员会提交他们的信息,然后编辑出一份列表,指出他们都在哪些领域利用浏览器的 Cookies 信息跟踪了消费者。

　　该事件在此后的两年里没有什么实质性的发展。然后在 2009 年,一个叫克里斯托弗·索菲安(Christopher Soghoian)的研究人员和来自 Mozilla 基金会的隐私保护项目工程师希德·斯塔姆(Sid Stamm)为火狐浏览器开发了一个插件的雏形,其中第一次用到了 Do Not Track 头字段。但是这仅仅是一个测试,也没有任何迹象表明火狐浏览器以后会包含这个插件。

　　然而在 2010 年 7 月,FTC 主席乔恩·莱博维茨(Jon Leibowitz)在一次有关隐私保护的听证会中告知美国参议院商务委员会他们正在探索这一想法的可行性。同年 12 月,莱博维茨发表了一篇报告,呼吁应该有一个系统来避免人们的一举一动在网络上被监视。

　　报告发表五天后,微软公司随即宣布 IE9 会支持跟踪保护列表,它将通过由第三方提供的黑名单来阻止对用户的跟踪。微软希望借此彻底打败 Mozilla,但是在 2011 年 1 月,Mozilla 宣布火狐浏览器也将提供一个拒绝跟踪的选项,实际上这一更新在 IE9 正式推出之前就已经被加到了火狐浏览器中。同年 2 月,Opera 浏览器发表声明称也将支持这一功能,苹果的 Safari 浏览器则在同年 4 月增加了支持。随后,Opera 和 Chrome 也正式添加了对 DNT 的支持。

　　2012 年 6 月,微软宣布其 DNT 选项将在 Windows 8 系统搭载的 IE10 中默认开启(在第一次登录浏览器时弹出的 Express 选项卡中出现），他们援引了"用户隐私保护条款"作为这一决定背后的原因。但是，微软遇到了来自广告业的巨大抵抗，他们指出是否要使用 DNT 头字段应该是用户的选择，因此不应该自动开启。Mozilla 支持这一观点，同时，谷歌也跟 Mozilla 站在同一战线上。此外，数字广告联盟（DAA）此前曾与美国政府达成协议，指出只有在不被浏览器默认开启的情况下，他们才会支持 DNT 系统，而这也成为此次争议的焦点。

2012 年 9 月，DNT 标准的创始者之一罗伊·菲尔丁（Roy Fielding）向 Apache 的 HTTP 服务器的源代码中加入了补丁，主动忽略了由 IE10 用户发送的 DNT 头字段数据；同年 10 月，雅虎也声明将忽略来自 IE10 的 DNT 请求。

9.6.2　DNT 的困境

理论上，那些支持 DNT 的跟踪者在接收到带有这个"头字段"的 HTTP 请求后应该立即停止对用户的跟踪。那些不支持 DNT 的跟踪者则不会理会这行"头字段"。

DNT 并不是一个技术协议，而是一个政策协议，实际约束力有限。并且，这个协议只是说"请勿追踪"，但是对于具体的跟踪方法和范围，目前并没有清晰的界定。

用户通过发送这个"头字段"而表达自己不愿意被跟踪；至于跟踪者是否理会这个请求，则没有任何严格说明。更有趣的是，到现在为止，都没有一个统一的标准来规定什么样的 HTTP 响应可以体现一个服务器/跟踪者尊重 DNT。

对于一个第三方跟踪者来讲，尴尬的局面是：即使我尊重 DNT，我也不能明确地让用户知道我对用户的尊重（除了写进基本没有人阅读的隐私协议）。而且，如果我声明自己尊重 DNT，一旦经过某种测试认定我没有严格遵守 DNT 协议，我将会面临潜在的法律责任。更有趣的是，没有任何一个组织任何一个人要求我尊重 DNT。所以，我为什么要增加开发成本去支持 DNT 呢？

更致命的是，DNT 会严重影响在线行为广告（OBA，Online Behavioral Advertising）的运营和收入。为什么谷歌，Facebook，亚马逊等广告大户从不支持 DNT？其中官方的解释"用户并不完全理解和明白 DNT 的含义"是有一定道理的。更重要的是，谁也不愿意拿出到手的肥肉——OBA 的运营收入作为"更好的尊重用户隐私"的代价。

国内的广告平台和跟踪服务更为混乱和初级，所以单就国内用户而言，开不开 DNT 基本感受不到任何差别，因为现阶段支持 DNT 的网站太少了。在国外，已经有部分广告平台声明支持 DNT，甚至包括 Twitter（但 Twitter 只在部分功能上支持 DNT）。

目前，支持 DNT 的网站仍为少数。DNT 的发展面临着巨大的阻力，只能说 DNT 是 W3C 的一个美好愿景和初级尝试。至于如何真正更好地保护用户隐私，DNT 绝对不会是最终答案。

9.6.3　技术方案

隐私獾（Privacy Badger）是由电子前哨基金会开发的适用于 Chrome 与 Firefox 浏览器的隐私保护扩展，其用于阻止那些不遵守 DNT 协议的广告商的跟踪行为。

如果在线广告/跟踪公司严格遵守 Do Not Track 协议，不对启用 DNT 的用户进行任何追踪（包括 Cookies、Supercookies、指纹），隐私獾可将其加入白名单。

2017 年 4 月，隐私獾的用户已经达到 100 万人。

隐私獾的跟踪防护：隐私獾能够自动检测潜在的跟踪器，并阻止跟踪行为。不同性质的跟踪器将会呈现绿色、黄色与红色的滑块，用户可以随时根据需求调整这些滑块。

绿色：有第三方资源，但未检测出跟踪行为，不做任何拦截。在首次安装隐私獾后，所有的第三方资源都会呈现绿色，但在使用一段时间后部分跟踪行为将被识别并做拦截处理。

黄色：有第三方资源，并且检测出跟踪行为，但为避免网页显示异常，没有完全拦截跟踪器，但跟踪性 Cookie 将会被拦截。

红色：有第三方资源，并且检测出跟踪行为，彻底拦截跟踪器与 Cookie。

9.7 本 章 小 结

本章介绍了大数据采集中涉及的各种安全与隐私保护技术。

从服务提供者的角度来看，设计大数据服务系统的数据采集系统时，需要考虑大数据采集的特点，采用合适数据采集与管理平台；在安全防护方面，除了考虑数据采集与管理系统的安全，还需要采用 SSL 保障用户敏感数据的安全传输，支持 DNT 以尊重用户的选择，提供端到端的加密机制以尽量保护用户的隐私数据。

从网络基础服务运营者的角度，需要采用网络接入的安全认证、网络传输数据加密等技术措施来保障用户通信的数据安全与隐私信息。

从用户的视角来看，要了解各种窃取用户信息的手段，并树立防范意识。例如，对于关键应用数据，要使用双向身份认证的 WiFi 网络，避免被不安全 WiFi 网络窃取敏感信息；对重要的通信行为，可以通过匿名通信系统来实现对通信元数据的保护；敏感通信信息一定要采用 SSL 进行加密和认证；了解证书的工作原理与作用，避免对证书的盲目信任。

本章参考文献

[1] IEEE_802.1X[EB/OL]. [2018-09-14]. https://en. wikipedia. org/wiki/IEEE_802.1X.

[2] 杨波，王凯. 一种分光劫持干扰的定位处理方法[J]. 信息安全与技术，2015，6(12)：70-74.

[3] 刘鑫，王能. 匿名通信综述[J]. 计算机应用，2010，30(3)：719-722.

[4] Boneh D. Twenty years of attacks on the RSA cryptosystem[J]. Notices of the AMS，1999，46(2)：203-213.

[5] Liang Jinjin, Jiang Jian, Duan Haixin, et al. When HTTPS meets CDN：a case of authentication in delegated service[C]// 2014 IEEE Symposium on Security and privacy. Washington D C：IEEE，2014：67-82.

[6] 刘云浩. 物联网导论[M]. 2 版. 北京：科学出版社，2013.

[7] DNT[EB/OL]. [2018-09-14]. https://www. zhihu. com/question/20615448.

［8］ EasyCrypt. How it works［EB/OL］.［2018-09-14］. https://easycrypt. co/how-it-works/.

［9］ Automatic certificate management environment（ACME）［EB/OL］.（2015-01-28）［2018-09-14］. https://tools. ietf. org/html/draft-barnes-acme-01.

［10］ Automatic certificate management environment（ACME）［EB/OL］.（2017-04-06）［2018-09-14］. https://github. com/letsencrypt/acme-spec.

［11］ Privacy Badger［EB/OL］.［2018-09-14］. https://zh. wikipedia. org/wiki/%E9%9A%90%E7%A7%81%E7%8D%BE.

［12］ Vaudenay S. Security flaws induced by CBC padding—Applications to SSL, IPSEC, WTLS［C］// International Conference on the Theory and Applications of Cryptographic Techniques. Berlin: Springer, 2002: 534-545.

［13］ Kaliski B. PKCS ♯ 5: Password-based cryptography specification version 2. 0［EB/OL］.（2000-09-01）［2018-09-14］. https://tools. ietf. org/html/rfc2898.

［14］ Kaliski B, Rusch A. PKCS ♯ 5: Password-based cryptography specification version 2. 1［EB/OL］.（2017-01-01）［2018-09-14］. https://tools. ietf. org/html/rfc8018.

［15］ Möller B, Duong T, Kotowicz K. This Poodle bites: exploiting the SSL 3. 0 fallback［EB/OL］.［2018-09-14］. http://googleonlinesecurity. blogspot. com/2014/10/this-poodle-bites-exploiting-ssl-30. html.

［16］ Moeller B, Langley A. TLS fallback signaling cipher suite value（SCSV）for preventing protocol downgrade attacks［EB/OL］.（2015-07-04）［2018-09-14］. https://tools. ietf. org/html/rfc7507.

［17］ AlFardan N, Paterson K G. Lucky thirteen: breaking the TLS and DTLS record protocols［C］// 2013 IEEE Symposium on Security and Privacy. Berkeley: IEEE, 2013.

［18］ Wagner D, Schneier B. Analysis of the SSL 3 protocol［C］// Second USENIX Workshop on Electronic Commerce. Oakland: ACM, 1996: 4.

［19］ Klíma V, Pokorný O, Rosa T. Attacking RSA-based sessions in SSL/TLS［J］. Cryptographic Hardware and Embedded Systems.［S. l.］:［s. n.］, 2003: 426-440.

［20］ Bardou R, Focardi R, Kawamoto Y. Efficient padding oracle attacks on cryptographic hardware［J］. CRYPTO. Santa Barbara:［s. n.］, 2012.

［21］ Meyer C, Somorovsky J, Weiss E. Revisting SSL/TLS implementations: new Bleichenbacher side channels and attacks［C］// 23rd USENIX Conference on Security Symposium. Berkeley: ACM, 2014: 733-748.

［22］ Aviram N, Schinzel S, Somorovsky J. DROWN: Breaking TLS using SSLv2［C］// 25th USENIX Security Symposium. Austin: USENIX, 2016.

［23］ Garman C, Paterson K G, Van der Merwe T. Attacks only get better: password recovery attacks against RC4 in TLS［C］//24th USENIX Conference on Security Symposium. Berkeley: ACM, 2015: 113-128.

[24] Vanhoef M, Piessens F. All your biases belong to us: breaking RC4 in WPA-TKIP and TLS[C]// 24th USENIX Conference on Security Symposium. Berkeley: ACM, 2015: 97-112.

[25] Bhargavan K, Delignat-Lavaud A, Fournet C. Triple handshakes and cookie cutters: breaking and fixing authentication over TLS[C]// 2014 IEEE Symposium on Security and Privacy. Washington, D. C.: IEEE, 2014: 98-113.

[26] Beurdouche B, Bhargavan K, Delignat-Lavaud A. A messy state of the union: taming the composite state machines of TLS[C]// 2015 IEEE Symposium on Security and Privacy Washington, D. C.: IEEE, 2015.

[27] Bhargavan K, Brzuska C, Fournet C. Downgrade resilience in key-exchange protocols [C]// 2016 IEEE Symposium on Security and Privacy. Washington, D. C.: IEEE, 2016.

[28] Bhargavan K, Leurent G. Transcript collision attacks: breaking authentication in TLS, IKE, and SSH[C]// Network and Distributed System Security Symposium. [S. l.]: [s. n.], 2016.

[29] Bhargavan K, Fournet C, Kohlweiss M, et al. Proving the TLS handshake secure (as it is)[C]// CRYPTO 2014. [S. l.]: [s. n.], 2014: 235-255.

[30] Durumeric Z, Li F, Kasten J, et al. The matter of heartbleed[C]// 2014 Conference on Internet Measurement Conference. New York: ACM, 2014: 475-488.

[31] Beurdouche B, Bhargavan K, Delignat-Lavaud A, et al. A messy state of the union: taming the composite state machines of TLS[C]//2015 IEEE Symposium on Security and Privacy. Washington, D. C.: IEEE, 2015.

[32] Beurdouche B, Delignat-Lavaud A, Koberssi N, et al. FLEXTLS: a tool for testing TLS implementations[C]// 9th USENIX Conference on Offensive Technologies. Berkeley: ACM, 2015.

[33] Huang L S, Rice A, Ellingsen E, et al. Analyzing forged SSL certificates in the wild [C]// 2014 IEEE Symposium on Security and Privacy. Washington, D. C.: IEEE, 2014.

[34] Carnavalet C X, Mannan M. Killed by proxy: analyzing client-end TLS interception software[C]// Network and Distributed System Security Symposium. [S. l.]: [s. n.], 2016.

[35] Brubaker C, Jana S, Ray B, et al. Using frankencerts for automated adversarial testing of certificate validation in SSL/TLS implementations[C]// 2014 IEEE Symposium on Security and Privacy. Washington, D. C.: IEEE, 2014.

[36] Delignat-Lavaud A, Fournet C, Kohlweiss M. Cinderella: turning shabby X. 509 certificates into elegant anonymous credentials with the magic of verifiable computation [C]// 2016 IEEE Symposium on Security and Privacy. Washington, D. C.: IEEE, 2016.

[37] Bates A, Pletcher J, Nichols T, et al. Securing SSL certificate verification through

dynamic linking[C]// 2014 ACM SIGSAC Conference on Computer and Communications Security. New York：ACM，2014：394-405.

[38]　Extended Validation Certificate（EV）[EB/OL].［2018-09-14］. https：//en. wikipedia. org/wiki/Extended_Validation_Certificate.

[39]　Validation levels[EB/OL].［2018-09-14］. https：//en. wikipedia. org/wiki/Public_key_certificate.

[40]　Clark J，Van Oorschot P C. SoK：SSL and HTTPS：revisiting past challenges and evaluating certificate trust model enhancements[C]// 2013 IEEE Symposium on Security and Privacy. Washington，D. C. ：IEEE，2013：511-525.

第 10 章
基于大数据技术的攻击与防御

10.1 本章引言

随着网络环境的日趋复杂,网络攻击频繁出现,具有广泛性、隐蔽性、持续性、趋利性的网络攻击与信息窃取已经从个人蔓延到金融、通信、能源、航空、交通等许多领域,对公民、企业及国家信息安全构成了严重威胁。同时,当前网络中各类信息应用、交互方式的激增,网民在网络空间的活动具有多样性、灵活性、持续性等特征,使得与安全相关的各类数据呈指数级增长趋势,数据来源丰富、内容更为多维、种类繁多。在不断发展的安全形势下,传统的基于特征匹配的安全防护技术难以起效,各类安全威胁更具杀伤力和逃避力。加特纳集团(Gartner Group)公司作为信息安全领域专业顶级的分析公司,曾在 2012 年发表的报告中指出,信息安全问题正在成为一个大数据分析问题,大规模的安全数据需要被有效地关联、分析和挖掘。应对新的网络安全问题需要基于长时间的历史数据与多源信息开展网络安全分析,数据驱动安全已成为安全业界的发展共识,而大数据安全分析技术则是体现数据驱动安全这一理念最重要的技术应用形态。

大数据安全分析技术是指将大数据技术应用到网络和信息安全领域,通过采集、存储、挖掘和分析流量、日志、事件等与安全相关的各类网络行为数据,从更高视角、更广维度上发现异常、捕获威胁,实现对异常行为、未知威胁的早期检测和快速发现的一种技术。与传统安全分析技术相比,大数据安全分析技术基于海量异构数据存储与快速计算处理能力,拓展安全分析与监控数据源的广度和深度,有助于发掘更为隐蔽的安全威胁;还可在更长时间窗口内对多维度数据进行深度回溯和关联分析,有助于快速发现异常行为或未知安全威胁。大数据技术在网络空间安全领域的应用发展,主要围绕安全防御、安全运维、安全趋势预测等方面进行,以帮助安全管理者实时洞悉安全情报和安全态势,做出科学的判断和响应。

(1) 以大数据为基础,实现基于安全服务驱动的动态自学习安全防御

建立集认证、授权、监控、分析、预警和响应处置于一体的安全服务体系,实现对整个信息系统的安全形势掌控和处置,形成"监测感知—分析研判—决策制定—响应处置—监测感知"的闭环,构建动态自学习安全防御体系。大数据技术可用来解决异构数据和数据量大的问题,包括用户数据、日志信息、告警信息、流量数据等海量数据,数据类型包含结构化数据和图片、文本、XML 等非结构化数据;可为分析发现问题、评估风险状态提供数据挖掘算法支撑,包括基于关联规则的数据挖掘、基于分类的数据挖掘、基于聚类的数据挖掘、基于序列的数据挖掘等;还可为决策制定提供模式识别、数据挖掘等机器学习能力,包括决策知识库匹配、决策效能

模拟、决策经验提炼等。

（2）依托大数据，实现智能安全运维

一方面，黑客攻击手段日益多样化、协同化，并向着分布式发展。如果要成功判定某安全事故，对管理人员的专业要求太高。另一方面，多样化的安全设备产生的不同形式的、大量的安全事件（其中存在较多的虚警信息），充斥着管理人员的眼球，使他们难以从海量数据中发现和判定安全事故。因此，在安全运维过程中人们对智能判定安全事故和智能响应处置有着迫切需求，而信息安全业界也在致力于安全智能的落地。然而，由于事故判定、响应处置既需要大量的先验知识，又需要安全特征提炼与自动学习，还需要基础的算法理论支撑，所以安全智能发展缓慢。大数据技术的发展，将先验知识库、机器学习和基础算法的结合变为可能。

（3）借助大数据思维，实现更准确的安全趋势预测

网络攻击具有突发性、偶然性和不连续性等特点，难以有效预测下一刻是否会发起攻击。但是，可以分析攻击目标、意图，并结合当前安全防护能力和脆弱性情况，预测下一段时间内安全风险分布情况。随着后续数据的高度共享，安全趋势预测的数据范围不再局限于业务系统和安全日志等数据，将借助大数据思维，广泛关联网络舆情、政治局势、经济发展等数据，有效提高预测的准确率。基于安全趋势预测的结果，安全运维中心能够进行各类安全设备策略的动态调整和下发，并实现安全设备之间的协同联动，从而有效阻止潜在安全威胁的发生，实现智能化的主动动态防御能力。

在这种背景下，业界的网络安全防护思路从以防为主开始逐步向防御、检测、响应三者并重转变；安全防御体系从传统的点对点、端到端的堡垒型防护思路，向全方位、立体化、协同防御的纵深防护思路转变。如何利用大数据技术对海量数据进行实时处理分析，以快速检测和发现未知威胁，成为网络安全防护理念转型的核心与关键。将大数据技术应用于网络安全分析领域已日趋成熟，由此催生了大数据安全分析产业的快速崛起，相关产品也应运而生，对网络安全技术发展产生深远的影响。

产业界，奇虎公司提出了"云＋终端＋边界"的安全模型，将 360 系列产品囊括在该模型中。其中的云系列产品都涉及安全大数据平台和相关技术，如数据挖掘、机器学习等。阿里云公司运用态势感知技术，收集企业 20 种原始日志和网络空间黑客实体威胁情报，利用机器学习还原已发生的攻击，并预测未发生的攻击。绿盟 ADS（Anti-DDoS System）是覆盖攻击发现、处理、主动溯源、信誉技术的完整技术方案，通过和云端联动和协作，它能够感知业务异常，能及时发现背景流中各种类型的 DDoS 攻击，迅速对攻击流量做过滤或旁路来保证业务的正常运行。华为利用大数据技术预防 DDoS 攻击，推出了 DDoS 云清洗服务产品 Anti-DDoS，通过全流量逐包方法建立了 60 多种流量模型，可快速、准确实现攻击检测。青藤云安全公司基于建立自适应安全架构，通过对主机信息和行为进行持续监控和分析，快速精准地发现安全威胁和入侵事件，并提供灵活高效的问题解决能力，将自适应安全理念实际应用，为用户提供下一代安全防护监测能力。思科公司的 OpenSOC 是一个针对网络数据包和流的大数据分析框架，是大数据分析与安全分析技术的结合，能实时地检测网络异常情况且可以扩展很多节点，它的存储、实时索引和在线流分析均使用著名的开源项目。FireEye 公司的 Threat Analytics Platform 等大数据安全分析产品，分析的数据源以客户自身网络侧的流量数据、日志数据为主，侧重于 APT 攻击检测和未知威胁发现。人民网的众云、北大方正的舆情监测系统、谷尼网络的舆情监测分析系统和中科点击公司的军犬网络舆情监控系统等基于大数据挖掘技术，集监测、预警、分析等功能于一体，全网信息收集与舆情监测、竞品动态对比、行业情报采集分

析等功能,可以帮助用户实现数据驱动,做到快速应对负面舆论,提高信息监管能力,增加品牌竞争力,塑造公信力及企业良好形象。

因此,深入剖析基于大数据的网络安全检测、面向网络内容安全的大数据挖掘分析、基于态势感知的网络安全管理技术等大数据安全的主流应用技术,可为解决大数据安全提供有效的借鉴。

10.2 基于大数据的网络安全检测

网络安全检测与评估是保证计算机网络系统安全的有效手段,其目的是通过一定的技术手段先于攻击者发现计算机网络系统的安全漏洞和安全隐患,并对计算机网络系统的安全状况做出正确的评价。网络安全检测技术主要包括实时安全监控技术和安全扫描技术。实时安全监控技术通过硬件或软件实时检查网络数据流,并将其与用户正常行为模型的目标系统或系统入侵特征数据库的数据相比较,一旦发现有被攻击的迹象,立即根据用户所定义的动作做出反应。这些动作可以是切断网络连接,也可以是通知防火墙系统调整访问控制策略,将入侵的数据包过滤掉。安全扫描技术(包括网络远程安全扫描、防火墙系统扫描、Web 网站扫描和系统安全扫描等技术)可以对局域网络、Web 站点、主机操作系统以及防火墙系统的安全漏洞进行扫描,及时发现漏洞并予以修复,从而降低系统的安全风险。

近年来,随着计算机和互联网新技术的发展,各种计算机病毒和黑客攻击层出不穷。它们可能利用计算机系统和通信协议中的设计漏洞,盗取用户口令,非法访问计算机中的信息资源、窃取机密信息、破坏计算机系统。面对复杂多变的网络环境,如何检测与监控网络攻击行为,保障网络基础设施的安全,是保障核心技术装备安全可控,构建国家网络安全保障体系的核心环节。然而,在当前"共享、开放"的互联网精神的倡导下,各种高效、开放的攻击工具越来越多,攻击的门槛越来越低,发起攻击的成本越来越低廉。这类攻击工具和手段在不断改进和演变,提高了攻击的复杂度,也提高了防范的难度。

具有代表性的是分布式拒绝服务(DDoS,Distributed Denial of Service)攻击的成本不断下降,使得这类攻击成为目前最为普遍的网络攻击手段。在 2015 年,由国家互联网应急中心(CNCERT)和中国互联网协会网络与信息安全工作委员会牵头组织开展的"互联网网络安全威胁治理行动"启动会上,一位与会的业内人士发表了"DDoS 攻击如今已经成为导致互联网不稳定的最大因素之一"的观点。据 CNCERT 监测发现,近年来网页仿冒、拒绝服务攻击等已经成熟的地下产业链网络攻击行为依然呈显著增长趋势,给电子商务、互联网金融等依赖网络实现业务发展的行业带来了极大危害。传统的安全体系已经很难应对这样的攻击,如何有效防止 DDoS 攻击成为目前急需解决的网络安全问题。因此,下面选取 DDoS 攻击与防御为分析对象,探讨大数据技术在网络安全检测中的应用。

10.2.1 DDoS 攻击风险分析

DDoS 是一种分布式的大规模网络攻击模式,在所有这些 DDoS 攻击中,攻击者都是企图阻止真正的用户访问某个特定的网络、服务和应用程序。DDoS 并不是一种最新的攻击手段,它主要利用多台机器同时攻击来妨碍正常使用者使用目标服务。早在 2000 年就发生过针对 Yahoo,eBay,Buy.com 和 CNN 等知名网站的 DDoS 攻击,阻止了合法的网络流量长达数个小时。近年来,DDoS 攻击的强度和次数都不断增加,攻击者往往通过大量的僵尸机和多层次的架构对攻击目标展开攻击,攻击时间可持续数十小时甚至更长,给攻击目标造成巨大的经济损失。

从攻击的动机来分析,国内之前发生的多起 DDoS 攻击事件表明,攻击者的动机已发生从个人爱好或获取知名度到追求经济获利的重大转变。黑色产业链的形成与逐渐壮大已经成为网络安全必须面对的问题,根据赛门铁克(Symantec)最新互联网安全威胁调研表明,其趋势在不断升级。黑色产业链主要特点为:经济利益驱使,攻击可产生最终价值;攻击趋于专业化;攻击者有明确的分工,并形成新型的业务模式;多层攻击应用,采用多种恶意活动相结合的方式;不直接采用原始攻击,而是将其用于部署随后的攻击。

DDoS 攻击简单直接、难守易攻、危害性大,每次发生重大攻击事件波及范围广,它的特点就是充分利用网络资源和网络带宽,而在当今的互联网大环境下,对于黑客们来说最不缺乏的恰恰就是网络资源,伴随着云计算与虚拟化、移动互联网以及大数据的发展,只要能够联网的设备都有可能成为 DDoS 攻击的源头,这就为黑客们发起 DDoS 攻击提供了更加广泛的平台。与此同时,黑客队伍在不断壮大,黑客技术在不断提高,网络中各种攻击手段层出不穷。所以,DDoS 攻击变得越来越复杂,给其检测工作带来极大的困难。最新的研究表明,DDoS 攻击有以下发展趋势:

- 大量可轻易获得的僵尸网络及僵尸工具用来发动 DDoS 攻击,攻击难度降低,DDoS 攻击发生频率增大;
- 大流量攻击将会成为常态,反射放大攻击手段将会更多地被黑客们用来发起大流量 DDoS 攻击;攻击流量占用大量运营商网络出口带宽,大大降低网络设备的运行效率;
- DDoS 攻击将会越来越多地采用一些反溯源技术来躲避受害组织或者企业的追踪溯源;
- 针对应用服务的攻击增多,DDoS 攻击已形成成熟的产业链,背后的经济利益成为攻击的原始驱动;
- 攻击方式更为复杂,带宽型攻击夹杂应用型攻击的混合攻击增多,且极难防御。

多年来,在信息与网络安全领域的学术界,对于 DDoS 攻击的检测和防御方面已经取得了显著的研究成果;产业界也相继推出了诸多的检测和防御系统及其相关产品,可是黑客们与防御者始终在进行着博弈,他们会针对最新的检测产品和防御手段中尚存在的漏洞与薄弱环节,开展新型的、交叉式的或者更高级别的攻击模式。当前,在 DDoS 攻击流量检测方面存在的不足和挑战主要有:

- 攻击流量检测的检测率、正确率、精确率有待进一步提高;
- 检测过程中导致的误报率有待进一步降低;
- 检测的实时性以及分布式检测的能力有待进一步加强;
- 检测系统应该具有更强的泛化能力、普适性以及稳定性。

10.2.2　DDoS 攻击技术分析

DDoS 攻击究竟如何工作呢?通常而言,网络数据包利用 TCP/IP 协议在互联网上进行传输,这些数据包本身是无害的,但是如果数据包异常过多,就会造成网络设备或者服务器过载,或者数据包利用了某些协议的缺陷,人为的不完整或畸形,就会造成网络设备或服务器服务在处理这些异常数据包时消耗了大量的系统资源,导致没有足够的资源对正常的请求进行服务,造成服务拒绝。首先,DDoS 攻击发起者发送控制指令到一台已经提前占领的控制服务器上;然后,这台控制服务器通过对网络环境扫描以完成信息收集,并锁定具有脆弱性的僵尸主机。进而将木马程序或者恶意软件安装到僵尸网络中的若干台僵尸主机上,再源源不断地把控制信息实时地分发至这些僵尸主机(一般是 Linux 或者 Solaris 操作系统的主机),指挥这些僵尸主机在网络上有针对性地选择一些攻击程序,如 Trinoo、TFN、TFN2K 和 Stacheldraht 等;最后,利用这些攻击程序对目标主机发动攻击。有经验的攻击者在占领一台控制服务器的同时,会为自己留好后门,并有选择地从内存中删除某些日志记录或者历史文件,将自己隐藏起来,以此实现长期利用、操纵僵尸主机的目的。其主要的攻击目标有政府机关、企事业单位的门户网站,互联网公司网站以及搜索引擎等。

DDoS 攻击的最大特点是:攻击控制端与受控僵尸主机之间是一对多的关系,而受控僵尸主机与被攻击的目标主机之间又是多对一的关系。DDoS 攻击是一种分散性强,相互协作完成,分层次实施的大规模攻击方式。攻击源不是直接对受害者实时攻击,而是通过大量的僵尸主机来发起,这样做有如下"好处":第一,不管受害者的服务器安全性有多好,主机性能有多强大,只要攻击者控制的僵尸主机足够多,发动攻击的次数足够频繁,就可以轻松将某台目标服务器击垮,使之不能提供正常的服务而拒绝服务,即充分利用其分布式的优势来实现对受害者的高强度、高密度的精确打击;第二,能够实现对某个域名下属的服务器集群的泛洪攻击,甚至严重拥塞互联网的某些骨干链路等;第三,由于从发起攻击到受害者之间经历了两层(第一层是攻击源端到僵尸主机,第二层是僵尸主机到受害者),这就给 IP 源地址伪造提供了便利条件,从而给 DDoS 攻击的追踪溯源带来极大困难。

根据 DDoS 攻击方法的不同,所采取的检测技术与防御体系也不同。一般根据攻击路径的不同可划分为直接型 DDoS 攻击和反射型 DDoS 攻击。

(1) 直接型 DDoS 攻击

直接型 DDoS 攻击是指攻击者利用僵尸主机直接向被攻击目标发送大量的网络数据包或者数据流,目的是占满被攻击目标的网络带宽,并消耗服务器或者网络设备的数据处理能力,从而造成拒绝服务。

(2) 反射型 DDoS 攻击

攻击者利用僵尸主机发送大量的数据包或者数据流,这些数据包或者数据流的目的 IP 地址指向反射器,源 IP 地址被伪造成被攻击目标的 IP 地址,当反射器收到数据包或者数据流时,会认为它们是由被攻击目标发来的请求,并会将响应数据包发送给被攻击目标,而当大量的响应数据包源源不断地到达被攻击目标时,就会耗尽目标的网络带宽资源,形成 DDoS 攻击。通常,反射型 DDoS 攻击都是基于 UDP 协议来完成的。该攻击方式效率更高,更有利于隐藏攻击者的身份,使得想从受害目标反向逐级回溯追踪至攻击源端变得不可实现。

根据消耗目标资源的不同可划分为对系统资源的 DDoS 攻击、对网络资源的 DDoS 攻击、对应用资源的 DDoS 攻击。

(1) 对系统资源的 DDoS 攻击

攻击者经常利用大量的僵尸主机与攻击目标建立 TCP 的"半连接"(所谓"半连接"是指客户端在发起 TCP 连接时,首先发送 TCP-SYN 报文,在服务器返回 SYN+ACK 报文后,客户端不对其进行确认,此时服务器会再次重传 SYN+ACK 报文直至 TCP 连接超时的状态),从而使服务器端为了维护一个庞大的半连接列表而消耗过多的资源,最终服务器会因为忙于处理这种逐渐变大的半连接列表而无法及时响应正常用户的连接请求。利用 SSL 连接进行的攻击也是一种针对系统资源进行的 DDoS 攻击。SSL 是一种在传输层对网络连接进行加密的安全协议。通常,在 SSL 进行加、解密的过程中会消耗大量的系统资源,攻击者正是利用这种特性进行 SSL 协议的 DDoS 攻击,比如,攻击者不完成 SSL 握手和密钥交换操作,只是在这个过程中频繁地让服务器去解密、验证,从而大量地消耗服务器的计算资源,致使服务器无暇顾及为正常用户提供计算服务。

(2)对网络资源的 DDoS 攻击

由于互联网的硬件网络设备和网络带宽在数据包或者数据流的处理能力上都存在着上限值,当到达、处理和转发的数据包或者数据流的数量已经超过这个上限值时,就会出现响应变慢、网络拥塞,甚至网络瘫痪等情况。而以消耗网络资源为目的的 DDoS 攻击就是根据这个原理而发起的,攻击发起者利用所受控的众多僵尸主机来发送大量的网络数据包或者数据流,以此占满被攻击目标的网络带宽,使得合法用户的正常服务请求不能及时得到响应,最终拒绝提供服务。还有一种针对网络资源的 DDoS 攻击目标并非终端服务器的网络带宽,而是像运营商等大型企业的骨干网链路带宽资源。

(3)对应用资源的 DDoS 攻击

近年来,针对应用资源的 DDoS 攻击已经逐渐开始流行,并成为 DDoS 攻击的主要手段之一。其中,HTTP 和 DNS 服务是针对应用资源的最主要攻击目标。

对 HTTP 发起的攻击,攻击者可以利用大量的僵尸主机频繁地向 Web 服务器发送 HTTP 请求,等待 Web 服务器来处理,这样就会最大限度地占用服务器资源,致使其他正常用户的 Web 访问请求变缓,甚至无法处理,从而不能得到及时响应,导致拒绝服务。如果 Web 服务器还支持 HTTPS 协议,那么在进行 HTTPS 通信时,Web 服务器还需要消耗更多的资源来进行加、解密等操作。

对 DNS 服务发起的攻击,攻击者主要利用 DNS 解析过程中消耗一定的计算和网络资源而展开。攻击者可以利用大量的僵尸主机频繁发送不同的域名解析请求,这样 DNS 的缓存就会不断被刷新,大量请求又因不能命中缓存而致使 DNS 服务器消耗额外资源进行迭代查询,从而增加 DNS 服务器的负载,使其不能对正常用户的 DNS 请求做出响应,最终拒绝提供服务。

DDoS 攻击之所以难于防护,其关键之处就在于非法流量和合法流量相互混杂,防护过程中无法有效地检测到 DDoS 攻击,比如利用基于特征库模式匹配的 IDS 系统,就很难从合法包中区分出非法包。加之许多 DDoS 攻击都采用了伪造源地址 IP 的技术,从而成功地躲避了基于异常模式监控的工具的识别。

10.2.3　安全产品 ADS 应用分析

某安全公司多年来实时跟踪、检测和研究 DDoS 攻击情况,提供专业的解决方案、防护产品和技术支撑。ADS 是该公司基于多年的攻防手法研究和僵尸网络研究自主研发的抗拒绝服务产品,它利用大数据安全分析技术,及时发现背景流中各种类型的 DDoS 攻击,识别并清洗过滤政企客户局域网、互联网站、IDC、城域网、骨干网中的 DDoS 攻击流量,从而迅速对攻击流量做过滤或旁路来保证业务的正常运行。

1. 核心技术架构

该公司抗拒绝服务系统采用了流量建模、反欺骗、协议栈行为模式分析、特定应用防护、用户行为模式分析、动态指纹识别、带宽控制等多种大数据安全分析技术手段;基于嵌入式系统设计,在系统核心实现了防御拒绝服务攻击的算法,创造性地将算法实现在协议栈的最底层,避免了 TCP/UDP/IP 等高层系统网络堆栈的处理,使整个运算代价大大降低,并结合特有硬件加速运算,以提高综合效率。该方案的核心技术架构如图 10-1 所示。

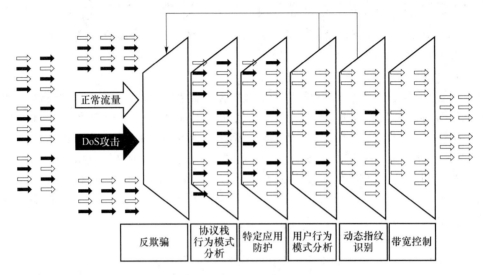

图 10-1 某安全公司抗拒绝服务系统核心架构

- 反欺骗:Anti-DoS 技术将会对数据包源地址和端口的正确性进行验证,同时还对流量在统计和分析的基础上提供针对性的反向探测。
- 协议栈行为模式分析:根据协议包类型判断其是否符合 RFC 规定,若发现异常,则立即启动统计分析机制;随后针对不同的协议,采用该公司专有的协议栈行为模式分析算法决定是否对数据包进行过滤、限制或放行。
- 特定应用防护:ADS 产品还会根据某些特殊协议类型,诸如 DNS、HTTP、VOIP-SIP 等,启用分析模式算法机制,进一步对不同协议类型的 DDoS 攻击进行防护。
- 用户行为模式分析:网络上的真实业务流量往往含有大量的背景噪声,这体现了网络流量的随机性;而攻击者或攻击程序,为了提高攻击的效率,往往采用较为固定的负载进行攻击。ADS 产品对用户的行为模式进行统计、跟踪和分析,分辨出真实业务浏览,并对攻击流量进行带宽限制和信誉惩罚。
- 动态指纹识别:作为一种通用算法,指纹识别和协议无关,该公司 Anti-DoS 技术采用滑动窗口对数据包负载的特定字节范围进行统计,采用模式识别算法计算攻击包的特征。对匹配指纹特征的攻击包进行带宽限制和信誉惩罚。
- 带宽控制:对经过系统净化的流量进行整形输出,减轻对下游网络系统的压力。

2. DDoS 攻击防护技术

针对 DDoS 攻击的防护,包括攻击发现和攻击处理 2 个环节,每个环节有多种技术,视业务环境、攻击情况和业务重要程度灵活采用。

攻击发现通常采用客户业务指标异常监控和流量异常监控的方式。流量异常监控包括协议流量异常监控、链路流量异常监控、报文特征流量异常监控等监控手段,检测技术上主要采用深度包检测(DPI,Deep Packet Inspection)和深度/动态流检测(DFI,Deep/Dynamic Flow Inspection)两种技术手段。可以是服务器特定业务指标监控软件,含有 DDoS 技术模块的 Web 应用防护系统(WAF,Web Application Firewall)、应用交付控制器(ADC,Application Delivery Controller)、下一代防火墙(NGFW,Next Generation Firewall),网络性能监控设备,专业业务可用性监控服务等,云端或管道端的攻击发现包括基于 DPI 和 DFI 技术的异常流量监控系统、攻击溯源系统。攻击溯源系统用于在源端网络发现攻击源,配合源端和目的端设备或清洗云平台的过滤措施实施 DDoS 体系防护方案。

攻击处理环节的技术包括流量牵引、回注技术和流量缓解技术。①流量牵引技术最常用的是 BGP 牵引和智能 DNS。BGP 牵引可以重定向所有想牵引的目的流量,因此可以针对所有类型的攻击;智能 DNS 部署更简单,牵引范围更广,但通常只能对 Web 访问进行重定向,且受 DNS 的生存时间(TTL)影响,存在较长的牵引生效延迟,一般相对适合 CDN 场景。②回注技术包括 MPLS 和 GRE 隧道技术、PBR 和二层回注技术。③流量缓解技术包括流量清洗技术和各类流量过滤技术,流量清洗技术通常采用用户行为和协议行为验证技术,来发现攻击报文并进行过滤,这是当前专业 DDoS 防护设备的核心技术。流量过滤技术包括黑洞路由、ACL、FlowSpec、基于地理位置的过滤、基于黑白灰名单过滤、基于业务环境和威胁环境的过滤、源端过滤、目的端过滤等技术。

3. 被入侵主机与控制源检测

基于该公司抗拒绝服务系统平台,以 DDoS 攻击历史信息、Netflow 原始数据、路由器配置数据、僵木蠕检测事件、疑似僵木蠕事件、僵木蠕特征库、DNS 访问日志、DPI 检测到的 DDoS 攻击事件、蜜罐系统检测到的木马事件、蠕虫事件、恶意 URL 事件、外部渠道获取的僵木蠕源 IP 地址、垃圾邮件源 IP 地址等信息为输入源,通过各类信息综合关联分析,并在平台中维护更新被入侵主机 IP 库、CC(Challenge Collapsar)主机 IP 库、恶意 URL 库、代码样本库等,实现基于大数据分析的被入侵主机和控制源检测。具体方法如下:

- 在 DDoS 攻击历史信息中从发动攻击的 IP 地址列表中筛出真实地址攻击的 IP 地址,列为疑似被入侵主机;
- 根据疑似被入侵主机 IP 地址,在 DNS 日志中查询其日志记录,并与恶意 URL 库比对,如果存在匹配记录,可基本确认其为被控制主机;
- 在 DPI 信息中查找其与 CC 主机的通信记录或访问恶意 URL 记录,如果存在匹配记录,可基本确认为被控制主机;
- CC 主机定位分析:在单次攻击时间段期间,从发动攻击的所有源 IP 地址的 Netflow 信息中,关联查询出与参与此次攻击的大多数攻击源 IP 地址有交互网络流量的 IP 地址(不包括被攻击目的地址),作为疑似控制主机做进一步分析;
- 根据疑似控制主机的 Netflow 信息,查询与控制主机有通信记录的手机,即被控制主机;
- 对僵木蠕系统、蜜罐系统、DPI 等检测到的或计算机安全应急响应组(CERT, Computer Emergency Response Team)等外部渠道获取的僵木蠕事件信息,提取肉鸡 IP 地址列表,进一步在 DNS 访问记录中查询对应 IP 地址是否有查询恶意 URL 的记录,并在 DDoS 攻击历史信息中查询是否有攻击行为,从而对分散系统的检测结果进行综合验证,提升检测结果的准确性。

10.3　面向网络内容安全的大数据挖掘分析

计算机通信在方便使用、促进整个社会发展的同时,也带来了众多安全问题,如色情、反动等不良信息在网络上的传播,垃圾邮件泛滥,甚至通过网络方式欺诈网络用户,以及出现网络暴力和网络恐怖主义活动,这些问题已经对国家利益和社会稳定造成一定影响。因此内容安全开始成为继防火墙、网络防毒、入侵监测系统之后，安全领域的又一个重要组成部分，甚至超过了传统的网络安全。

网络内容安全是指保障网络上的信息内容不被滥用，包括内容的分级、过滤、智能归类，对信息真实内容的隐藏、发现、选择性阻断，涉及信息的机密性、可控性、特殊性等；所面对的主要问题包括发现所隐藏的信息的真实内容、挖掘所关心的信息；处置手段是信息识别与挖掘技术、过滤技术、隐藏技术等。通常包括反垃圾邮件、防病毒、内容过滤/网页过滤、内容监控预警、信息隐私保护等功能，涉及研究如何利用计算机从动态网络的海量信息中，对与特定安全主题相关的信息进行自动获取、识别和分析的技术。如果说，防火墙是一个通行证，控制进出人员的身份，那么内容安全好比一个海关的检测仪，主要控制什么样的内容可以进出网络。

在信息化社会的建设过程中，信息内容安全研究有着广泛的应用。首先，可提高网络用户及网站的使用效率。网络用户经常遇到垃圾邮件、流氓软件等恶意干扰，网站中也存在某些用户发布一些广告或恶意言论的情况。信息内容安全研究有望提供技术上的解决方案，包括对电子邮件、论坛、博客回复和聊天室等进行信息过滤，通过预先过滤不良信息，减少手工处理各类无用信息所花费的时间与精力，从而有效提高网络的使用效率。其次，可净化网络空间。互联网的快速发展，满足了广大群众对文化生活日益丰富的需求，人们可以通过网络获取信息、娱乐生活、交流互动等，同时互联网也传播着各种不良的信息。例如，传播格调低下的文字与图片、侵犯知识产权的盗版影音或软件、未经证实的消息，甚至别有用心地散布虚假消息以制造恐慌气氛等。

近年来，随着网民社会责任感的增强与政治意识的觉醒，互联网中形成了"网络舆情"这一新的现象，网络舆情是因各种事件的刺激而产生的通过互联网传播的人们对于该事件的所有认知、态度、情感和行为倾向的集合，是指社会舆情在互联网空间的映射，是社会舆情的直接反映。伴随中国经济持续快速增长和社会不断进步，互联网在中国迅猛发展，特别是随着网络普及和技术进步一跃而成为新媒体代表。网络舆情已经成为社会舆论的重要组成部分，不仅深刻地改变着传媒生态，重塑人们的日常生活，也深刻影响着国家治理方式。

网络舆情是网络内容安全的重要业务应用形式，不仅涉及社会公共安全、文化安全、国家安全以及社会进步，也影响着单位和个体的口碑安全，主要表现为企业负面信息传播、个体谣言传播等。因此，下面选取网络舆情监测为分析对象，探讨大数据技术在网络内容安全中的应用。

10.3.1　网络舆情风险分析

网络具有的开放性和相对自由的宽松度，使民众发言摆脱了社会权利体制的管制和限制，民众可以自由地表达个人的观点、立场、情绪，民意表达更为畅通。网民对企业、民生、社会道德等热点问题在互联网上踊跃发表意见，这些意见形成一种强大的舆论压力。网络的虚拟性带来发言者身份的隐蔽性，并且缺少规则限制和有效监督，因此网络很容易成为一些网民发泄不良情绪的空间。

任何突发舆情都是一个真实事件、一个社会现象或一个共性认知的虚拟投影，这些事件、现象、认知还有一个常被公众忽略的共性特点，那就是这些事件、现象、认知往往能引发公众的思考、讨论及观点交锋。重大事件是网络舆情的集中点，突发事件是网络舆情的兴奋点，与广大网民密切相关的热点事件是敏感点，与人民群众紧密联系的焦点事件是关注点。当这些被放上舆论场，并引发公共讨论时，就是常规认为的舆情，负面舆论在网上发酵连带引发的危机和事故就是舆情风险。网络舆情通常有以下几个特点。

（1）受众面广

随着互联网的发展，网民数量的不断增加，网络舆情的群体不再受限于空间地域，某个位置发现的舆情，受众的群体可能会覆盖大面积的网民，这些网民大多处在不同的地理位置，但都会成为舆情的潜在影响个体。

（2）参与性强

互联网是一个开放的平台，网民在互联网上能够进行互动，新闻、微博、论坛是主要的信息开发平台，计算机、手机等是主要的传播工具，这样的开放交互使广大用户可以随时随地参与舆情的发布和传播。

（3）隐蔽性高

网络环境中的用户通常不显露自身的真实身份，大多数信息的发布传播者都是隐蔽的，国家缺乏有效的监督和规范，部分网民选择在互联网平台宣泄情感、发表意愿。

（4）实时性强

大多数网民在网络中发布和传播信息不受时间限制，现实事件的发生随时可以引发网络舆情产生，这种现实与虚拟的映射过程是不定时的，但随时都会发生，能否第一时间发现舆情是舆情监测的主要工作之一。

因此，相关机构应建立多层次、全方位的网络舆情信息收集与处理机制，需要使用舆情分析系统对网络舆情进行分析监控，掌握网络中舆情热点，快速地了解热点话题的动向，及时防范误导性舆论造成的社会危害，把握和保障正确舆论的前进导向，努力把问题解决在萌芽、解决在基层。对于一般机构来说，舆情工作主要通过两种方式进行：一种是人工监测，监测人员需要通过互联网搜索如百度、奇虎 360 等搜索引擎检索信息；另一种是通过商业舆情系统监测，是指整合互联网信息采集技术及信息智能处理技术，通过对互联网海量信息自动抓取、自动分类聚类、主题检测、专题聚焦，满足用户的网络舆情监测和新闻专题追踪等信息需求，形成简报、报告、图表等分析结果，为客户全面掌握群众思想动态，做出正确舆论引导，提供分析依据。

舆情监测的信息来源通常有以下几种。

（1）新闻网站

这类平台上的信息通常是格式比较标准的新闻，有固定的组织形式如标题、正文、作者、发布时间、来源等。新闻的正文内容比较长，发布频率不高且单个网站每天的新闻发布总量并不多且大多是官方发布。

（2）论坛、贴吧

论坛和贴吧平台上的信息格式不同，组织各异，正文内容长短不一，相比新闻网站，论坛、贴吧的信息发布者大多是普通网民，信息发布频率很高，每天的信息总量较大。

（3）微博

当前微博的信息主要出现在新浪微博、腾讯微博等几个微博平台上，信息比较集中，结构单一，且正文通常为短文本，信息发布频率较高，微博平台是开放性平台，企业、官方机构或者个人均可以发布信息，每天的信息总量大。

目前在针对上述信息的舆情工作中，主要还存在以下问题。

① 采用通用搜索引擎和商业舆情系统进行舆情监测对当前行业领域没有针对性。通用搜索引擎通常是全网搜索，而现有商业舆情系统大多数针对政府部门设计，监测网站源没有区

分度,对于特定的教育、医疗等领域监测会返回太多无效的信息。

② 信息来源网站各异,人工整合难度大。舆情信息太过分散,监测人员需要访问所有的网站,重复工作太多。

③ 人工检索的实时性太低,网站信息的不定时发布和更新,舆情人员需要估计信息的发布频率来决定网站的访问频率才能及时发现舆情信息。

10.3.2 网络舆情监测关键技术分析

网络舆情监测的目的就是建立高效、绿色、安全的互联网世界。网络舆情监测技术作为网络的"进化工具",正从百兆流量检测向千兆流量检测发展;从对文本信息检测到多媒体信息检测发展;从统计分析向智能分析发展;从单一功能产品向层级式的整体解决方案发展。

1. 信息获取技术

网络舆情主要通过新闻、论坛、博客等渠道形成和传播,这些主要为动态网页,以松散的非结构化信息为主体,实现准确的舆情采集和抽取存在难度。信息获取技术一般分为主动获取技术和被动获取技术。主动获取技术通过向网络注入数据包后的反馈来获取信息,特点是接入方式简单。能够获取更广泛的信息内容,但会对网络造成额外负荷。例如,基于移动爬虫的Web信息获取技术,已广泛地被网络搜索工具采用。其中的关键问题是如何在较短时间内以较少的网络负荷获取更多的信息内容,如何选取测量点以及多个测量点之间如何合作等。被动获取技术则在网络出入口上通过镜像或旁路侦听方式获取网络信息,它需要网络管理者的协作,获取的内容限于进出本地网络的数据流。但不会对网络造成额外流量。

2. 信息内容识别技术

信息内容识别是指对获取的网络信息内容进行识别、判断、分类,确定其是否为所需要的目标内容,识别的准确度和速度是其中的重要指标。主要分为文字、声音、图像、图形识别。文字识别包括关键字、特征词、属性词识别,语法、语义、语用识别,主题、立场、属性识别,涉及规则匹配、串匹配、自然语言理解、分类算法、聚类算法等。目前的入侵检测产品、防病毒产品、反垃圾邮件产品、员工上网过滤产品等基本上都采用基于文字的识别方法。语音识别技术就是让机器通过识别和理解过程把语音信号转变为相应的文本或命令的技术。语音识别技术主要包括特征提取技术、模式匹配准则及模型训练技术三个方面。图像识别技术是指利用计算机对图像进行处理、分析和理解,以识别各种不同模式的目标和对象的技术。

3. 信息内容审计技术

信息内容审计的目标就是真实全面地将发生在网络上的所有事件记录下来,为事后的追查提供完整准确的资料。信息内容审计一般均采用多级分布式体系结构,提供数据检索功能和智能化统计分析能力,对部分非法网络行为如页面浏览、聊天行为、发言等可进行重放演示。信息内容审计技术包括包捕获技术,通过采用零复制技术和内核驱动开发技术探索高效包捕获机制,提高采样环节的处理效率,尽可能减少内存复制开销;模式匹配技术,通过研究新的多模式匹配技术和中文信息模糊匹配技术,提高多关键字条件下的模式匹配效率以及中文信息模糊匹配精度和效率;协议分析与还原技术,解决对数据包分片的分析与还原的问题,抵御攻击对探测引擎的影响如半连接攻击造成的会话队列溢出,拓展对网络应用协议分析的范围;数据检索与智能化统计分析技术,审计系统每天会产生大量的审计数据,而一个完善的审计系统产生的数据更多,如何迅速、准确和智能地对审计数据进行处理是审计系统的重要组成部分。

4. 信息过滤技术

信息过滤技术是网络舆情监测的核心技术,是针对网上不良信息进行阻断的技术。从实现方法上讲,主要包括旁路阻断和存储转发阻断。旁路阻断就是采用旁路侦听的手段来获取互联网上的数据包,然后再进行协议还原,根据内容进行阻断。这类技术的优点是不影响互联网访问的速度。比较适合于应用的封堵,如网页访问等。对于一些特殊的应用,如邮件应用,将其彻底阻断就有一定的困难。存储转发阻断则是通常所说的通过代理服务器或透明网关来实现对互联网内容的控制。这类技术的优点是可以根据审定条件对存储转发的多种协议进行过滤,比如,可以很好地实现对等协议的过滤。缺点是对网络用户的上网访问有较大的延迟,尤其是控制策略越复杂则延迟越大,且由于串接在网络出口上,系统的稳定性也会影响原来网络结构的连通。此外有些应用还需要更改终端用户的配置,使用起来不是很方便。

信息过滤技术在不同应用场景有不同的侧重,需要根据不同的需求采用不同的模式。按过滤内容可划分如下。

（1）基于 URL 的站点过滤技术

该技术主要根据一个不良站点列表来进行站点过滤。特点是只要站点列表准确完整,则过滤的精确度和效果均比较高,是目前行之有效的方法。它的关键问题在于过滤列表的收集和维护。这种实现过滤的方式目前在国际和国内过滤产品中被广泛采用。

（2）基于内容关键字的过滤技术

该技术主要依赖人工智能技术。对于不含语义分析的简单关键字规则的过滤往往会产生较高的误判率,结果往往使用户难以接受。如果加入语义理解方面的技术,则限于该方面人工智能技术本身研究水平的限制,很难有一个对问题判定的通用领域。这类技术在特定的领域内可以做得比较好,但往往和所消耗的计算机资源成正比,目前这类技术成功应用的案例并不多。

（3）基于 URL 内容关键字的过滤技术

这是将 URL 过滤技术与内容关键字过滤技术相结合的产物。该技术根据 URL 中所包含的特定的关键字进行过滤。该项过滤方法成立的前提是如果在域名中包含特定领域常出现的词,则一般该网站都是特定领域的网站。

（4）基于图像识别技术的过滤

目前,大多数实际应用的基于内容过滤的产品主要通过网页中文本信息的截取和分析图像信息,结合传统的基于访问控制列表的网络过滤技术来实现图像信息的过滤功能。其缺点是不能适应网络内容的迅速发展和动态变化,具有明显的滞后性。一些不良网络信息的提供者采取了回避某些敏感词汇,将文本嵌入图像文件中,或直接以图像文件的形式出现等方法,从而可以轻易地通过网络过滤和监测系统。

5. 话题检测与跟踪技术

话题检测与跟踪技术可帮助用户将松散、大量的信息有效汇集起来,从中挖掘出一定的模式,形成有价值的话题数据结果,并从这些模式中提取量化的数据,可使用户及时从海量的新闻媒体信息流中自动识别舆情热点、敏感话题,对已知话题进行持续跟踪,关注完整事件的发展变化。这里的事件（Event）是限定时间、地点发生的事情。话题（Topic）是由一个初始事件及其后续相关的事件所组成的集合。目前国内外的实现技术基于文本聚类,即将文本的关键词作为文本的特征。

话题检测与跟踪技术在长期的充分发展后,已经呈现出多元化的发展趋势,其细分的研究任务也并不局限于字面意义上的话题检测和话题跟踪两种技术。美国国家标准与技术研究院（NIST，National Institute of Standards and Technology）为话题检测与跟踪设立了五大任务，内容如下。

（1）报道切分任务（SST，Story Segmentation Task）

报道切分任务主要将数据流由原始形态切分成结构完整、主题统一的多个报道。这个任务只适用于话题检测与跟踪语料的音频集（广播和电视）。音频信号的分割可以使用音频。

（2）话题跟踪任务（TTT，Topic Tracking Task）

话题跟踪任务是实现已知话题的后续报道的收集和跟踪的任务。NIST 为每个待测试的话题提供 1~4 篇相关报道，作为已知话题。在此基础上建立动态话题模型，对后续报道流与已知话题进行相似性检测，从而进行研判，实现 TTT 功能。

（3）话题检测任务（TDT，Topic Detection Task）

话题检测任务的目标是将讨论相同事件的报道聚集在一起。聚类研究必须从整个数据集的角度分析，聚类过程是增量完成的，要对指定时间段的报道全部考虑再做决定。增量聚类可以拆分成两个阶段：第 1 个阶段是在动态的报道数据流中发现一个全新的话题；第 2 个阶段是根据已经识别出来的话题，识别并归类后续的报道流。其中第 1 个阶段比较困难并且具有挑战性，于是，新事件检测任务（NED，New Event Detection）被独立出来用来评估一个系统检测一个事件第 1 个报道的能力。

（4）新事件检测任务（前身是首次报道检测任务，FSD，First Story Detection）

新事件检测任务的目标是从一组有时序的报道流中能够自动检测出一个未知事件第 1 次出现的报道。NED 与 TDT 的主要区别在于，NED 输出的是一篇报道，而 TDT 输出的是一个同类的报道集合。FSD 和 NED 在定义上没有太大差别，前者侧重于检测初次报道时间和空间信息，而后者侧重于检测新事件的报道集合。

（5）关联检测任务（LDT，Link Detection Task）

关联检测任务主要进行两篇不同报道是否属同一话题的研判。LDT 系统预先设计不独立于特定报道对（Story Pair）的检测模型，通常针对一个报道，要指定后续 N 篇文档进行研判。在无参照环境下，其通过自动分析报道论述话题并对比预设报道来判断相关性。

此外，网络舆情分析研判技术是在网络舆情监测的基础之上，运用科学的舆情研判方法，对网络舆情的特点、规律等进行分析，并对舆情未来的走势进行预测，为舆情应对和引导提出意见和建议的一种技术。对网络舆情进行分析研判，能够帮助人们深入了解网络舆情信息传播的特点、规律和趋势，有助于网络舆情的引导应对以及相关实际工作的开展。同时，也能够帮助人们研究掌握网络舆情发生、发展、演变的一系列过程，是网络舆情监测工作的深化和拓展。

10.3.3 高校网络舆情监测系统应用分析

高校网络舆情作为社会舆情的一个新领域，它反映并影响着一定范围的社会舆情的生成与发展。为建立高效的舆情收集、整理与报告机制，某高校教育部重点实验室自主研发了网络智能舆情监测系统，依托搜索引擎技术和文本挖掘技术，通过网页内容的自动采集处理、舆情内容过滤、智能聚类分类、主题检测、专题聚焦、统计分析等大数据安全分析技术，实现对相关网络舆情监督管理的需要，为决策层全面掌握舆情动态，做出正确舆论引导，提供分析依据。

1．系统建设目标

网络智能舆情监测系统（IPOM，Web-based Intelligent Public Opinion Monitoring System)旨在面向全国各大知名高校论坛 BBS、热门网络社区等，建设统一、高效、可信的舆情监测工程，图 10-2 所示为 IPOM 系统建设目标图。

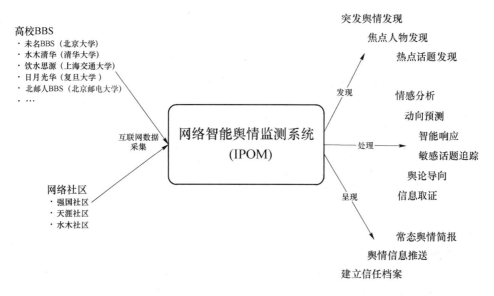

图 10-2　IPOM 系统建设目标图

IPOM 系统通过有效地采集网络数据获取舆情信息，对其中数据（包含文本、图片、视频等多种媒介）进行筛选、清洗、聚类和存储，以期达到分析、预警、推送的舆情智能处理，提供全面及时的舆情监管、控制、预防、警报服务，建立实用、高效、可信的舆情监测工程。从最终实现的应用需求来看，IPOM 系统建设目标如下。

① 建设面向全国热点论坛的舆情监管系统，信息采集源应包括全国各大高校 BBS 以及热门网络社区。保证信息采集源覆盖范围广，包含各种门类（民生和社会焦点话题），并能涵盖 IPv4 以及 IPv6 网络。

② 信息采集应当保证时效性，保证通过 IPOM 及时发现焦点人物及热点话题，并针对突发舆情做到及时预警。

③ 通过对信息采集到的海量数据进行情感分析与动向预测，做到舆情的智能响应与处理，减少对常态舆情的人工干预并及时推送给舆情监管人员。

④ 追踪敏感话题与热点事件，做到人物事件溯源及单用户多账号分析，做到对敏感信息（包含删帖信息）取证，对不良信息的正确舆论导向，实现对舆情信息的可管、可控、可防、可变。

⑤ 通过对大量舆情信息的分析和挖掘，以常态舆情简报及舆情报表等多种表现形式，以短信、邮件、电话等多种方式途径反馈至舆情监管人员。

⑥ 对舆情系统、舆情信息进行多维度评估及信任指标评价，建立基于舆情系统及舆情信息的评估及信任档案，建设面向全国网络论坛的可信监控体系。

2．系统体系架构

IPOM 业务层设计包括信息采集子系统、舆情分析子系统、舆情处理子系统以及舆情呈现子系统，四个子系统在统一管理平台的管控下合理分工、协调工作，实现舆情信息从源头采集到可信监控的全过程。另外，设计安全保障子系统保障全系统的安全性，防止黑客入侵和恶意破坏。IPOM系统体系架构设计如图10-3所示。

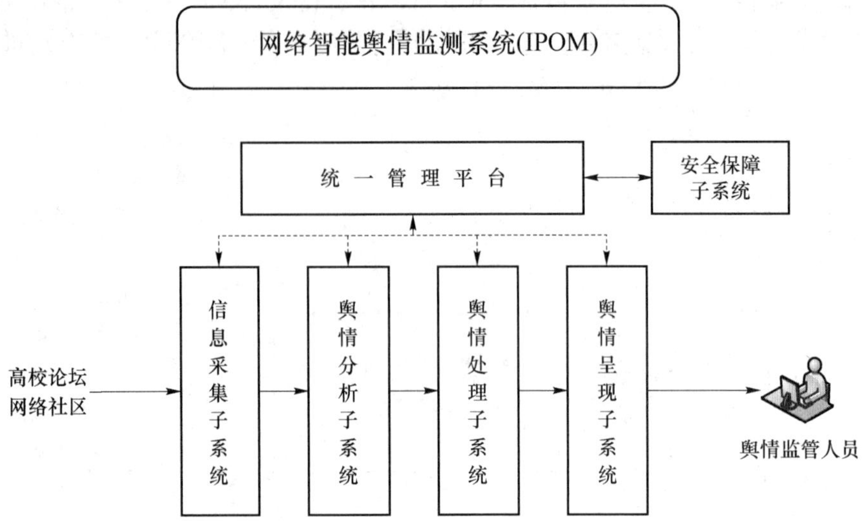

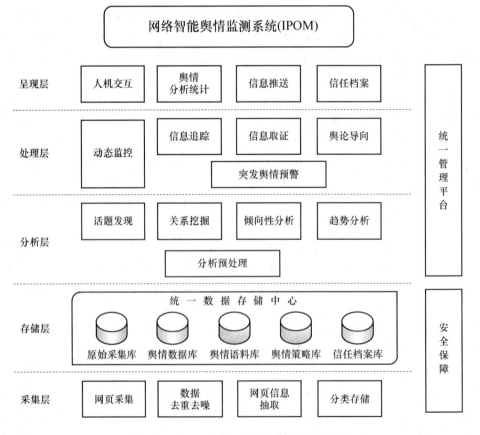

图 10-3　IPOM 体系架构设计图

3. 系统设计方案

为了实现系统建设目标中的各项指标,将系统功能细化至四层业务子系统中,IPOM 系统功能概要设计如图 10-4 所示。

图 10-4　IPOM 系统自底向上层次设计图

信息采集子系统。即采集层,针对论坛信息源的数据规模大、信息更新快、链接层次深、噪声干扰大、需要特定访问权限等特点,须采用高效的信息采集方法,周期性快速获取噪声低、重复内容少且格式统一的网页信息,建立统一、完善的舆情获取平台。

舆情分析子系统。即分析层,主要目标是对全国各大高校 BBS 以及热门网络社区采集的数据进行分析预处理,初期主要针对文本数据,及时发现焦点人物及敏感、热点话题,挖掘话题包含的潜在关系,并对话题及其相关评论进行倾向分析和趋势分析,同时将热门话题涉及的人物、事件、地点、时间等信息更新至舆情语料库。

舆情处理子系统。即处理层,主要包括动态监控模块、信息追踪与取证模块、突发舆情预警模块和舆论导向模块。动态监控模块负责舆情话题的实时监测,掌握话题趋势的发展与变化情况,根据舆情策略库中存储的各种处理策略,及时做出相应的智能处理,从而对网络舆情的发展态势进行有效的控制。其中,动态监控的智能处理包括追踪敏感话题的发展路径,并取证为后续工作提供评判的依据,以及及时进行舆情引导,当舆情的发展态势评测结果达到了预设的预警阈值时,系统自动向系统管理员以及高层监管人员发出突发舆情预警提示,相关管理人员收到预警后,及时做出相应的应对措施。

数据存储层。使用分布式列存储数据库 HBase 构建舆情信息数据库,主要针对数量庞大且结构复杂的论坛帖子数据。采集层数据经 Socket 传输到数据存储层,分布式存储到非关系型海量数据库 HBase 中,并按不同论坛进行分类存储。使用关系数据库 MySQL 构建采集信息数据库,主要针对论坛属性数据,包含版面列表、附件信息、用户数据及相应的库版本信息,等等。构建敏感词库,通过对互联网上多个敏感词表进行筛选、比对、汇总,建立专用敏感词库。

舆情呈现子系统。即呈现层,主要作用是为用户提供可视化管理方式,从而提供更友好的舆情服务,为用户推送感兴趣的舆情类别及舆情预警信息。同时,呈现子系统会对舆情数据进行定期整理和二次清洗,针对不同的舆情种类生成分类评级、统计图表、舆情简报三种不同类型的信息供监管人员使用,并建立信任档案从而更好地对高校论坛和网络上的不良舆论进行监测,减少网络中不良舆论信息的传播。

统一管理平台。保障系统的所有子系统及模块可用、可信、安全,用以实现对整个舆情管理系统全部资源的统一管理和调配,建立一个全局的、智能的网络舆情管理体系。统一管理平台是舆情管理系统的管理与控制中心,它对系统用户进行管理的权限配置,对各子系统进行统一管理和配置,监测各个系统的运行状态,收集管理系统日志,从而实现全网所有资源的集中管理。

安全保障子系统。保障用户访问及使用网络智能舆情监测系统时的安全,防止非法用户及黑客入侵监测,包括 eID 身份认证、SSL VPN 安全网关与网络安全;以及系统本身运行及数据的安全保障,包括日志审计与数据容灾。

4. IPOM 系统功能应用分析

基于 IPOM 系统对高校网络舆情信息进行实时监测,可依托系统功能的运行应用,有针对性地采取及时、敏感、稳妥、高效的管理措施,维护校园和谐稳定。

信息采集功能。基于爬虫框架 WebMagic 研究并开发了分布式多线程定制爬虫快速开发工具套件,能够针对特定网络论坛,进行对应爬虫程序的快速开发、更新及维护工作。采集源上已经涵盖了 100 余热门高校 BBS 和热门网络社区等多源异构数据。

热点识别功能。根据新闻出处权威度、评论数量、发言时间密集程度等参数,采用信息过滤、语义分析、数值统计技术,识别出给定时间段内的热点话题。实现实时热词排序功能,针对有效词汇的词频使用 Top-N 排序算法给出词频最高的热门词汇,并实现实时更新。利用可扩展的机器学习领域经典算法实现分布式文件聚类,分析聚类结果并将其存入舆情数据库中。IPOM 系统的运行结果表明,涉及师生员工的突发公共卫生类事件、事故灾害类事件往往会迅速成为舆情热点,如学生中毒、火灾、建筑物倒塌、拥挤踩踏、校园重大交通安全事故等影响学校安全与稳定的突发事件。

主题跟踪功能。根据舆情信息的时间、区域分布、转载量与转载网站类型等,对监控词汇和时间、空间的分布关系进行阶段性的分析。分析新发表文章、帖子的话题是否与已有主题相同。根据对热点问题的信息来源、转载量、转载地址、地域分布、信息发布者等相关信息元素的跟踪,对主题事件跨时间、跨空间综合分析,获知事件发生的全貌并预测发展趋势。实现语义计算功能,自主构建停用词表,排除干扰词汇和无用词汇对有效词语词频排序的干扰。IPOM 系统的运行结果表明,师生员工会在网上对学校的重大决策部署和中心工作发表议论,较多关注学校关于教学、科研、课程改革、教材建设、学科发展、各类收费、招生、考试、奖惩、住房、福利、餐饮、师德建设等领域工作,并表达自己的态度、看法和提出自己的意见、建议。

倾向性分析功能。主要采用文本聚类和倾向性分析技术,对论坛帖子等网民评论进行聚类分析和倾向性分析,归纳网民的观点。根据信息的转载量、评论的回复时间的密集度,基于情感词自主构建情感计算模型,对信息阐述的观点、主旨进行倾向性与趋势分析。同时,利用自主构建的敏感计算模型,根据敏感计算模型发现结果,实现语义分析、数值统计、实时过滤,识别正负面信息,监控论坛数据中出现的敏感内容。实现敏感内容追溯功能,根据话题发现结果追溯到数据库中论坛数据文本及网页快照,可根据话题相关度、回帖数或其他条件进行排序。IPOM 系统的运行结果表明,师生在论坛上自由表达的学习、情感、思想、学术、生活体会等方面的舆论,通常正面舆论约占 40%,中性舆论约占 50%,负面舆论约占 10% 及以下。

预测报警功能。采用流式大数据实时处理技术,监听突发信息,对突发事件、涉及社会稳定或学校声誉等内容安全的敏感话题,及时发现并报警。建立文本突发舆情指数计算模型,获取文本的舆情类别并计算文本的突发舆情得分,实现舆情信息的分级预警,以确保校园网络的舆论健康发展。根据 IPOM 系统长期的跟踪发现,总结高校突发舆情的常见类型,建立符合高校舆情特点的语料库和语义知识体系,分析句子中词语的语义关系,标记人物、地点、事件三个要素,构成突发元事件,与报警监控信息库进行比较分析。目前已经建立群体元事件、学校管理元事件、伤亡元事件、高校领导教师元事件、学生元事件。基本涵盖常见校园突发事件,能够为突发舆情的预警监控提供有效支持。

舆情报告功能。利用热点识别、主题跟踪、倾向性分析、预测报警等 IPOM 系统功能,根据舆情分析引擎处理后的结果库生成舆情简报、舆情专报、分析报告、移动快报。高校管理者可浏览报告的具体内容,做出最佳决策。

10.4　基于态势感知的网络安全管理技术

近年来对网络安全事件的分析显示,国外有组织的黑客攻击破坏活动频发,给我国政治、军事、经济、科技机密以及敏感信息带来威胁;国内不法分子利用网络从事破坏活动日益猖獗,网站攻击、数据窃取、网络诈骗等事件严重影响社会秩序。所有这些问题都暴露了我国目前对于重要系统安全防护能力的欠缺和网络安全重大事件监测预警与主动防御手段的不足。有必要引入新型信息技术理念建设网络安全威胁监测预警系统,实现对安全风险的实时监测与精准预警以及对网络安全态势的全面感知和响应,以有效对抗各类新型安全威胁。

安全态势感知服务能够帮助用户理解并分析其安全态势,通过收集其他各服务授权的海量数据,对用户的安全态势进行多维度集中、简约化呈现,方便用户从大量的信息中发现有用的数据。同时,结合大数据挖掘及机器学习技术,提供全覆盖的从对手分析到全局分析的能力,帮助用户准确理解过去发生的每一件安全事件,以及预测将来有可能发生的安全事件。安全态势感知服务能智能识别入侵手段和攻击手段,为用户提供专业的数据分析结果,帮助用户发现潜在的威胁,提供全面的安全防护。

网络安全态势感知的目的是将态势感知的理论和方法应用到网络安全领域中,能够使网络安全人员在动态变化的网络环境中宏观把握整个网络的安全状态,为高层管理人员提供决策支持。网络空间态势感知的核心思想是从海量的原始数据中分析信息,通过机器学习的模型完成对安全事件过程的完整还原。同时,态势感知聚焦在"敌我态势",对敌方的实体(黑客本人、黑客组织)进行长期的威胁情报监控和行动点技术手段观测,对我方薄弱环节进行实时感知,对安全决策具有重要参考意义。

安全态势感知的实现是一个数据记录、统计和分析的过程,通过收集其他云安全服务的安全事件记录,利用大数据挖掘、机器学习综合分析其各安全服务的安全事件数据、安全情报数据,智能学习并发现潜在的入侵和高隐蔽性攻击,回溯攻击历史。帮助用户准确理解过去发生的每一件安全事件,并为用户进行安全态势预测提供有效的依据。一般网络安全态势感知技术体系为三层技术架构,一是采集整个防御链条下的终端、边界、服务、应用等各类安全数据,收集与网络安全有关的各类威胁情报信息,并将这些数据进行统一存储,形成安全数据仓库。二是结合各类安全规划、安全模型、分析算法等,对数据仓库中的海量安全数据进行深度挖掘分析,从中发现安全事件、分析潜在威胁、预判未知风险,通过大数据智能分析产生网络威胁情报。三是基于大数据的分析结果和产生的威胁情报,实现网络安全威胁报警、重要安全系统的实时监测、网络风险预警及感知、可视化态势展示等应用。

网络安全态势感知的任务包括网络安全态势觉察、网络安全态势理解和网络安全态势投射这三个层面,是一个完整的认知过程。它不仅是将网络中的安全要素进行简单的汇总和叠加,而是根据不同的用户需求,以一系列具有理论支撑的模型为支持,找出这些安全要素之间的内在关系,实时地分析网络的安全状况。

网络安全态势觉察的基本任务是辨识出系统中的所有活动(包括攻击活动)以及这些活动的规律和特征,即对网络中相关的检测设备与管理系统产生的原始数据进行降噪、规范化处理,得到有效信息,然后对这些信息进行关联性分析,识别出系统中有"谁"(系统中的主体、客体)存在,进一步分辨出异常的活动。

网络安全态势理解基于识别出的攻击活动及其特征,通过进一步分析这些攻击活动的语义以及它们之间可能的关联关系来推断攻击者的意图,其主要任务包括识别这些攻击活动的源头、类型,并判断攻击者的能力、机会和攻击成功的可能性等。为了有效地推断攻击者的意图,目前,多数研究分别从攻击行为本身和攻击目的两个方面进行分析。

网络安全态势投射的主要任务是在网络安全态势觉察、网络安全态势理解的基础上分析并评估攻击活动对当前系统中各个对象的威胁情况。这种投射包括发现这些攻击活动在对象上已经产生和可能产生(即预测)的效果。通过将态势感知的结果投射到确定的系统对象上,可以获得该对象在当前态势下的状态,尽管要感知的是系统中的活动,而感知的最终结果则应表达为这些活动对系统对象的影响,不能仅止于活动的识别,因为系统因之而产生的反应是施加于对象的,而不是直接施加于活动本身的。

在不断演化的网络安全领域,高级持续性威胁(APT,Advanced Persistent Threat)攻击已成为高安全等级网络的最主要威胁之一,其以经济、商业及政治为目的而逐步显露其强大的负面影响。2015年,趋势科技发布业内第一份针对 APT 攻击防御治理整体解决方案的技术白皮书《演化的 APT 治理战略》,认为 APT 攻击具有很强的针对性,用常规的网络安全防御技术很难发现,新型攻击检测技术成为 APT 攻击防御领域的研究热点。因此,选取 APT 为分析对象,探讨大数据技术在安全态势感知中的应用,分析 APT 攻击检测方法,将大数据的方法与现代网络安全技术相结合,构建立体化主动防御体系,弥补传统网络安全监测与防护存在的不足。

10.4.1　APT 风险分析

APT 是指高级持续性威胁的渗透攻击,该攻击以窃取核心数据为目的,是一种利用先进的攻击手段对特定的组织或机构进行复杂且多方位的长期持续性攻击形式。其特点如下。

(1)隐蔽性强

APT 攻击会适应防御者从而产生抵抗能力。可与被攻击对象的可信程序漏洞或业务系统漏洞进行融合,这样的融合很难被发现。同时 APT 攻击为了躲避传统检测设备,会隐蔽动态行为和静态文件。例如通过隐蔽通道、加密通道避免网络行为被检测,或者通过伪造合法签名的方式避免恶意代码文件本身被识别。

(2)潜伏期长、持续性强

APT 攻击不是为了短期牟利,通常有一个长期而重大的目标,为了达成这个长期目标,攻击者会事先进行周密严谨的规划,通过跳板进入系统后长期蛰伏,时间通常以年为单位。APT 攻击从开始的信息搜集,到信息窃取并外传或造成其他侵害,这个过程往往会经历数月甚至更长的时间,并以"被控主机"为跳板,纵向深入、横向渗透,维持在所需的互动水平,长时间重复攻击操作,持续搜索"重要情报",执行偷取信息的操作,具有很强的潜伏性和持续性。而传统的检测方式是基于单个时间点的实时检测,难以有效跟踪时间跨度如此长的攻击行为。

(3)攻击渠道多样

到目前为止,被曝光的 APT 攻击事件中,其手段多采用 0day 漏洞利用、社交攻击、物理摆渡等方式,并且会使用多个链接、不同类型的恶意软件,同时控制攻击量,很难被传统的安全防御手段发现,而传统的检测又只注重边界防御,边界一旦被绕过,后续的攻击实施的难度将大大降低。

(4)针对性强

APT 攻击通常针对特定的目标,攻击触发之前需要收集大量关于用户业务流程和目标系统使用情况的精确信息,寻找专门的漏洞,开发专门的渗透工具,采用独特的攻击方法,让人难以防范。

(5)社会工程性

社会工程学的观点认为,人们通常对关系亲密的人放松防备,APT 攻击者正是利用这一点,首先对攻击目标的朋友或家人下手,再以攻击目标的朋友或家人为跳板,这样的话就容易攻克攻击目标。

根据已经曝光的 APT 攻击事件,APT 攻击常见危害可以归纳为四类:一是摧毁,例如摧毁工业数据采集与监视控制(SCADA)系统,导致电力控制设备、油田勘探设备瘫痪,ATM 机渠道、电视台播放系统停运等;二是窃取,例如窃取油藏地质数据等国家重要军备物资数据,偷取各类互联网数据支撑黑色产业;三是监控,针对关键目标人物的网络聊天、短信、语音通话、视频等活动进行监控;四是威慑,就像"核威慑"一样宣称可随时进行各种破坏力巨大的高危行为。

根据调研,发现这些 APT 攻击的受害者中几乎都是具备一定规模的企事业单位,而且都已经部署了大量的安全设备或系统,也有明确的安全管理规范和制度。既然已经有了防御措施,为什么仍然会有部分威胁能绕过所有防护直达企业内部,对重要数据资产造成泄露、损坏或篡改等严重损失?原因主要有以下几个。

(1)传统安全防御手段基于已知威胁,对未知威胁没有防御作用

传统的安全软件主要是对网络边界和主机边界进行检测,多以防范病毒和木马为主,无法有效防范漏洞攻击。传统的防火墙基于 IP、端口进行拦截,缺乏对内容的深度分析;入侵检测基于攻击特征检测,误报率高,容易绕过;安全网关基于 IP、URL 等黑白名单进行控制,无法检测位置内容;杀毒软件基于代码指纹进行检测,缺乏动态行为深度分析,无法识别位置恶意代码;反垃圾邮件基于 IP、域名、内容特征检测,难以对抗结合社交工程的定向攻击。

(2)攻击者与防御者在信息上不对称

攻击者在发起攻击前通常都会精心策划每一个攻击环节,包括攻击工具的开发、控制网络的构建、木马程序的投递、本地的突防利用、通信通道的构建,等等。这些精心策划的过程在正式攻击发起前就早已开始,例如,攻击者在制造木马程序时会将木马在常见的防病毒软件中进行免杀测试,甚至会在互联网上小范围内进行投放测试,以验证木马效果。而真正在受害者网络中进行的攻击操作则非常精准、隐蔽,使得安全人员能从本地发现的攻击线索非常少,即便发现了异常,也无法定位攻击的来源和过程。因此,对于当前的攻击检测和防御,要求安全分析员不仅关注本地数据,还要了解互联网上的威胁情报信息,结合来自互联网的威胁情报来对本地线索进行关联分析。

(3)缺少本地原始数据,难以溯源分析

攻击者通常都会在内网的各个角落留下蛛丝马迹,真相往往隐藏在网络的流量和系统的日志中。传统的安全事件分析思路是遍历各个安全设备的告警日志,尝试找出其中的关联关系。但依靠这种分析方式,传统安全设备通常都无法对高级攻击的各个阶段进行有效的检测,也就无法产生相应的告警,安全人员花费大量精力进行告警日志分析往往都是徒劳无功的。如果采用全流量采集的思路,一方面是存储不方便,每天产生的全流量数据会占用过多的存储空间,企业或组织通常没有足够的资源来支撑长时间的存储;另一方面是全量数据来源于网络流量、主机行为日志、网络设备日志、应用系统日志等多种结构化和非结构化数据,无法直接进行格式化检索,安全人员也就无法从海量的数据中找到有价值的信息。

(4)缺少能在海量数据中快速分析的工具

对高级攻击进行检测需要从内网全量数据中进行快速分析,这要求本地具备海量的数据存储能力、检索能力和多维度关联能力,而传统的数据存储和检索技术很难达到这样的要求。例如,在一个中型规模的企业中记录全年的网络出口流量,大约有 2 000 亿条日志,需要约 300 TB 的存储空间,如果使用传统的检索技术进行一次条件检索,大概需要几个小时的时间。这种效率明显不能满足攻击行为分析的需求。

10.4.2 APT 攻击防御技术分析

大数据安全分析通过全面采集网络中的原始网络数据包、业务和安全日志,形成大数据,再采用大数据分析技术和智能分析算法来分析检测 APT。

1. APT 攻击的一般流程

第一步,信息收集,攻击者有针对性地通过各种途径收集网络系统和企业员工的相关信息,包括从外部利用网络隐蔽扫描了解信息以及从内部利用社会工程学了解相关企业员工信息;第二步,单点攻击,收集足够信息后,攻击者通过包括漏洞攻击、Web 攻击等各种攻击手段入侵目标系统,这个过程通常采用低烈度的攻击模式,以避免被目标系统发现,从而控制目标系统;第三步,建立控制,攻击者通过突破内部某一台终端计算机渗透内部网络,并构建某种渠道与终端计算机联系;第四步,横向渗透,攻击者以突破的终端计算机为跳板,逐步了解全网结构,在获取更高权限后锁定目标;第五步,数据回传,攻击者在内部网络中长期潜伏,有意识地收集网络中各服务器上的重要数据信息,并通告隐蔽通道进行数据回传,或者造成其他重大侵害。这五步相互关联,形成了 APT 攻击的"生命链条",其中最关键的是第二步,即攻击者利用 0day 等漏洞攻陷目标系统,当攻击者完成"突破"之后,还会经历渗透、窃听、偷数据等过程。想要阻断 APT 攻击,也就要斩断它的"生命链条"。

2. APT 攻击的防御方案

针对 APT 攻击的防御,目前采用的主要技术方案包括恶意代码检测类方案、主机应用保护类方案和网络入侵检测类方案等。恶意代码检测类方案主要覆盖 APT 攻击过程中的单点攻击突破阶段,它是检测 APT 攻击过程中的恶意代码传播过程,攻击者向企业员工发送恶意代码来攻击企业员工终端。这种检测方法主要基于特征码的检测和基于行为的检测;主机应用保护类方案主要覆盖 APT 攻击过程中的单点攻击突破和数据收集上传阶段,主要采用白名单策略来控制主机上应用程序的加载、执行情况,防止恶意代码的执行。攻击者通过各种渠道发送恶意代码到员工终端,这些恶意代码只有在执行后,攻击者才能达到控制终端的目的;网络入侵检测类方案主要覆盖 APT 攻击过程中的控制通道构建阶段,通过部署在网络边界处的入侵检测系统来检测 APT 攻击的命令和控制通道。APT 攻击有很多恶意代码变种,但这些恶意代码和网络通信命令、控制通道的通信模式却不经常变化,可以采用传统的基于特征的入侵检测方法来检测这种 APT 通信通道。这些 APT 检测方法都有一定的局限性,只能覆盖 APT 攻击的某个阶段,可能导致漏报;而目前很多 APT 的安全解决方案只是单纯地检测 APT 攻击,却没有提供必要的 APT 攻击实时防御能力。

大数据分析思路覆盖 APT 攻击的各个阶段,而 APT 安全解决方案应该覆盖 APT 攻击的所有攻击阶段,也就是说 APT 安全解决方案需要大数据。理想的 APT 安全解决方案应同时具有检测和实时防御功能,收集系统的所有终端、网络和服务器上的日志信息,进行集中分析,从而发现 APT 攻击,这就需要将大数据分析和入侵检测防御技术相结合,并将大数据智能分析作为 APT 安全解决方案的核心,实现对 APT 攻击事件的分析;另外应同时配合使用其他防御技术,如恶意代码检测和网络入侵防御等技术,以实现对 APT 攻击的时间检测和防御。

3. 基于大数据分析的 APT 检测主要方法

(1) 沙箱技术

沙箱是一种动态的模拟防护技术,是虚拟化技术的应用,是在虚拟化环境中加载和运行可疑程序来侦测恶意程序的行为。沙箱检测技术能够有效地识别异常行为、未知攻击,对未知恶意代码,具有较好的检测能力,对原先特征库中没有的可疑特征进行快速准确的发现,从而解决特征匹配检测模式滞后的问题。针对高级威胁的方案,既然攻击者用了 0day 的方法,导致匹配不能成功,我们通过非特征匹配,使用智能沙箱技术识别 0day 攻击与异常行为。但智能沙箱技术检测最大的难点在于客户端的多样性,与操作系统、浏览器及安装插件版本都有关系,所以如果缺乏合适的运行环境,会导致流量中的恶意代码在沙箱系统的检测环境中无法被触发造成漏报,也就是说在某个环境中检测不到恶意代码时,或许在实际环境中系统可能已经遭受未知攻击。

（2）异常检测

通过流量建模识别异常,当发现网络可疑行为或数据流量模式偏离正常模型超过一定的阈值时,就会触发警报,提醒系统有可能遭受 APT 攻击。其核心技术是元数据提取、基于连接特征的恶意代码的识别算法、基于行为模式的恶意代码识别算法等。其中元数据提取技术是指利用少量的元数据信息,检测整体网络流量的异常;基于连接特征的恶意代码检测规则是检测已知僵尸网络、木马通信的行为;基于行为模式的恶意代码识别算法包括检测隧道通信、可疑文件加密等。这项技术同样能够检测未知的攻击,不同情况下的检测效率不同,主要依赖于背景流量中的业务模式,一旦业务模式发生偏差,则容易导致较高的漏报与误报。

（3）全流量审计

全流量审计是指在全流量存储的条件下,回溯分析相关流量,对流量进行深层次的协议解析和应用还原,识别其中是否包含攻击行为。该方法用以解决 APT 攻击长期潜伏的发现与追溯问题。日志审计解决了"What"的问题,没有解决"How"和"How Much"的问题,全流量审计则解决了这些问题。将全流量审计与现有的检测技术相结合就形成了基于记忆的检测技术。

（4）关联分析

关联分析是指发现存在于大量数据集中的关联性或相关性,大数据分析技术可以通过关联分析来识别异常情况。发现异常情况后,利用全流量的存储,建立告警库,对捕捉到的信息进行综合关联分析,这些告警信息会形成规则,可以横向和纵向去匹配关联分析,将孤立的攻击报警提取出来,构建全面、整体性的攻击场景,直观展示攻击事件的内容和意图,并形成相关的持续更新的知识库。此技术需要解决的是异构海量数据存储、分析技术,关联场景的建立问题。

（5）攻击溯源

通过已经提取出来的网络对象,可以重建一个时间区间内可疑的所有内容,对可疑对象的 Web 会话、Email 记录、网络扫描信息、加密传输方式、防火墙配置信息和内部审计日志进行追踪、回溯到一定的时间区域内,同时将这些信息与常见的攻击特征结合形成智能化的关联分析。通过将这些事件自动排列,可以帮助分析人员快速发现攻击源,对于后期做溯源有很大的帮助,并可快速准确定位攻击源、重建攻击链进而发现攻击意图。虽然攻击回溯和智能化关联分析技术至关重要,但是也需要沙箱检测和异常检测技术用来辅助。

10.4.3　APT 攻击检测系统应用分析

近年来,各类安全厂商基于大数据处理技术,结合网络安全分析方法,提出了各自的安全态势预测和安全管理应用系统。某安全公司 APT 攻击检测系统是基于大数据分析技术的网络安全态势感知平台,专门面向 APT 攻击行为,提供全方位检测、发现与防御的产品。APT 攻击检测系统针对 APT 攻击的特点,为用户提供多视角的检测发现能力,及时发现针对用户的重要资产实施的多种形式的定向高级攻击,而这类攻击行为是传统安全检测系统无法有效检测发现的。通过对高级网络攻击行为的发现的,同时提供对攻击行为的拦截与阻断,帮助客户抵御网络攻击与渗透,保护客户的重要资产信息与基础设施免遭窃取与破坏。

1. APT 攻击检测系统技术特点

APT 网络攻击入侵检测系统是一种依托网络流量分析,并结合特征检测、沙箱模拟分析、木马回连分析等技术进行关联性分析,以达到识别未知威胁与入侵目的的技术手段。APT 攻击检测系统处理流程如图 10-5 所示。

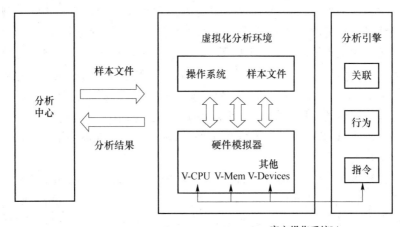

图 10-5 APT 攻击检测系统处理流程

系统技术特点表现为系统使用旁路部署方式,不影响被检测网络和服务器的正常运行;使用多种检测技术确保 APT 攻击检测的全面性和准确性;集成成熟全面的 WebShell 后门访问特征库,深度分析各种返回异常数据行为;支持综合关联分析,发现各种基于 Web 的未知威胁;支持邮件社工类攻击行为检测,发现各种利用社会工程学发起的攻击;支持基于恶意文件发起的攻击行为检测;通过动态分析技术和综合关联分析技术发现更隐蔽和深层次的攻击行为;支持木马回连行为检测,完整覆盖特种木马传输、恶意 IP/URL 访问、异常数据传输多个阶段;攻击路线分析,深度挖掘攻击规律,直观展示攻击路径。

2. APT 攻击检测系统功能

(1) 全流量数据采集

再高级的攻击都会留下痕迹,这些攻击行为和正常的访问行为是不一样的,网络流量客观地保留了所有线索。该安全公司 APT 攻击检测系统基于全流量分析技术,实现对网络原始数据包、网络流量日志、网络元数据的全流量采集;兼容多种数据的采集和入库,包括防火墙、IDS、IPS、APT 等沙箱告警,主机、路由器、交换机和系统日志,以及 SOC/SIEM 日志、数据库操作日志。

(2) Web 攻击行为检测

检测内容上支持的流量检测包括对 HTTP 协议完整性检测,发现各种异常访问行为;对恶意 URL、恶意 IP 访问行为进行检测;全面成熟的 Web 攻击检测特征库,对所有已知利用 Web 漏洞的攻击行为进行检测;对利用 Web 发起的 WebShell 上传和利用行为进行检测;对 Web 传输恶意文件行为进行检测;对 Web 行为进行动态关联分析。

（3）深度文件动态行为分析

独有的基于硬件虚拟化技术的高性能文件动态分析能力,真实模拟文件的运行环境,充分激发和全面捕捉样本文件的多种动作行为,准确识别通过各种途径传递的文件中含有的未知攻击或恶意代码,检测文件攻击行为。包括对 HTTP、FTP、SMB、SMTP、POP3 协议进行解析,在协议中分离文件;对病毒木马进行扫描,快速发现各种已知特征的恶意文件攻击行为;采用 ShellCode 静态分析检测机制,有效发现各种隐藏威胁;通过沙箱动态行为分析,输出完整的二进制分析报告,全过程解析文件在运行过程中存在的各种隐藏行为。

（4）基于频度的动态分析

基于频度的动态分析包括通过一段时间对访问频度进行统计,发现其访问频度的异常行为,如暴力破解操作、SQL 注入数据获取(短时间大量请求相同页面)、扫描(长时间遍历网站文件)等;基于 URL 异常访问行为的统计,如频繁访问特定页面,并且时间非常集中。

（5）基于攻击路线的关联分析

基于攻击路线的关联分析包括通过对多个攻击行为的关联分析,分析攻击之间的关联性,还原真实攻击路线,并以直观的形式展示分析;基于海量数据的分析模型,提取多种类型的攻击行为,挖掘攻击规律;基于攻击路线的关联分析,可快速识别非持续性的威胁,提取真正的APT 攻击。

（6）全面的邮件安全分析

能够支持标准邮件和多达十余种主流 Web 邮件的还原分析,包括 SMTP、POP3、IMAP的标准邮件以及 sina、sohu、163、126、yeah、21cn、qq 等 Webmail。通过对邮件所带附件的深度动态分析,判断是否为恶意攻击邮件。

（7）全局事件关联分析

APT 网络攻击行为往往通过多种途径实施,在不同的地方总会留下相应的痕迹和线索。系统对应多个检测分析模块,通过关联分析模块对所有检测结果进行集中关联查询和展示,呈现 APT 攻击行为的全貌。通过多维度告警关联规则,系统能将海量告警日志进行关联归集,生成安全事件。安全人员通过对事件进行分析研判,通报给前端设备进行拦截操作。

（8）基于行为的动态分析

基于行为的动态分析包括通过访问行为对恶意攻击进行检测;由于利用特征攻击会存在大量的探测攻击的误报,这部分没有成功的攻击对我们发现真正的攻击是一个极大的干扰,所以需要进一步进行基于行为的检测。系统具备多种攻击行为检测分析模块,包括高危邮件分析、Web 攻击、账号异常、隐蔽信道检测、TCP 异常会话等,通过全方位多角度的异常网络行为的检测与分析,对攻击事件进行完整的分析以及提出故障解决建议。

（9）恶意网络行为的拦截与阻断

恶意代码检测引擎部署在互联网出口和核心交换机之间,实时监测有关恶意代码的威胁攻击。以木马回连行为分析为例,对内网向外请求异常行为进行分析,包括非法请求外连、恶意盗取数据和敏感数据回传等行为;基于恶意行为的模型化分析,提取真正的恶意回连行为。系统除了发现 APT 攻击行为,还能拦截和阻断攻击行为。对于发现的执行恶意样本而发起的网络连接请求,或潜伏的木马外联网络通信,进行有效的拦截与阻断,并能及时更新拦截规则,实现对 APT 攻击行为的有效防御。

（10）攻击溯源取证

攻击溯源取证指的是对包括 telnet、MSSQL、SSH、FTP、Oracle、Windows 远程桌面、

MySQL、Informix、DB2、Sybase 在内的多种应用协议的认证、授权、审计、账号管理等行为进行攻击相关信息的查找和取证。通过高效的数据挖掘能力,实现对网络信息的快速查询和数据关联分析,对感知到的异常网络行为进行网络流量回放,通过数据包解码分析技术,对网络攻击进行完整分析和数字取证。

3. APT 攻击案例:极光行动

（1）背景

谷歌的一名雇员点击即时消息中的一条恶意链接,最后引发了一系列事件导致这个搜索引擎巨人的网络被渗入数月,并且造成各种系统的数据被窃取。

这次攻击以谷歌和其他大约 20 家公司为目标,它是由一个有组织的网络犯罪团体精心策划的,目的是长时间地渗入这些企业的网络并窃取数据。

（2）病毒模板分析

第一步,研究目标。APT 行动开始于刺探工作,攻击者首先选定特定的谷歌员工（该员工具有访问谷歌服务器的权限）的主机作为第一目标主机。攻击者尽可能地在 Facebook、Twitter、LinkedIn 和其他社交网站搜集该员工发布的信息。

第二步,选定并拿下第一目标主机,从而打开局面。攻击者利用一个动态 DNS 供应商建立托管伪造照片网站的 Web 服务器。该谷歌员工收到来自信任的人发来的网络链接并且点击它,就进入了恶意网站。该恶意网站页面载入含有 ShellCode 的 JavaScript 程序码造成 IE 浏览器溢出,进而执行 FTP 下载程序,并从远端进一步抓了更多新的程序来执行。

第三步,拿下具有高级权限的敏感主机。极光行动的攻击者将第二步与第三步融合,第一目标主机就是具有高级权限（访问谷歌服务器权限）的主机。

第四步,攻击者通过 SSL 安全隧道与受害人机器建立了连接（VPN 技术）。

第五步,利用到手的高级权限,进入存有目标信息的数据库,打包需要的数据。使用加密加压的数据外传策略,致使基于特征检测时系统失效。攻击者就使用该员工的凭证成功渗透进入谷歌的邮件服务器,进而不断地获取特定 Gmail 账户的邮件内容信息,并通过虚拟隧道传出。

（3）评价

极光行动融合了第二步和第三步,即第一目标主机就是敏感主机。第二步中,攻击者使用钓鱼网站,使公司员工上钩。第四步创建安全隧道,也是很关键的一步,同样也是 APT 攻击的薄弱环节。因为,通过隧道技术建立 VPN 的手段可能还是比较单一的。而要想将目标源代码运输出来,又必须建立一个隧道。所以,这一点也许可以成为检测 APT 攻击的关键点之一!

总之,大数据安全分析技术与国家网络安全紧密相关,必将在保障国家安全、经济运行、社会稳定等方面发挥越来越关键的作用。

本章参考文献

[1] 方滨兴. 从层次角度看网络空间安全技术的覆盖领域[J]. 网络与信息安全学报,2015,
    1（1）：2-7.

[2] 汪来富, 金华敏, 东鑫, 等. 面向网络大数据的安全分析技术应用[J]. 电信科学, 2017 (3): 112-118.

[3] 王帅. 网络安全分析中的大数据技术应用[J]. 电信科学, 2015, 31(7): 139-144.

[4] Zhu Liehuang, Tang Xiangyun, Shen Meng, et al. Privacy-preserving DDoS attack detection using cross-domain traffic in software defined networks[J]. IEEE Journal on Selected Areas in Communications, 2018, 36(3): 628-643.

[5] 贾斌. 基于机器学习和统计分析的 DDoS 攻击检测技术研究[D]. 北京: 北京邮电大学, 2017.

[6] Li Chuanhuang, Wu Yan, Yuan Xiaoyong, et al. Detection and defense of DDoS attack-based on deep learning in OpenFlow-based SDN[J]. International Journal of Communication Systems, 2018, 31(5): 25-33.

[7] 许承启. 基于 Spark-streaming 的 DDoS 攻击实时监测方法的研究[J]. 南京: 南京邮电大学, 2017.

[8] 宫哲. 面向网络内容安全的信息挖掘关键技术研究[D]. 北京: 北京邮电大学, 2012.

[9] 崔珊. 网络内容安全中不良文本过滤研究[D]. 北京: 北京邮电大学, 2017.

[10] Shen Jian, Wang Anxi, Wang Chen, et al. Content-centric group user authentication for secure social networks[J]// IEEE Transactions on Emerging Topics in Computing, 2017.

[11] 李晓伟. 云环境下的舆情监测关键技术研究[D]. 绵阳: 西南科技大学, 2017.

[12] Hamdane B, Boussada R, Elhdhili M E. Towards a secure access to content in named data networking[C]//2017 IEEE 26th International Conference on Enabling Technologies: Infrastructure for Collaborative Enterprises. Poznan: IEEE, 2017: 250-255.

[13] 肖楠, 赵恩格, 颜柄文. 网络内容安全研究进展[J]. 网络安全技术与应用, 2008 (11): 30-32.

[14] Thakar B, Parekh C. Reverse engineering of botnet (APT)[J]. Smart Innovation, Systems and Technologies, 2018, 84: 252-262.

[15] Singh S, Sharma P K, Moon S Y, et al. A comprehensive study on APT attacks and countermeasures for future networks and communications: challenges and solutions [J]. The Journal of Supercomputing, 2016, 9: 1-32.

[16] 龚俭, 臧小东, 苏琪, 等. 网络安全态势感知综述[J]. 软件学报, 2017, 28(4): 1010-1026.

[17] 管磊, 胡光俊, 王专. 基于大数据的网络安全态势感知技术研究[J]. 信息网络安全, 2016(9): 45-50.

[18] 付钰, 李洪成, 吴晓平, 等. 基于大数据分析的 APT 攻击检测研究综述[J]. 通信学报, 2015, 36(11): 1-14.

[19] 王丽娜, 余荣威, 付楠, 等. 基于大数据分析的 APT 防御方法[J]. 信息安全研究, 2015, 1(3): 230-237.

［20］　胡明明. 网络安全态势感知关键实现技术研究［J］. 哈尔滨工程大学，2008，33(10)：995-998.

［21］　褚维明，黄进，刘志乐. 网络空间安全态势感知数据收集研究［J］. 信息网络安全，2016 (9)：202-207.

［22］　吴鹏，皇甫涛. 基于 APT 攻击链的网络安全态势感知［J］. 电信工程技术与标准化，2015，28(12)：43-47.

附　录

CryptDB

1. CryptDB 安装

（1）系统安装

CryptDB 依附于 Ubuntu 系统，版本要求 12.04 及以上，该实验运行在 VirtualBox 的 Ubuntu 12.04 系统上，详情可参考 http://blog.csdn.net/amymengfan/article/details/9852695，具体过程不再赘述。

（2）安装 git 和 Ruby

安装 git 是为了获取官网的源码，又因为 CryptDB 的安装脚本使用 Ruby 语言编写，因此也需要安装 Ruby。

```
student@ubuntu12:~$ sudo apt-get install git ruby
```

（3）克隆 CryptDB 代码

这里把 CryptDB 项目克隆到了用户主目录下，后续步骤中也安装到了这个目录。根据个人喜好，可以自定义安装目录。

```
student@ubuntu12:~$ git clone -b public git://g.csail.mit.edu/cryptdb
```

（4）安装 CryptDB

执行安装脚本，按照提示，等待完成。在此过程中会要求设置 mysql 密码，因后续过程需要 mysql 和 CryptDB 密码相同，所以在此设置了 mysql 密码为 CryptDB 默认密码 letmein。

（5）添加环境变量 EDBDIR 到 .bashrc

编辑用户主目录（此实验中设成了/home/student/）下的 .bashrc，把下面的代码添加到最后。

```
student@ubuntu12:~$ sudo vim ~/.bashrc

fi
export EDBDIR=/home/student/cryptdb
```

至此，安装完成，重启设备即可使用 CryptDB。

2. CryptDB 使用

为了看到明显的效果，本实验中准备了 3 个命令行窗口。

Terminal1，用于运行 CryptDB，在上面显示密文。

Terminal2，用于从代理端口 3306 访问数据库，显示用户实际操作状态。

Terminal3,用于从正常端口 3307 访问数据库,显示明文。

（1）启用 proxy

在 Terminal1 中输入：

```
student@ubuntu12:~$ /home/student/cryptdb/bins/proxy-bin/bin/mysql-proxy --plugi
ns=proxy --event-threads=4 --max-open-files=1024 --proxy-lua-script=$EDBDIR/mysq
lproxy/wrapper.lua --proxy-address=127.0.0.1:3307 --proxy-backend-addresses=loca
lhost:3306
2017-06-07 21:05:25: (critical) plugin proxy 0.8.4 started
```

系统返回 started 即为执行成功。

（2）启用 CryptDB 和 mysql

在 Terminal2 中输入：

```
student@ubuntu12:~$ mysql -u root -p -h 127.0.01 -P 3306
Enter password:
Welcome to the MySQL monitor.  Commands end with ; or \g.
Your MySQL connection id is 38
```

在 Terminal3 中输入：

```
student@ubuntu12:~$ mysql -u root -p -h 127.0.0.1 -P 3307
Enter password:
Welcome to the MySQL monitor.  Commands end with ; or \g.
Your MySQL connection id is 36
```

（3）CryptDB 使用演示

现在 Ubuntu 中有三个 Terminal,Terminal1 为 mysql-proxy 启用的 3307 端口监听,Terminal2 是用 3306 端口打开的 mysql 数据库,Terminal3 从正常端口 3307 访问数据库。

在 Terminal3 中查询数据库：

```
mysql> show databases;
+--------------------+
| Database           |
+--------------------+
| information_schema |
| cryptdb_udf        |
| database1          |
| mysql              |
| performance_schema |
| remote_db          |
| test               |
| test2              |
+--------------------+
8 rows in set (0.12 sec)
```

此时在 Terminal1 中,可以看到 CryptDB 查询数据库的结果：

```
QUERY: show databases
NEW QUERY: show databases
```

在 Terminal3 中,创建数据库:

```
mysql> create database test3;
Query OK, 1 row affected (0.02 sec)
```

在 Terminal1 中,可以看到 CryptDB 创建数据库的结果:

```
QUERY: create database test3
NEW QUERY: create database `test3`
ENCRYPTED RESULTS:
+
|
+
+

ENCRYPTED RESULTS:
+
|
+
+
```

在 Terminal3 中,打开数据库:

```
mysql> use test3;
Database changed
```

在 Terminal1 中,CryptDB 打开数据库的结果:

```
QUERY: show tables
NEW QUERY: show tables
ENCRYPTED RESULTS:
+-------------------+
|Tables_in_test3    |
+-------------------+
+-------------------+
```

在 Terminal3 中,新建 table:

```
mysql> create table information(id int(2) not null primary key auto_increment,us
ername varchar(40),password varchar(40));
Query OK, 0 rows affected (0.42 sec)
```

在 Terminal1 中,CryptDB 新建 table 的结果:

```
QUERY: create table information(id int(2) not null primary key auto_increment,us
ername varchar(40),password varchar(40))
NEW QUERY: create table table_FBRZPKVDZD (EKDVMPABRMoPLAIN INT(2) unsigned not n
ull auto_increment, WYZPVCOOHOoEq VARBINARY(80), BNYEJNTJONoOrder BIGINT unsigne
d, cdb_saltYXQPYHBTNA BIGINT(8) unsigned, HELGTGJIWSoEq VARBINARY(80), YXGYCRLXO
BoOrder BIGINT unsigned, cdb_saltYOMQDKXFGK BIGINT(8) unsigned, PRIMARY KEY inde
x_6075195925996386183 (EKDVMPABRMoPLAIN)) AUTO_INCREMENT=0 ENGINE=InnoDB
ENCRYPTED RESULTS:
+
|
+
+

ENCRYPTED RESULTS:
+
|
+
+
```

在 Terminal3 中,向表中增加数据:

```
mysql> insert into information(username,password) values("wqk","123456");
Query OK, 1 row affected (0.09 sec)
```

在 Terminal1 中,CryptDB 增加数据结果:

```
QUERY: insert into information(username,password) values("wqk","123456")
NEW QUERY: insert into `test3`.`table_FBRZPKVDZD` (`test3`.`table_FBRZPKVDZD`.`W
YZPVCOOHOoEq`, `test3`.`table_FBRZPKVDZD`.`BNYEJNTJONoOrder`, `test3`.`table_FBR
ZPKVDZD`.`cdb_saltYXQPYHBTNA`, `test3`.`table_FBRZPKVDZD`.`HELGTGJIWSoEq`, `test
3`.`table_FBRZPKVDZD`.`YXGYCRLXCBoOrder`, `test3`.`table_FBRZPKVDZD`.`cdb_saltYO
MQDKXFGK`, `test3`.`table_FBRZPKVDZD`.`EKDVMPABRMoPLAIN`) values ('?l_p"????+?&?
M?n??F]?F/?????]??e6\'?1?T??????\r?<z', 12276963586789440989, 372715033567360938
, '????2J??`Uc?]???????_W4?y????g?p?\r(???????B???+1', 14306874830824840248, 171
70427005215743281, '\'0\'')
ENCRYPTED RESULTS:
+
|
+
+
```

在 Terminal3 中查询表中的记录:

```
mysql> select * from information;
+------+----------+----------+
| id   | username | password |
+------+----------+----------+
| 1    | wqk      | 123456   |
+------+----------+----------+
1 row in set (0.01 sec)
```

在 Terminal1 中,CryptDB 查询记录的结果:

```
QUERY: select * from information
NEW QUERY: select `test3`.`table_FBRZPKVDZD`.`EKDVMPABRMoPLAIN`, `test3`.`table_F
BRZPKVDZD`.`WYZPVCOOHOoEq`, `test3`.`table_FBRZPKVDZD`.`cdb_saltYXQPYHBTNA`, `test
3`.`table_FBRZPKVDZD`.`HELGTGJIWSoEq`, `test3`.`table_FBRZPKVDZD`.`cdb_saltYOMQDK
XFGK` from `test3`.`table_FBRZPKVDZD`
ENCRYPTED RESULTS:
+------------------+------------------+------------------+------------------+
----+------------------+
|EKDVMPABRMoPLAIN  |WYZPVCOOHOoEq     |cdb_saltYXQPYHBTNA  |HELGTGJIWSoEq
  |cdb_saltYOMQDKXFGK  |
+------------------+------------------+------------------+------------------+
----+------------------+
|1                 |?l_p"????+?&?M?n??F]?F/?????]??e6'?1?T????????<z|372715033
567360938  |????2J??`Uc?]???????_W4?y????g?p??(???????B???+1|1717042700521574328
1|
+------------------+------------------+------------------+------------------+
----+------------------+
```

为印证数据在 mysql 端是加密的,可以在 Terminal1 中看到新创建的 table 在 mysql 中储存的名字为'table_FBRZPKVDZD',在 Terminal2 中查询以此命名的 table,可发现储存数据为密文。

```
mysql> select * from table_FBRZPKVDZD;
```

3. 修改密码

如果因为密码不一致导致执行失败,可以修改密码。

(1) 修改 CryptDB 密码

输入如下语句以及 Ubuntu 的密码。

```
student@ubuntu12:~$ sudo vim ~/cryptdb/mysqlproxy/wrapper.lua
[sudo] password for student:
```

修改此行语句,替换 letmein 为想修改成为的密码。

```
os.getenv("CRYPTDB_PASS") or "letmein",
```

(2) 修改 mysql 密码

输入如下语句并按提示输入当前密码及要更改的密码,并确认密码。

```
student@ubuntu12:~$ mysqladmin -u root -p password
Enter password:
New password:
Confirm new password:
```